航空工程技术专业系列教材

民用航空燃气涡轮发动机结构与系统

主　编　侯甲栋　刘爱中

副主编　曾　川　赖安卿　侯宽新　尚永锋　左渝钰

西南交通大学出版社

·成　都·

图书在版编目（CIP）数据

民用航空燃气涡轮发动机结构与系统 / 侯甲栋，刘
爱中主编. -- 成都：西南交通大学出版社，2025. 1.
ISBN 978-7-5774-0268-0

Ⅰ．V235.1

中国国家版本馆 CIP 数据核字第 2025B0W293 号

Minyong Hangkong Ranqi Wolun Fadongji Jiegou yu Xitong
民用航空燃气涡轮发动机结构与系统

主　编／侯甲栋　　刘爱中

策划编辑／罗小红　罗爱林　何明飞
责任编辑／何明飞
责任校对／左凌涛
封面设计／GT 工作室

西南交通大学出版社出版发行

（四川省成都市金牛区二环路北一段 111 号西南交通大学创新大厦 21 楼　　610031）
营销部电话：028-87600564　　　028-87600533
网址：https://www.xnjdcbs.com
印刷：四川煤田地质制图印务有限责任公司

成品尺寸　185 mm×260 mm
印张　21.75　字数　543 千
版次　2025 年 1 月第 1 版　　印次　2025 年 1 月第 1 次

书号　ISBN 978-7-5774-0268-0
定价　68.00 元

课件咨询电话：028-81435775
图书如有印装质量问题　本社负责退换
版权所有　盗版必究　举报电话：028-87600562

◀◀◀◀◀◀

在无垠的蓝天上，飞机如同银色的巨鸟，自由翱翔，穿梭于云层之间。在这壮丽景象的背后，有一颗至关重要的"心脏"——航空发动机。它不仅是推动飞机前行的强大动力源，更是人类探索天空、连接世界的桥梁。

在航空发动机的内部，复杂的机械结构、精密的控制系统以及高效的燃烧共同协作，将燃油的化学能转化为机械能，推动飞机向前。这一过程，涉及热力学、流体力学、材料科学等多个学科的知识，是人类智慧的结晶。航空发动机的发展历史，是一部充满智慧与勇气的探索史。从最初的活塞发动机，到涡轮喷气发动机，再到如今的涡轮风扇发动机等多种类型，每一次技术革新都凝聚着无数科学家、工程师的心血与汗水。他们不断突破技术瓶颈，提升发动机的性能，使飞机能够飞得更高、更远、更快。

当前，民用航空发动机技术已经取得了巨大的进步。CFMI 公司的 Leap 系列发动机已经取代了 V2500 以及 CFM56 系列发动机，成为新一代单通道干线客机 B737MAX、A320neo 和 C919 的主要动力装置；普惠公司（PW）的齿轮传动风扇发动机 PW1100G 系列，以其优异的燃油经济性，为 A320neo 飞机带来了多方面的性能提升，使其更具市场竞争力。通用电气公司（GE）制造的 GE9X 发动机，成为最大的双发客机 B777X 系列飞机唯一的动力装置，该发动机所采用的第四代碳纤维复合材料风扇叶片、3D 打印技术、高效率和低排放的第三代 TAPS Ⅲ 燃烧室，以及陶瓷基复合材料（CMC）的燃烧室和涡轮等，代表着航空发动机领域的最前沿技术。罗·罗公司（RR）广泛应用于 A350 系列飞机的 Trent XWB 发动机，是罗·罗公司航空发动机先进技术的结晶，该发动机以具有独特的三转子结构、第三代钛合金宽弦空心后掠风扇叶片、对转高压系统、低排放燃烧室、全三维气动设计涡轮叶片等，使得发动机具有更低的燃油消耗率、更高的可靠性和安全裕度。罗·罗公司 UltraFan"超级风扇"发动机，是世界上尺寸最大的发动机，其风扇直径达到 3.56 米，已经完成了使用 100%可持续航空燃料（SAF）进行了全功率测试，代表着未来绿色航空的发展方向。我国的 CJ1000A 涡扇发动机也正处在适航取证的关键阶段，有望在近几年实现商业服役。该发动机集全三维气动设、3D 打印、整体叶盘、新一代单晶叶片、粉末冶金等先进设计制造技术工艺于一体，实现了高性能、低油耗、低排放和高可靠性的目标，将实现我国在大型民用航空发动机领域的重要突破。

展望未来，民用航空发动机将朝着更高效、更环保、更智能的方向发展。新材料、新工艺、新概念的不断涌现，将为发动机性能提升提供新的突破口。人工智能、大数据等技术的应用，将实现发动机健康状态的实时监控和预测性维护，进一步提高飞行安全性和运营效率。可持续航空燃料的推广使用，将助力航空业实现绿色低碳发展目标。在人类的不断探索与创新下，航空发动机将继续为人类的飞行梦想提供强劲的动力支持。

人才是未来航空发动机设计、生产、使用的关键。为适应我国民航业高速发展的形势，培养具备高素质、高技能的民航发动机人才，中国民用航空飞行学院组织编写了本书。本书以民航燃气涡轮发动机为主要对象，介绍航空发动机的主要结构组成和特点，同时涵盖民航发动机的一些前沿技术，有助于拓宽学生的知识范围，了解航空发动机的发展方向。

大鹏一日同风起，扶摇直上九万里，让我们共同期待我国航空发动机事业书写更加辉煌的篇章！

2024 年 12 月于四川广汉

　　"发动机构造"课程是民航高校飞行器动力工程专业的一门重要的专业核心课程,中国民用航空飞行学院"发动机构造"课程组自 2006 年课程初设开始,经过多年的摸索学习,不断总结探讨教学经验,学习改进教学方法,教学效果逐步提升。为适应民航行业对英语的特殊需求,课程组自 2011 年开始开设了"发动机构造"双语课程;为方便学生自学,课程组建设了"发动机构造"课程线上学习资源。"发动机构造"课程于 2010 年获得"中国民用航空飞行学院校级精品课程"称号,2022 年获得"四川省一流本科课程"称号,课程建设及教学成果获得中国民航局教学成果二等奖 1 项,校教学成果一等奖及教学建设一等奖多项。为适应新时代高校课程思政教育的要求,课程组积极开展"发动机构造"课程思政教育,建立课程思政案例库,并于 2022 年获得"校课程思政示范课"称号。

　　"发动机构造"课程虽已开设多年,但因各种原因没有编著自己的教材,该课程一直选用其他院校的教材,难以适应学生的需求和课程的建设。为此,课程组结合多年教学经验,在听取了学生和行业专家的意见和建议,并参考借鉴了国内外其他院校的相关教材及技术资料的基础上编写了本书。本书以民航发动机为主要讲解对象,以涡扇发动机为主,兼顾涡桨和涡轴发动机,以当前主流发动机为例,力求全面反映民用航空燃气涡轮发动机的结构组成和特点,并紧随行业发展动态,尽可能体现民航发动机的新技术和新成果。在内容上,除了介绍航空燃气涡轮发动机各主要部件及系统的结构组成、功能、特点及材料外,还将典型机型的使用、维护经验纳入书中,并归纳总结了近年来航空燃气涡轮发动机部件的一些新结构、新材料和新工艺(如整体叶盘/叶环、低排放燃烧室、对转涡轮、热障涂层等),使本书能及时地反映航空燃气涡轮发动机构造方面的最新进展;在呈现方式上,充分结合了"发动机构造"课程线上学习资源,以二维码的形式链接教学视频,以及一定量的航空发动机结构部件的图片、教学动画,以清楚地展示传统教材中平面图形难以反映的三维结构,方便读者学习理解。

本书共 14 章，由中国民用航空飞行学院侯甲栋、刘爱中主编和统稿，其中第 1 章、第 5 章、第 6 章、第 7 章由侯甲栋编写；第 2 章由侯宽新、曾川编写；第 3 章、第 4 章、第 10 章由刘爱中编写；第 8 章、第 12 章由尚永锋编写；第 9 章、第 11 章由赖安卿编写；第 13 章由左渝钰、曾川编写；第 14 章由侯宽新编写。本书在编写过程中参考了国内航空院校、民航兄弟院校的相关教材、航空发动机领域专家学者的相关著作，以及其他相关文献、专业手册及网络资料，在此一并致谢。

中国民用航空飞行学院副校长、民航发动机专家唐庆如教授，航空工程学院院长、发动机维修领域专家付尧明教授，对"发动机构造"课程的建设和本书的出版给与了很大的支持和帮助，付尧明教授对本书进行了审阅，提出了宝贵的意见和建议，在此表示衷心的感谢。

限于作者的理论水平和实践经验，书中难免有缺点和不足之处，欢迎读者批评指正。

编 者

2024 年 11 月

二维码目录

LIST OF QR CODE

目 录
CONTENTS

航空燃气涡轮发动机自 20 世纪 40 年代诞生以来，以其出色的高空高速性能，得到了迅猛发展和广泛应用，并成为现代飞机的主要动力装置，通常称之为航空发动机。其基本组成包括进气道、压气机、燃烧室、涡轮和喷管等主体部分，以及为保证发动机正常工作所必需的系统和附件，如燃油系统、滑油系统、起动点火系统等。航空发动机的性能是影响商用飞机飞行安全和运营成本的重要因素之一。飞机在飞行过程中，一旦发动机损坏而停车，飞机会由于失去推进力而丧失速度与高度，极易导致严重的飞行事故。因此，发动机的正常工作与否，直接影响到飞机的飞行安全，也正是因为如此，航空发动机被称为"飞机的心脏"。

1.1　航空燃气涡轮发动机的地位与作用

航空燃气涡轮发动机在军、民用飞行器领域应用广泛，且自身具有很高的经济价值，因而对国防和国民经济可产生巨大的效益。在军事方面，如美国为匹配第六代战斗机计划，实施了"自适应发动机过渡计划（Adaptive Engine Transition Program，AETP）"，在该计划支持下，通用（GE）公司于 2020 年 12 月完成了一台全尺寸原型机 XA100。该发动机的推力超过 20 t，推重比大于 12；相比于 F135 发动机，XA100 的推力增加 10%，耗油率改善 25%，热管理能力提升 2 倍，飞机航程增加 30%，飞行速度增加 20% ~ 40%。在经济方面，据统计，以单位重量计，航空发动机、旅客机、计算机、轿车和轮船的价值比为 1400∶800∶300∶9∶1。由此可见，航空发动机是一种高附加值的产品。航空发动机的价格和航空发动机工业的产值分别占飞机和航空工业的 20% ~ 30%。据估计，2019—2034 年，航空发动机全球总产值约为 1.3 万亿美元。仅在商业航空领域，2023—2032 年，航空发动机的维护费用约为 4 686 亿美元。此外，还有相当规模的航空改型燃气轮机市场。作为一种高技术产品，航空发动机的发展对其他行业（如冶金、机械、电子、仪表化工石油等非航空动力工业）也有重要的带动和促进作用。

因此，航空工业发达的国家都认为先进的发动机技术对保持军事和商业竞争优势发挥着重要作用，把优先发展发动机技术作为国策，制订了长远的、高投入的发动机技术发展计划，并严禁向别国转移发动机技术。我国的大型民用飞机 C919，曾经历了发动机断供的风波。由此可见，在航空发动机领域，坚持自力更生，自主创新，掌握核心技术是至关重要的。

但是研制航空燃气涡轮发动机非常困难。作为当代最精密的机械产品之一，航空燃气涡轮发动机的研究和发展工作具有技术难度大、研制周期长、研制费用高和流程规范的特点。

（1）技术难度大。由于航空燃气涡轮发动机涉及气动、热工、结构与强度、控制、测试、计算机、制造技术和材料等多种学科，除了量子力学之外的所有力学理论都与之有关。一台发动机内有十几个部件和系统及数以万计的零件，其温度、压力、应力、转速、振动、间隙和腐蚀等工作条件远比飞机其他分系统复杂和苛刻，而且对性能、重量、适用性、可靠性、耐久性和环境特性等又有极高的要求，因此发动机的研制过程是一个设计、制造、试验、修改设计的多次迭代过程。在有良好技术储备的基础上，研制一种新的发动机尚要做 1 万小时的整机试验和 10 万小时的部件和系统试验，需要庞大而精密的试验设备。例如，发动机模拟高空试车台的建设本身就是一项复杂的高科技工程。在美国的国家关键技术计划中，把航空发动机描绘成"一个技术上精深得使新手难以进入的领域，它需要国家充分保护并利用该领域的成果，长期的数据和经验积累，以及国家的大量投资"。

（2）研制周期长。经验表明，发动机从方案论证到定型投入使用的周期比飞机机体研制周期长 3～5 年。美国空军有关发动机研究和发展管理的条例建议，先进发动机的研制周期为9～15 年。以著名的 RB211 发动机为例，英国罗尔斯·罗伊斯公司（Rolls-Royce Ltd.）于 1963年 5 月，着手研制"新型三轴发动机"RB211 涡扇发动机，但是由于 RB211 发动机的技术难度太大，研制成本过高，研制周期拖后。1971 年 1 月，罗·罗公司面临破产危机，鉴于公司对于国家具有重大战略意义，英国政府将其收归国有。罗·罗公司得以重组，从而使得 RB211发动机的研发得以继续。1978 年，RB211 发动机投产，整个研制周期约 15 年。而且，飞机试飞时就需要一台比较可靠的发动机，因此发动机必须相对独立地领先于整个飞机系统的发展，才能与飞机其他各部分的进度协调。

（3）研制费用高。这与技术难度大和周期长密切相关。研制一台新发动机究竟花多少钱？为了便于比较，给出下面两个例子。一是与航天工业的火箭发动机相比，早期研制一台推力为 11 000 daN、推重比为 5.5 的涡轮喷气发动机的费用与装在"阿波罗"登月飞船的第一级助推火箭发动机的研制费用相当，而后者的推力是前者的 60 倍。二是与造船工业相比，据 20世纪 60 年代的估计，上述这台涡轮喷气发动机的研制费用要超过研制并建造 58 000 t 级的"玛丽皇后"号豪华客轮后续费用的 2 倍。随着技术的发展，航空发动机的研制费用增长特别快。RB211 发动机原计划的研制费为 1.68 亿美元（按 1970 年美元值计算），实际上花了约 5.5 亿美元（按 1980 年美元计算）。在 20 世纪 80 年代研制一台 10 000 daN 的涡轮风扇发动机需 10亿～15 亿美元，为"玛丽公主"号研制费用的 6～8 倍。到 20 世纪 90 年代，GE90 发动机的研制费约 12 亿～30 亿美元。而当前联合攻击战斗机 F-35 的动力装置 F136 的计划研制费用竟高达 50 亿美元。从宏观上说在航空业均衡发展的国家，发动机的研究和发展费用约占航空研究总费用的 1/4，占发动机销售额的 12%～15%，远高于机械制造业 3%～4% 的比例。

（4）流程规范。严格按照发动机型号的规范开展研发工作，是保证所研发的发动机取得成功的必要条件。对于军用发动机，主要的航空强国都有自己的研发规范。我国在 1987 年颁发了《航空涡轮喷气和涡轮风扇发动机通用规范》（GJB 241—1987）与《航空涡轮螺旋桨和涡轮轴发动机通用规范》（GJB 242—1987）。而对于民用发动机，中国民用航空局于 1988 年 2月颁布了 CCAR-33 中国民用航空规章第 33 部《航空发动机适航标准》，又于 2002 年 4 月颁布修订了 CCAR-33-R1《航空发动机适航规定》，而最新的 CCAR-33-R2 版《航空发动机适航规定》已经于 2011 年 1 月开始实施。所有这些规范与条例都是研发发动机时必须遵循的。研制一种新型民用航空发动机，需要经历设计审查、适航验证、颁发型号合格证（TC）等几个重要的阶段，整个过程非常漫长而规范。例如，GEnx 发动机在研制过程中，为满足取得适航证的需要，用了 8 台发动机进行了为期 2 年的试验工作，且于 2006 年在由 B747 改装的飞行试台上完成了飞行试验。在整个研发/取证的测试过程中，GEnx 共完成 4 800 次任务循环，运转时间超过 3 600 h。

因此，发动机是一个国家工业技术综合实力的体现。目前，能够完全独立研制和生产航空燃气涡轮发动机的国家，只有美、英、法、俄和中国等少数国家。

1.2 航空燃气涡轮发动机的主要类型及特点

燃气涡轮发动机主要由进气装置、压气机、燃烧室、涡轮和尾喷管组成。从进气装置进入的空气在压气机中被压缩后，进入燃烧室与喷入的燃油混合燃烧，生成高温高压燃气。燃气在膨胀过程中驱动涡轮作高速旋转，将部分能量转变为涡轮功。涡轮带动压气机不断吸进空气并进行压缩，使发动机能连续工作。压气机、燃烧室和驱动压气机的涡轮这三个部件组成燃气发生器，它不断输出具有一定可用能量的燃气。按燃气发生器出口燃气可用能量的利用方式的不同，燃气涡轮发动机又分为涡轮喷气、涡轮风扇、涡轮螺旋桨、涡轮轴和桨扇发动机等。

1.2.1 涡轮喷气发动机

涡轮喷气发动机简称涡喷发动机，由进气道、压气机、燃烧室、涡轮和喷管组成，如图1-1 所示。

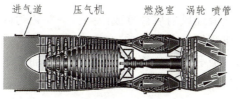

进气道　压气机　燃烧室　涡轮　喷管

涡轮喷气发动机

图 1-1　涡轮喷气发动机

发动机工作时，空气经压气机压缩后，随即进入燃烧室与燃料混合并燃烧，燃烧后形成的燃气进入涡轮，涡轮便在高温高压的燃气驱动下旋转起来，从而带动压气机工作，燃气最后在喷管中膨胀加速，高速喷出而产生推力。所以，涡喷发动机本身既是热机又是推进器，不像活塞发动机那样需用限制飞行速度的螺旋桨作为推进器。这些特点，使得涡喷发动机具有推力大、质量轻、能适应高空高速飞行的优点。正是由于涡轮喷气发动机的出现，才使飞机突破了"音障"，实现了超音速飞行。

涡喷发动机迎风面积小，具有较好的速度性能。但是，由于涡喷发动机的推力是从高速排出的高温燃气中获得的，所以在得到推力的同时，有不少的由燃料燃烧所获得的能量以燃气的动能与热能的形式排出发动机，能量损失较大。因此，涡喷发动机不可避免地具有耗油率较高的缺点，尤其在亚音速状态经济性差。涡喷发动机在二十世纪五六十年代应用最为广泛，目前已较少使用。

1.2.2　涡轮风扇发动机

涡轮风扇发动机简称涡扇发动机，有两种不同的形式：一种是混合排气，如图 1-2 所示；另一种是分开排气，如图 1-3 所示。

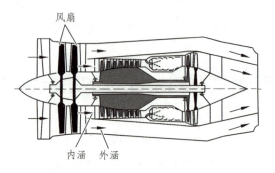

涡扇发动机

图 1-2　混合排气涡轮风扇发动机

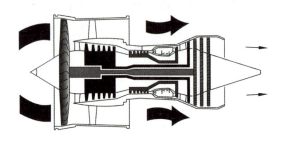

图 1-3　分开排气涡轮风扇发动机

涡扇发动机工作时，空气流经风扇后被分成两路：一路称为内涵气流；另一路称为外涵气流。内涵空气继续经压气机压缩，在燃烧室和燃油混合燃烧，燃气经涡轮膨胀。分开排气的涡扇发动机，其内、外涵气流分别经喷管膨胀后排入大气而产生推力；而混合排气的涡扇发动机，内涵气流在涡轮出口处与外涵气流混合后进入喷管膨胀，燃气高速排出发动机而产生推力。

涡扇发动机较涡喷发动机具有更好的经济性，因而得到了广泛应用。把外涵与内涵的空气质量流量比称为涵道比，用 B 表示。涡扇发动机的性能随涵道比的不同有较大的差异。高涵道比涡扇发动机（$B \geqslant 4$）适宜作为高亚音速的大、中型民航机以及运输机的动力装置；中涵道涡扇发动机（$B=1 \sim 4$）用于支线客机和公务机；低涵道比涡扇发动机（$B=0.2 \sim 0.6$）适宜作为超音速战斗机的动力装置。

为了进一步降低高亚音速民航机的运行成本，设计中通过提高涡扇发动机涵道比，来提高发动机经济性。世界上各大发动机制造商竞相研制、开发超高涵道比（$B>10$）的涡扇发动机，如 Leap-1 系列发动机，其涵道比为 11。

1.2.3　涡轮螺旋桨发动机

涡轮螺旋桨发动机简称涡桨发动机，与涡喷发动机的不同之处在于，输出功率的动力涡轮通过减速器带动螺旋桨，如图 1-4 所示。

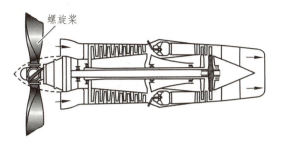

螺旋桨

图 1-4　涡轮螺旋桨发动机

发动机工作时，飞机前进力主要由螺旋桨产生，此外，喷气产生少量的推力。

从涡轮螺旋桨发动机燃气发生器出来的燃气能量，绝大部分在动力涡轮中膨胀做功，使动力涡轮高速旋转，然后通过减速器将转速降到 1 000～2 000 r/min 再驱动螺旋桨，由螺旋桨产生主要推力。燃气中剩下的很少的能量在尾喷管中膨胀，产生小部分推力。因此，涡桨发动机除输出轴功率外，还输出少量推力。螺旋桨可由单转子发动机的转轴驱动，或由自由涡轮（也称为动力涡轮）驱动。

由于涡桨发动机的排气能量损失小，推进效率高，所以耗油率低。但是受螺旋桨性能的限制，飞行马赫数为 0.5～0.7，飞行速度一般不超过 800 km/h。另外，由于螺旋桨与减速器的限制，发动机输出功率也不能太大。

涡桨发动机起飞拉力大，在中、低速飞行时具有较好的经济性，适宜作为中、低速支线民航机、运输机和轰炸机的动力装置。20 世纪 50 年代研制的旅客机、运输机较多采用这种发动机，目前支线客机仍以涡桨发动机作为主要动力装置。

1.2.4　涡轮轴发动机

涡轮轴发动机简称涡轴发动机，是由涡桨发动机演变而来的，两者的最大差异是涡轴发动机排气不再产生推进力。涡轮分为燃气发生器涡轮和动力涡轮，燃气发生器涡轮带动压气机，动力涡轮通过减速器带动飞机负载（如直升机旋翼和尾桨），如图 1-5 所示。

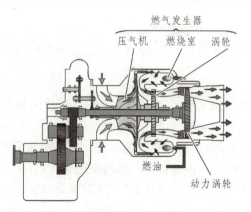

燃气发生器

压气机　燃烧室　涡轮

燃油

动力涡轮

图 1-5　涡轮轴发动机

涡轴发动机具有质量轻、功率大、经济性好的特点。由于涡轴发动机的排气装置几乎不产生推力，因此涡轴发动机已经演变成一个热机，而得到广泛应用。除航空上用作直升机的动力装置，也用作地面车辆、船舶的动力装置，以及地面发电等工业领域的动力系统。

1.2.5 螺旋桨风扇发动机

螺旋桨风扇发动机简称桨扇发动机，是为了获得更好的经济性而发展的一种新型燃气涡轮发动机，如图 1-6 所示。桨扇发动机既可被看作带高速先进螺旋桨的涡桨发动机，又可被看作除去外涵道的大涵道比涡扇发动机，因而兼有前者耗油率低和后者飞行速度高的优点。据美国 GE 公司报道，该公司研制并于 1986 年开始进行试车的 UDF 桨扇发动机，耗油率比该公司的 CFM56 发动机低 25%。

桨扇发动机的关键部件是先进高速螺旋桨，如图 1-6 所示。这种桨叶由涡轮驱动，无涵道外壳，装有减速器，从这些特点来看它有一点像螺旋桨；但它的直径比普通螺旋桨小，叶片数目也多（一般有 6 ~ 8 叶），叶片采用宽弦、薄叶形的后掠桨叶，这些特点又类似于风扇叶片，因此被称为桨扇，其涵道比高达 20 ~ 60，燃油消耗率可降低 30% ~ 40%，起飞和爬升性能进一步改善。常规螺旋桨发动机的巡航马赫数不超过 0.6 ~ 0.7，而桨扇发动机在马赫数为 0.8 ~ 0.85 时仍有较高的螺旋桨效率。因此这种发动机也被称作无涵道风扇（UDF）发动机、超高涵道比涡扇发动机或者开式转子发动机。

由于桨扇发动机存在单发推进功率不高、噪声较大、安全保护方面等问题亟待解决，目前应用较少，仅有乌克兰的安-70 飞机使用了 D-27 三转子桨扇发动机。

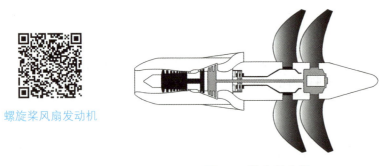

螺旋桨风扇发动机

图 1-6　桨扇发动机

1.3　民航燃气涡轮发动机主要制造商及典型产品

目前，全球仅有少数国家具有独立设计制造航空发动机的能力，代表性厂商有美国通用电气、美国普拉特·惠特尼、英国罗尔斯·罗伊斯公司、俄罗斯联合发动机制造公司，以及 CFMI、国际航空发动机公司、中国航发集团等。其中三家技术实力最雄厚的发动机制造商分别是美国通用电气公司（GE）、美国普拉特·惠特尼公司（P·W）和英国罗尔斯·罗伊斯公司（R·R）。它们被称作航空发动机"三巨头"。这三家公司技术先进，实力雄厚，不仅在民用航空发动机市场占据主导地位，在军用航空发动机市场中也扮演着重要角色，生产了众多著名的航空发动机。

1.3.1 通用电气公司

美国通用电气公司（General Electric Company，GE）是世界上最大的航空发动机制造企业之一，为客机、战斗机等航空器提供动力。通用电气公司创立于 1892 年，它的缔造者正是大名鼎鼎的爱迪生，诞生的一百多年间通用电气公司已经成长为遍布全球 100 多个国家的巨型跨国企业，其产品覆盖许多领域，其中航空发动机、燃气涡轮技术世界领先。目前，GE 公司在全球拥有约 3.94 万台在役商用飞机发动机，装备在各类型的民航飞机上，产品涉及 10 多个型号，见表 1-1。

表 1-1　GE 公司民用涡扇发动机主要产品

型号名称	基本构型			技术参数				应用机型
	压气机	燃烧室	涡轮	风扇直径/m	涵道比	总压比	推力/kN	
GE9X	1+3+11	双环预混	2+6	3.403 6	10	60	410～470	B777-9X
GEnX-1B	1+4+10	单环腔	2+7	2.821 9	9.1～9.3	43.8～47.4	236.6～338.5	B787-3/8/9/10
GEnX-2B	1+3+10	单环腔	2+6	2.659 4	8.0	44.7	295.8	B787-8
GE90	1+3+10	双环腔	2+6	3.124 2	8.3～8.6	39.3～45.5	338.1～418.1	B777-200/200ER
GE90-110B/ 115B	1+4+9	双环腔	2+6	3.256 3	8.9	42	489.3～511.5	B777-200LR/300ER
CF6-6	1+1+16	环形	2+5	2.194 6	5.9	24.3～24.9	177.9～184.6	DC10
CF6-50C	1+1+14	环形	2+4	2.194 6	4.4	29.5～30.3	226.9～240.2	DC10、A300、B747-200 等
CF6-80A	1+3+14	环形	2+4	2.194 6	4.6	28.4	213.5～222.4	B767-200、A310-200
CF6-80C2	1+4+14	环形	2+5	2.362 2	4.98～5.06	27.1～31.8	233.5～273.6	A300、A310、B747、B767
CF6-80E1	1+3+14	环形	2+5	2.438 4	5.3	32.4～34.8	281.6～320.3	A330-200/300
CF34-1/3	1+14	环形	2+4	1.117 6	6.2	21	38.5～38.8	CL601/604、CRJ100/200
CF34-8	1+10	环形	2+4	1.181 1	5.1	28	61.3～64.5	CRJ700/900、ERJ170
CF34-10	1+3+9	环形	1+4	1.346 2	5.3	29	82.1～82.3	EJ190、ARJ21

注：海平面静止状态，国际标准大气。

GE 公司在 1955 年研制的 J79 涡喷发动机，率先采用了可调静子叶片防喘技术，让发动机在更宽的工作范围内保持良好的状态，至今仍然被众多航空发动机所采用。1968 年 GE 公司起动了 CF6 高涵道比涡轮风扇发动机项目，并于 1971 年首次投入市场，此后该系列发动机成为了空客 A300/310/330、波音 747/767、麦道 DC10/11 等众多飞机的动力装置，时至今日 CF6 系列发动机的改进型仍然在生产，其总数量超过 7000 台，该系列发动机已累计超过 3.75 亿飞行小时及 1 亿循环。CF6 系列发动机的巨大成功，奠定了 GE 在航空发动机领域的领导地位。GE90-115B 发动机更是 GE 商用航空发动机的经典产品之一，这款当时堪称世界上推力最大的航空发动机，试验最高推力达约 57 吨，而它们的最新力作 GE9X 额定推力为 47 吨，尽管推力略小，但是凭借 15% 的能耗节约优势，已经成为新一代波音 777X 客机的标配动力系统。

1.3.2　普拉特·惠特尼公司

美国普拉特·惠特尼公司（Pratt & Whitney Group），简称普惠公司（P·W），与通用电气并称为美国航发双雄。普拉特·惠特尼公司创建于 1925 年，是全球最重要的军民用航空发动机制造商之一，全世界 180 多个国家的 600 多家航空公司、7400 多家支线航空公司和 27 个国家的军方在使用普惠公司生产的发动机。它同时还研制和生产工业和船用燃气涡轮发动机以及航天推进用发动机。

20 世纪 50 年代，普惠公司研制出世界上第一种双转子轴流式涡喷发动机 J57，其民用型称 JT3C，装在波音 707 与 DC-8 客机上，使美国民航进入了喷气时代。1960 年，普惠公司又在 JT3C 的基础上推出了首款涡轮风扇发动机 JT3D。随后普惠公司又推出了 JT8D、JT9D 等经典产品，用于 B727、B737、B747、B767、A310 等飞机，取得了巨大的商业成功。据公司官网，目前普惠公司为全球数百家航空公司和运营商提供了超过 13 000 台商用飞机发动机，主要的产品型号有 JT3D、JT8D、JT9D、PW1000、PW2000、PW4000 系列等，见表 1-2。

表 1-2　普惠公司主要民用涡扇发动机产品

型号名称	基本构型			技术参数				应用机型
	压气机	燃烧室	涡轮	风扇直径/m	涵道比	总压比	推力/kN	
PW1100G-JM	1+G+3+8	Talon-X 环形	2+3	2.057 4	12	47	100.1～142.8	A319neo、A320neo 等
PW1200G	1+G+2+8	Talon-X 环形	2+3	1.422 4	9	40～50	66.7～75.6	MRJ70、MRJ90
PW1400G-JM	1+G+3+8	Talon-X 环形	2+3	2.057 4	12	47	124.6～137.9	MS21-200/300
PW6000	1+4+6	环形	1+3	1.435 1	4.8～5	26.1～28.2	98.3～105.9	A318
PW4000-94	1+4+11	环形	2+4	2.377 4	4.8～5	26.3～32.3	222.4～275.8	B747-400、B767、A300
PW4000-100	1+5+11	环形	2+5	2.534 9	4.8～5.2	32～35.4	284.7～324.7	A330-200/300
PW4000-112	1+6+11	环形	2+7	2.867 7	5.5～6.3	34.2～42.8	373.7～435.9	B777-200/300
PW2000	1+4+12	环形	2+5	1.993 9	5.34～6	27～31.2	170.1～794.5	B757-200/300、IL-96M
JT9D	1+3+11	环形	2+4	2.344 4	5.2	21.5～23.5	196.8～222.4	B747-100/200/B/C/F/SR
JT9D-7R4	1+4+11	环形	2+4	2.377 4	4.9	24.5～25.2	213.5～249.1	B767、A300、A310-200/300
JT8D	2+6+7	环形	1+3	1.028 7	1.0～1.1	15.8～17.3	62.3～71.2	B727、B737、DC-9、C-1
JT8D-200	1+6+7	环形	1+3	1.249 7	1.8	17.4～20.1	82.3～93.4	MD-80
JT3D	2+6+7	环形	1+3	1.346	1.36	13	78.8～93.5	B707、B727、DC-8、C141

注：海平面静止状态，国际标准大气。

1.3.3　罗尔斯·罗伊斯公司

罗尔斯·罗伊斯公司（Rolls-Royce Ltd），简称罗罗公司（R·R）。罗罗公司创立于 1906 年，是一家历史悠久的航空发动机制造商，也是欧洲最大的航空发动机企业，旗下产品包括航空发动机、船舶发动机以及核动力潜艇的核动力装置，其中航空发动机更是久负盛名。它研制的各种航空发动机广为世界民用和军用飞机所采用。公司官网显示，罗罗公司客户遍布全球 120 个国家，包括 380 多家航空公司及租赁客户。

　　1952 年，罗罗公司为英国彗星（Comet）喷气式客机研制的单转子涡轮喷气发动机幽灵（Ghost）是世界上首款进入航线运营的喷气发动机。1953 年，公司正式进入民航领域并推出达特（Dart）涡轮螺旋桨发动机。随着 60 年代宽体客机的出现，罗罗公司着手研制三转子的 RB211 发动机。RB211 涡扇发动机创新性采用了大功率高涵道比以及三转子的设计，并成为波音 757 客机的动力装置。进入 21 世纪，罗罗公司基于 RB211 三转子发动机的基础，设计生产了 Trent 系列三转子涡扇发动机。目前罗罗公司民用宽体客机航空发动机的核心产品为 Trent 系列涡扇发动机，主要型号包括 Trent XWB/7000/1000/900/800/700/500，适配机型包括波音747、767、777、787，以及空客 A330、A340、A350、A380、A330neo 等系列，见表 1-3。

表 1-3　罗罗公司主要民用涡扇发动机产品

型号名称	基本构型			技术参数				应用机型
	压气机	燃烧室	涡轮	风扇直径/m	涵道比	总压比	推力/kN	
Trent XWB	1+8+6	环形	1+2+6	3.000	9.6	50	330.0～431.5	A350-800/900/1000
Trent 7000	1+8+6	短环形	1+1+6	2.844 8	10	50	324	A330-800neo/900neo
Trent 1000	1+8+6	环形	1+1+6	2.844 8	10～11	50	265.3～360.4	B787-3/8/9
Trent 900	1+8+6	环形	1+1+5	2.946 4	7.7～8.5	36.5～39	311.4～340.3	A380-800/800F
Trent 800	1+8+6	环形	1+1+5	2.794	5.7～6.2	34.5～41.9	331.8～422.6	B777-200/200ER/300
Trent 700	1+8+6	环形	1+1+4	2.474	5	33.7～35.5	300.3～306.3	A330-200/200F/300
Trent 500	1+8+6	环形浮壁式	1+1+5	2.474	7.6～7.7	34.8～36.3	235.8～249.1	A340-500/600
RB211-22B	1+7+6	环形	1+1+3	2.153 9	4.8	24.5	186.8	L1011-1/100
RB211-524 B/C/D	1+7+6	环形	1+1+3	2.153 9～2.179 3	4.4～4.5	28.4～29.6	222.4～235.8	L1011-250、B747-200/300/SP
RB211-524 G/H	1+7+6	环形	1+1+3	2.192 0	4.1～4.3	32.9～34.5	258.0～269.6	B747-400、B767-300
RB211-535C	1+6+6	环形	1+1+3	1.859 3	4.4	21.1	166.4	B757-200
RB211-535E4	1+6+6	环形	1+1+3	1.882 1	4.3	25.8～28.0	178.4～191.7	B757-200/300、Tu204

注：海平面静止状态，国际标准大气。

1.3.4　CFMI 公司

　　CFMI 公司成立于 1974 年 9 月，是由法国斯奈克玛（Snecma）航空发动机公司与美国 GE 公司合资组建的商用航空发动机公司。1969 年法国政府针对国际民用航空市场形势提出了研究 10 吨推力级涡扇发动机的课题，法国斯奈克玛公司经过分析和调查，1971 年底选择了美国 GE 公司作为合作伙伴，以美国 F101 军用涡扇发动机的核心机为基础发展满足 20 世纪 80 年代飞机低油耗、低噪声、低污染要求的发动机。1971 年 11 月，两家公司决定联合研制 10000daN 级的大涵道比的发动机。1972 年 2 月完成设计并开展试制，1974 年 9 月正式组成 CFM 国际公司，发动机定名为 CFM56。1979 年 11 月 9 日，CFM56-2 型发动机获得美、法两国的适航证，并被选定改装麦克唐纳·道格拉斯公司的 DC-8 飞机。CFM56 发动机研制共耗时 7 年，费用近 10 亿美元。此后，CFM56 系列发动机逐步投入市场，CFM56-3/-5/-7 等发动机，成为波音 737、A320 等飞机的首选动力装置，CFMI 公司也成为市场占有率最大的商用发动机公司。

2008 年，CFMI 推出了全新的 LEAP-X 发动机项目，作为 CFM56 的下一代发动机。2009 年 12 月，中国商飞选择了 LEAP 发动机为 C919 飞机提供动力，这也是 LEAP 发动机的首个飞机应用平台。2010 年，空客公司选择 LEAP 作为其空客 A320neo 的发动机选型之一。2011 年，波音公司将 LEAP 发动机作为其波音 B737MAX 的唯一动力装置。取飞机型号首字母为发动机型号后缀，分别为 LEAP-1A，LEAP-1B 与 LEAP-1C，其中 1 表示这是 LEAP 发动机的第一个系列。目前，CFMI 的 LEAP 发动机确认订单已超过 1.8 万台，处于绝对的供不应求状态。CFMI 公司的发动机主要型号见表 1-4。

表 1-4 　CFMI 公司主要民用涡扇发动机产品

型号名称	基本构型			技术参数				应用机型
	压气机	燃烧室	涡轮	风扇直径/m	涵道比	总压比	推力/kN	
LEAP-1A/C	1+3+10	双环预混	2+7	1.981	11	4	106.8～143.1	A320neo、A321neo
LEAP-1B	1+3+10	双环预混	2+5	1.753	9	4	111.3～130.4	B737-MAX-7/8/9/10
LEAP-1C	1+3+10	双环预混	2+7	1.981	11	4	130.0～137.1	C919
CFM56-2	1+3+9	环形	1+4	1.734 8	6	24.7	97.9～106.8	DC-8-70、KC135、E-3
CFM56-3	1+3+9	环形	1+4	1.524	5	28.8	89.0～104.5	B737-300/400/500
CFM56-5A	1+4+9	环形	1+4	1.734 8	6	31.2	97.9～117.9	A319、A320
CFM56-5B	1+4+9	环形	1+4	1.734 8	5.5	35.4	97.9～142.3	A319、A320、A321
CFM56-5C	1+4+9	环形	1+5	1.836 4	6.6	37.4	138.8～151.2	A340-200/300
CFM56-7B	1+3+9	环形	1+4	1.549 4	5.4	32.7	86.7～121.4	B737-600/700/800

注：海平面静止状态，国际标准大气。

1.3.5 其他商用航空发动机制造商

鉴于美国通用电气公司和法国斯奈克玛公司联合成立的 CFM 国际公司成功推出了 CFM56 系列发动机，并逐步形成垄断或主导全球单通道干线客机动力市场的趋势，罗罗公司与普惠公司等也合作建立了国际航空发动机公司（International Aero Engines，IAE），并推出了具有相当竞争力的新产品-V2500 发动机，以打破 CFM56 对此市场的垄断，与 CFM 国际公司正面竞争。V2500 是一种先进技术双转子涡扇发动机，目前约有 6300 台 V2500 发动机在航线服役，为空客公司 A319、A320、A321 及麦道 MD-90 等单通道窄体客机提供动力，见表 1-5。IAE 公司形成的技术联合体以罗罗和普惠公司为主，还包括日本航空发动机公司和德国摩天宇航空发动机公司，可提供包括短舱在内的完整推进系统。美国通用电气公司和普惠公司这两大巨头也合资建立了发动机联盟公司（Engine Alliance，EA），并研制了 GP7000 大推力双转子涡扇发动机，最初是为波音 747 成长型客机而专门设计研发的，后继型号 GP7200 型发动机也为空客 A380 提供动力。此外，由法国赛峰集团斯奈克玛公司和俄罗斯 UEC 集团土星公司（NPO Saturn）组成的联合控股公司"喷气动力"（PowerJet）在成熟的 CFM56 发动机的基础上研制了中等推力高涵道比双转子涡扇发动机 SaM146，主要为俄罗斯苏霍伊设计局的 SSJ100 系列支线客机提供动力。

表 1-5　IAE、EA 等公司主要民用涡扇发动机产品

型号名称	基本构型			技术参数				应用机型
	压气机	燃烧室	涡轮	风扇直径/m	涵道比	总压比	推力/kN	
V2500-A1	1+3+10	环形	2+5	1.600 2	5.4	29.4	111.2	A320
V2500-A5/D5	1+4+10	环形	2+5	1.612 9	4.5～4.9	26.5～33.4	108.9～140.6	A319、A320、A321、MD-90
GP7000	1+5+9	环形低排放	2+6	2.946 4	8.8	44	311.4～340.3	A380-800/800F
SaM-146	1+3+6	环形低排放	1+3	1.224 3	4.4	28	77～79	SSJ-100
PD-14	1+3（4）+8	环形低排放	2+6	1.900	7.2～8.6	34.5～41.9	122.6～153.0	MS-21-200/300/400
PS-90A	1+2+13	环形	2+4	1.899 9	4.3	35.55	156.9	IL-96-300、TU-204、TU214
PS-90A2	1+2+13	环形	2+4	1.899 9	4.3	35.55	156.9	IL-96-300、TU-204-SM、TU-214、IL76
D-36	2(1)+6+7	环形	1+1+3	1.373	5.6～6.2	19.8～20.2	57.07～63.74	An-72、An-74、Yak-42
D-436	2(1)+6+7	环形	1+1+3	1.373	4.91～4.97	22.7～26.1	64.4～91.7	TU-334-100/200/300、An-148/158
CJ-1000	1+3+10	低排放	2+6	1.950	>9	>40	111～131	C919、C919ER

注：海平面静止状态，国际标准大气。

俄罗斯和乌克兰在民用航空发动机的领域也有许多经典的产品。俄罗斯技术国家集团（Rostec）成员企业俄罗斯联合发动机制造集团股份公司（United Engine Corporation，UEC）研制的新一代大涵道比双转子涡扇发动机 PD-14，由阿维达维格特尔（Aviadvigatel）设计局负责设计、彼尔姆（Perm）发动机公司负责制造，是俄罗斯新型窄体干线客机 MS-21 的可选动力（目前该客机的初始动力为美国普惠公司的 PW1400G JM 齿轮传动涡扇发动机），推力更大的 PD-35 涡扇发动机还在研制中，可用于中国商飞公司的 C929、An-124 等飞机。而彼尔姆发动机公司研制的 PS-90A 高涵道比双转子涡扇发动机，于 1984 年开展地面试车，1987 年进入飞行试验，并于 1992 年 4 月获得俄罗斯交通运输部适航认证。该发动机采用的当时的先进设计，包括由 33 个钛合金带减振凸肩的叶片组成的风扇，2 级增压压气机，13 级带有静子可调导叶的高压压气机，2 级气冷高压涡轮和 4 级低压涡轮。其反推力装置采用标准平移整流罩、风扇旁路折流门和分节流管组合的设计，电子控制系统驱动液压执行机构实现发动机状态调

节。PS-90A 发动机可应用于图波列夫 Tu-214 窄体客机,其改进型 PS-90A2 发动机由普惠公司和彼尔姆发动机公司共同打造,将用于改进型 Tu-204-SM 双发中程客机和 IL-96-300 四发长程宽体客机以及 IL-76TD-90VD 运输机等机型。

乌克兰伊夫琴科进步设计局是乌克兰最重要的发动机制造商之一,早在 20 世纪 70 年代,它们就开发了苏联第一款高涵道比三转子涡扇发动机 D-36,首台原型机于 1971 年首次运转后进入地面台架测试,1974 年首飞后进行了飞行测试,1977 年量产。相对于当时的技术条件,该发动机具备可靠性高、使用寿命长、燃油经济性好、运营维护成本低等优点;其噪声和污染物排放指标满足相应的 ICAO 标准要求。该发动机应用于安东诺夫 An-74 货运飞机。20 世纪 90 年代,伊夫琴科进步设计局研制在 D-36 发动机的基础上衍生出了 D-436 系列涡扇发动机,采用高涵道比三转子构型,D-436 发动机可尾吊在机身两侧的发动机短舱内,也可安装于机翼上部、机翼下部或机身内。AI-28 系列涡扇发动机则是伊夫琴科进步设计局在其 D-436 和 D-18T 等高涵道比涡扇发动机及 D-27 桨扇发动机的成熟技术的基础上,引入齿轮传动等已经验证的新技术,正在研制的新一代齿轮传动涡扇发动机,可为 An-178 及其他等同级别的先进客机或运输机提供动力。在 AI-28 系列涡扇发动机的基础上,伊夫琴科进步设计局还将研制推力更大的齿轮传动涡扇发动机 AI-38,可以为长航时宽体客机提供动力。

1.3.6　我国商用航空发动机制造商

我国在大型商用航空发动机领域还处在起步阶段。我国的长江 1000 系列发动机(CJ-1000)是由中国航空发动机集团公司(AECC)所属的上海商用航空发动机有限责任公司研制的大型高涵道比涡扇发动机,是我国自主研制的新单通道干线客机 C919 的可选国产动力。长江 1000 发动机的风扇直径为 1.95 m,长 3.29 m,推力范围为 100~135 kN,广泛采用了国际先进的技术设计。例如,其 18 片风扇叶片采用小限弦比三维气动造型设计宽弦空心叶片,内部采用瓦伦空心结构,使用 TC4 钛合金超塑成形扩散连接工艺制造;风扇叶片中上部后掠,叶尖面掠,可保证较大稳定裕度,同时可有效提高气动效率;外涵道出口导向叶片采用后倾设计,可有效降低噪声;风扇机匣采用硬壁包容结构,中介机匣外支板与出口导向叶栅采用非融合结构设计;燃油喷嘴采用 3D 打印增材制造。长江 1000 发动机由约 35 000 个零件组成,其配套参研单位达 24 家。首台技术验证机长江 1000AX 于 2017 年底完成装配,同时其核心机台架试验实现了 100%设计转速下的稳定运转;2018 年 3 月 30 日,在上海临港总装试车台完成了整机全部调试工作,4 月 3 日,通过了试验前评审;5 月 18 日,发动机点火成功,首次试运转,初步验证了各级部件及相关系统的功能和匹配性。中国商发还将在长江 1000 发动机的基础上开发推力更大的长江 2000 发动机,其推力将达到 35 吨,用于中国商飞的国产大型双通道客机 C929。长江 2000 发动机将在长江 1000 系列核心机的基础上等比例放大,包括 10 级高压压气机和 2 级高压涡轮以及改进的先进低排放燃烧室。同时,低压转子配备由 7 级低压涡轮驱动的单级风扇和 4 级低压增压级。此基本构型与美国 GE 公司 GEnx-1B 型和俄罗斯 UEC 公司 PD-35 型涡扇发动机基本一致(后者采用了 9 级高压压气机)。长江 2000 系列首台验证机的研制工作预计将于 2023 年前后完成,并进入地面测试,于 2030 年后搭载 C929 首飞。

1.4 发动机结构设计的重要性

结构设计是航空发动机研制与使用中的一个重要环节，是一项综合性很强，要紧密结合实际的工作。在结构设计中，一般要综合考虑气动、性能、传热、材料、工艺、强度、振动、装配、使用和维修等诸方面的问题，还要考虑实际制造与使用的具体条件，并结合国内外航空发动机的使用经验，进行权衡，才能得到较好、较适用的设计。这就需要从事结构设计的技术人员有广博的航空发动机各有关领域的专业知识，有较强的理论联系实际能力，并对航空发动机的生产、试车和外场使用情况有较全面的了解，对国内外航空发动机出现的重大故障的故障现象、机理和排除措施等也要有所了解，而且要随时掌握和关心国内外其他航空发动机的研制和使用动态，及时汲取别人的经验和教训，从而搞好航空发动机结构设计工作。

从国内外航空发动机的研制、使用和排故等经验来看，好的结构设计可在以下几方面起到显著的作用。

1.4.1 提高航空发动机的性能、可靠性和耐久性

航空发动机的研制技术到目前已达到较高的水平，在气动、性能和传热学等方面虽仍有潜力待发掘，不过也很难取得较大突破。但是，在某些结构设计上做些改进，却能使部件和发动机的效率得到较大提高。

例如，在高压压气机机匣上，对应工作叶片叶尖处开斜槽，用以减少漏气损失的措施既简单，效果又较好（能提高压气机效率约 1%）。自 20 世纪 80 年代初 GE 公司在 CF6-80C2 发动机上采用后，很快就在罗罗公司的 RB211-524G/H 发动机、普惠公司的 PW4000 发动机上采用。

代替传统的篦齿封严装置的刷式封严装置于 1989 年在 V2500 发动机上投入使用，由于将非接触式封严方式改为接触式封严方式，封严效果明显提高。但由于当时未能解决在高温、高相对接触速度环境条件下的工作可靠性，因此并未得到推广。当发展了能工作于高温、高相对接触速度下的刷式封严后，将其用于波音 777 客机（1995 年 6 月投入使用）的 PW4084 发动机高压压气机出口与卸荷腔间，大大减少了漏气损失，使发动机推力一下子提高了 2% 左右，相应的耗油率降低了约 2%。另外，在高压涡轮 1 级工作叶片榫根与 1 级导叶间的封严也改用了刷封，使发动机性能进一步提高。由于在 PW4084 发动机上取得这么大的效果，普惠公司立刻在 1996 年，对用于 B747、B767、MD-11 和 A300 等客机上的 PW4000 系列发动机进行了同样的改装，以作为 PW4000 系列发动机提高性能计划中的主要措施之一。与此同时，GE 公司也在其用于 B777 客机的 GE90 发动机低压涡轮中，采用了三套刷式封严装置。目前，还在发展一种用于高压压气机后的气-气非接触式气膜封严装置，它也将获得较好的封严效果，能使发动机的推力提高 2.0%～2.5%。

一般，风扇叶片叶身与燕尾形榫头间的平台均做成平行四边形（当然榫头也做成平行四边形），用以包容叶身截面，这样平台在周长上做得较宽。为了在轮盘上能安装下所有的风扇叶片，轮盘轮缘直径只能做得较大，当然风扇的外径也就加大了。在 RB211-535E4 发动机中，将叶片榫根做成圆弧形，使其形状基本与叶身根部截面形状一致，使平台在周长上的宽度变

窄，这样，在较小的轮盘轮缘直径下就能装下所有叶片，风扇的外径可以减小。显然，这一结构设计的改进，不仅能减轻发动机的重量，而且也对风扇叶片抗外来物击伤的能力也有所提高。因此，这一设计已应用于 V2500、Trent700、Trent800、Trent900 和 Trent1000 等发动机中。

为了解决大风扇叶片的振动问题与提高抗外来物击伤的能力，早期的大风扇叶片均在叶身距叶尖约 1/3 处做有中间突肩。这种突肩不仅增加叶片加工难度并带来强度问题，还会降低风扇的效率与喘振裕度。罗罗公司设计并加工了一种宽弦、夹层（两面板间夹以蜂窝芯板）的无凸肩叶片用于 1985 年投入使用的 RB211-535E4 发动机中。这种结构不仅很好地解决了振动与抗外来物击伤问题，扩大了喘振裕度，而且使风扇效率增加了约 4%，发动机巡航耗油率降低了 4.0% ~ 4.6%。这种叶片装在 A320 飞机上的 V2500 发动机中，曾遭到质量为 5.66 kg、翼展 2.14 m 的巨鸟撞击而未折断，这证明这种叶片的确具有较强的抗外来物击伤能力。1990 年，罗罗公司又对这种叶片做了进一步改进，发展了称为"超塑性成形/扩散连接"的钛合金夹芯叶片，其重量比原型降低了 15%，已用于 Trent 700（用于 A330）和 Trent 800（用于 B777）上。用于波音 777 客机的三种发动机的风扇叶片中。除 Trent800 采用"超塑性成形-扩散连接"的钛合金夹芯叶片外，GE90 发动机采用复合材料制成，PW4084 发动机采用钛合金壁板铣出槽道焊接成空心的。Trent800 发动机的单位长度质量在三种叶片中最小，为 10.17 kg/m。GE90 和 PW4084 发动机的单位长度质量分别为 11.917 kg/m 和 19.17 kg/m，证明 Trent800 采用的风扇结构设计具有较好的效果。到了 20 世纪 90 年代，新研制的发动机已无例外都采用了宽弦风扇叶片。

航空发动机转子止推支点处的滚珠轴承，承受的负荷较滚棒轴承承受的要大很多，因为它除了承受径向负荷外，还要承受较大的轴向负荷。一般均要采用一些措施来提高它的可靠性，即使这样，它仍然是发动机中的薄弱环节。例如，CFM56-3 发动机在 1986 年 1 月至 1992 年 12 月的 7 年中，高压压气机前滚珠轴承（3 号轴承）失效占空中停车事件原因的 25%。为了提高转子止推支点滚珠轴承的可靠性与耐久性，在有的发动机（如 CF6-80C2、CFM56-5 和 GE90）中，在止推支点处采用滚珠、滚棒二轴承并列的方案，并在结构设计中确保滚珠轴承仅承受轴向负荷，径向负荷则由滚棒轴承承受，大大提高了滚珠轴承的可靠性与耐久性。

在级压比高的风扇中，气流通道由前向后收敛较大，因此叶片叶身底部做有向后上方倾斜的平台，平台与榫根间形成一个三角形的转接段，平台较叶身、叶片榫根宽很多，不仅增加了加工难度，而且对榫根、转接段的强度有较大影响。在 GE90 等发动机中，在叶身上不做平台，这样由叶尖到叶根完全是由叶型截面累积而成的光整结构，不仅坯料简单，加工容易，而且叶根仅承受叶身的载荷，榫根的挤压、拉伸应力均可降低。作为气流内通道的平台则是单独做出的，即在每两个叶片间夹一片斜板，解板的两侧分别铣出叶片叶盆、叶背的型面，靠型面嵌在两相邻的叶身中，组成了气流的内通道。显然，用这种组合式的结构代替原来叶身与平台作为一体的结构，会带来许多好处。

1.4.2　通过结构设计的改进，取得较好的排故效果

航空发动机出现的某些故障，究其原因，有的是结构设计不合理，排故当然需要改动设计。但有些故障并非源于结构设计原理不合理，有时通过对结构设计做些小改动，也能取得明显效果。

叶片振动造成的叶片裂纹、断裂是一个自喷气发动机诞生后就层出不穷的老问题，理论

上只要叶片的固有频率错开激振频率就可避免出现这类故障，但实际上却很难做到。近年来，一些发动机开始在叶片根部或中间叶根处安装减振块来解决叶片振动问题。例如，罗罗公司在 RB211、Trent 系列发动机高压涡轮工作叶片中间叶根处加装了减振块，而 CFMI 公司在对 CFM56-3 做改进时，在风扇叶根与叶身平台间的转接段中加装了减振块。

普惠公司在发展用于波音 777 的 PW4084 发动机时，曾遇到高压压气机前 3 级工作叶片振动应力过大的问题。为此，将前 4 排（进口导向叶片、1～3 级静叶）静叶对称地装于两半机匣的结构改为非对称地安装在两半机匣中，即进口导叶上 38 片、下 36 片，1 级静叶上 24 片、下 25 片，2 级静叶上 23 片、下 22 片，3 级静叶上 30 片、下 31 片。采用这一改进后，工作叶片振动应力降低了 30%。

锥形齿轮出现共振而断裂的故障，是近几年在国内外遇到的新问题，GE 公司采取的措施提供了一种可行的简单解决方法。他们在齿圈上开一环形槽，槽中装入一带开口的、截面为圆形或矩形的弹性环（该环也称减振环）。GE 公司在为波音 777 研制的 GE90 发动机（1995 年底投入使用）以及一种新技术验证机的主动锥形齿轮上，均装有这种减振环。

在高压差条件下工作的篦齿封严装置上，常常会由于气弹耦合引起篦齿环振动或颤振造成环的裂纹或断裂。为此，在许多发动机的篦齿环上也采用减振环，如 CF6、CFM56 和 F110 等航空发动机。

在航空燃气涡轮发动机中，支承转子的滚动轴承特别是滚棒轴承很容易打滑而产生滑蹭损伤，通常，在设计时须采取防滑措施。对于承受轴向载荷的滚珠轴承，一般不易出现打滑。但是如果在工作中作用于轴承的轴向载荷变向时，该轴承一定会打滑。RB211-22B 发动机于 1972 年 4 月投入使用，在使用的头半年内，低压转子的滚珠轴承（为中介轴承）发生过 4 次滑蹭损伤，这是设计时没有考虑到的，须采取排除打滑的措施。由于原结构已十分复杂，不宜大改，罗罗公司简单地采用了将保持架定位于轴承的外环改为定位于内环的措施（相应地在保持架定位面上铣许多流通滑油的槽道，并提高保持架的平衡精度），解决了这一故障。从这以后，这一简单的方法已被一些发动机的滚棒轴承、滚珠轴承采用。

1.4.3　优化细小处结构设计，降低发动机故障率

细小处结构设计不当会造成航空发动机大的故障。在航空发动机设计时，对零、组、部件及总体的结构设计一般都能做到细致、全面地进行分析，吸取以往的经验，合理选择参数，优化设计方案，反复进行强度验算，认真选用材料、配合值等，才能够在长期使用中经得住考验。但是，实践表明，往往由于在结构设计的细小处注意不够，而带来较为严重故障。

例如，1981 年，装在 L1011 三发客机上的 RB211-22B 发动机，出现过三次（5 月、8 月、9 月）风扇轴折断后风扇盘甩离发动机的重大故障。经过分析，这三起重大故障是由于对 1 号轴承（风扇后滚珠轴承）供油不足造成的。在原设计中，用 1 根喷油杆的前后喷油孔分别对 1 号轴承及 2 号轴承（中压压气机前滚棒轴承）喷油，在某些特定条件下，1 号轴承的供油量不足，造成 1 号轴承超温而引发故障。

1997 年 5 月 24 日，香港国泰航空公司、港龙航空公司宣布两家公司的 15 架大型客机 A330（前者 11 架、后者 4 架）全部停飞，究其原因竟是该飞机使用的 Trent700 发动机附件传动箱中，对支承主动锥形齿轮（与垂直传动轴连接的）的滚珠轴承喷滑油量不够。由于喷油量不足，引起该轴承及锥形齿轮过热失效，导致发动机在飞行中停车。Trent700 的附件传动箱是

由法国伊斯帕诺-西扎（Hispano-Suiza）公司生产的。该机匣的润滑系统设计不够完善，该轴承的喷油嘴与轴承间有 20 mm 的缝隙，使轴承得不到充足的滑油，因而引起轴承温度变高。该公司已用 Trent800 的设计对此做了修改，试验表明，改进后，轴承的工作温度由 170 ℃ 降到 120 ℃。附件传动箱改装后，A330 于 1997 年 6 月恢复航班飞行。

1.4.4　在结构设计中，设计不合理、选材不当也会引发严重故障

1988 年 5 月 30 日晚，由广州起飞的图-154 客机在爬升到 3 000 m 高度时，中间发动机 D-30KU-154 的四级低压涡轮突然全部甩出发动机。在这起严重的事件中，究其根源，除材料、工艺和胶圈等有缺陷外，发动机结构设计中有严重的错误，是其主要原因。该发动机高压压气机轴内套装有一个钛合金薄衬套，衬套两端均装有封严胶圈，而衬套上未开通气的卸压孔，因而衬套与高压压气机轴间形成了一死腔（这在发动机结构设计中是不允许的）。就是这一疏忽引起了衬套低循环疲劳，使衬套抗外压失稳的能力降低，最终导致衬套在外压作用下失稳向内压陷，碰上了低压转子的轴，使其折断，造成低压涡轮转子飞转而甩出发动机。后来在该衬套上加钻了一个 3 mm 的卸压孔，以解决此故障。

通过上述实例，充分说明了航空发动机结构设计在航空发动机研制、使用维护中有着极其重要的作用。熟悉航空发动机的设计方法和特点，对航空发动机的使用和维护以及故障分析等工作，都有较大的帮助。

思考题

1. 航空发动机是当代最精密的机械产品之一，其研究和发展工作具有哪些特点？
2. 民航发动机有哪些基本类型？
3. 目前主要的民用发动机制造商有哪些？
4. 举例说明航空发动机结构设计的重要性。

民航运输机主要采用高涵道比涡扇发动机作为动力装置，一般将其分成两部分，即发动机本体和短舱。短舱的主要功能是安装并固定发动机，同时对发动机气流进行优化，并保护发动机不受外部损害，以确保发动机在各种运行环境和飞行条件下都能保持正常运作。通常发动机短舱是指涡轮风扇发动机的短舱，不包含涡桨发动机和涡轴发动机。

发动机短舱上安装的部附件较多，本章重点介绍短舱的组成、发动机的安装、进气道及其防冰系统等。

2.1　短舱的组成

发动机的短舱一般包括进气道、风扇整流罩、吊架、前/后安装节、"C"涵道、尾喷管以及整流罩内部的防冰系统等，如图 2-1 所示。短舱的主要作用是提供一个平滑的气动外表面以减小阻力；确保飞机在地面和空中有良好的性能，降低噪声；保护发动机及其附件，避免受到外来物损伤。短舱的大多数部件是由复合材料制成，以减轻重量，并且多数部件拆装方便，以提高发动机的维修性。

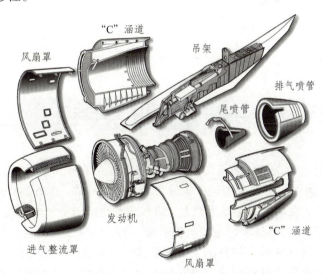

图 2-1　涡扇发动机短舱组件

进气整流罩是涡扇发动机的进气道的主要部件，其截面形状一般为圆形，引导外界空气较为均匀地流入发动机，并通过在罩壁上布置的噪声吸附材料降低噪声水平。风扇罩需要遮挡发动机附件管线避免其暴露在气流冲击下影响其寿命。"C"涵道是空客公司常用的一种说法，指的是风扇出口导流叶片之后的外涵道整流罩，围绕发动机一周的整流罩分为左右两半，上部安装于吊架上，下部可以打开和关闭，形似C字。反推装置包含在"C"涵道之中，有关短舱反推装置的内容，将在排气系统部分介绍。

吊架用于直接传递发动机的重力和推力，是飞机上受力最大的构件之一。吊架上部与机翼的大梁和加强肋相连接，下部与发动机安装节连接。吊架通常由高强度钛合金或者合金钢制成，并采用盒形梁的结构形式，具有较高的强度和刚度，如图2-2所示。吊架承受了巨大的载荷，但是其强度也不是越高越好，在飞机发生坠撞的时候，为了防止发动机失火或者转子飞转危及乘客安全还需要采取发动机应急断离措施。可见，吊架既需要在正常飞行状态下吊挂发动机，保证可靠的连接和传力，又需要在紧急状态下能够断掉以保护乘客，所以其结构非常复杂。

图 2-2　吊架的结构

2.2　发动机的安装

在现代民用飞机上，发动机在飞机上的安装布局常见的有翼下吊装、机身尾部两侧安装和埋于机身内部等。翼下吊装是民用运输机最常见的布局形式。在图 2-1 所示的翼下吊架布局的发动机短舱组件中，发动机安装在吊架上，进气道和尾喷管分别装在发动机的进口和出口，而风扇整流罩和"C"涵道都是固定在发动机吊架上的。风扇整流罩的主要作用是在风扇机匣的外表面形成良好的气动外形，使维护人员容易接近风扇机匣上安装的部件，并对这些部件起保护作用。它主要由复合材料制成，当其关闭时，两个整流罩在风扇机匣外形成一个封闭空间。在更换发动机的工作中，只需要将进气道和发动机本体拆下，短舱不用一起更换，这大大减少了航线换发的工作量。

对于高涵道比的涡轮风扇发动机来说，"C"涵道用来形成部分外涵道，当其打开后，允许维护人员接近核心机。下面对发动机的安装进行介绍。

2.2.1　发动机安装节

发动机的安装节是发动机连接到飞机的固定点，并将发动机的各种负荷传至飞机，发动机传到飞机的负荷有推力、重量、飞机做机动飞行时的惯性力等。

安装节分为两种：主安装节与辅助安装节。

前者传递轴向力、径向力，后者仅传递径向力。一般主安装节装于温度较低、靠近转子止推轴承处的压气机或风扇机匣上，辅助安装节装于涡轮或喷管的外壳上。主安装节可以是两个或三个，辅助安装节可以是一个或两个。但不论数目多少，所有的主安装节及辅助安装节，均应各在一个横截面内，而且所有的主辅安装节中，相对飞机只应有一个是牢固安装的，该点称为死点，其余各安装节均应自由，即工作时允许与飞机机体结构间有相对移动，以适应发动机与飞机膨胀不一致造成的位移。通常，辅助安装节采用万向接头的结构。

由于发动机各机匣的温度差大，发动机安装应允许纵向和径向自由膨胀。翼下吊装的发动机通常采用吊架式，而机身尾部安装的发动机则采用侧向安装，如图 2-3 所示。

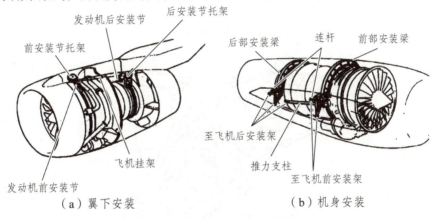

（a）翼下安装　　　　　　　　（b）机身安装

图 2-3　典型涡扇发动机安装节

图 2-4 给出了典型的翼下安装发动机的结构形式，发动机的前安装节在风扇机匣顶部，后安装节在涡轮排气机匣顶部。在前、后两个安装节中，后安装节可以前后摆动。

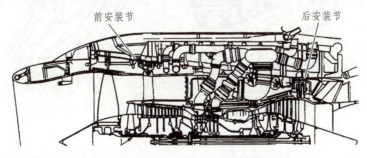

图 2-4　发动机翼下吊装结构

1. 发动机前安装节

图 2-5 所示为前安装节结构，安装节在风扇机匣顶部，是固定死的，即前后、左右都不能

动。前安装节与吊架之间靠 4 颗螺栓连接。前安装节向飞机传递的载荷有发动机重力、横向载荷和发动机所产生的推力。

前安装节包括中央推力杆、侧支承杆（两根）和支承座。支承座靠 4 颗螺栓固定在发动机吊架上，定位销起定位作用。中央推力杆的一端靠球形轴承座固定在风扇机匣顶部中央，另一端靠空心销和连接螺栓与支承座固定在一起。为了把中央推力杆定位于支承座上，中央推力杆与支承座的连接有两个，一个为横向，另一个是轴向（见图 2-5 中的截面视图）。发动机的推力就是靠中央推力杆传给支承座，然后再传给发动机吊架。侧拉杆一端与支承座相连，另一端与风扇机匣相连，连接件也是空心销和连接螺栓。通过对侧拉杆两端与相接触形面的配合，侧拉杆可限制发动机摆动。在中央推力杆上固定有失效安全销。正常情况下，此销悬浮于支座内，万一有侧拉杆断裂，则侧拉杆所承受的重力就要靠此安全销来承受。这时，安全销就会支承在支座内。所以在维护时，若发现安全销与支座之间没有间隙了，则表明侧拉杆有可能出现了问题，应及时检查。

因此，发动机一般推力传递路径是从中央推力杆的球轴承座传递至中央推力杆，再由支承座最终传递给飞机。也有的涡轮风扇发动机的前安装节不是在风扇机匣的顶部，而是在中介机匣的后端面上，如 V2500、Trent700 发动机等。

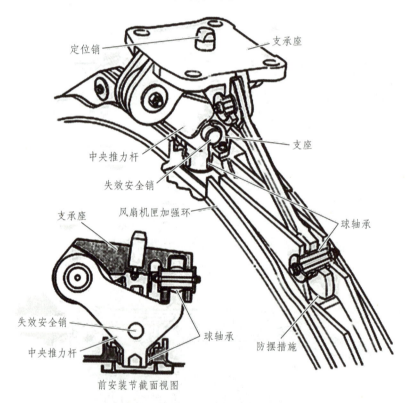

图 2-5　前安装节结构

2. 发动机后安装节

后安装节位于涡轮排气机匣顶部中央，它主要包括支承座、两根侧拉杆和一根扭力杆，如图 2-6 所示。后安装节承受发动机定位销重力、发动机的横失效安全销向载荷和扭转载荷支承座。支承座靠 4 颗螺栓与飞机相连，两颗定位销起定位作用。每侧的侧拉杆一端与支承座相连，另一端与涡轮排气机匣支承座失效连接杆侧拉杆相连。扭力杆与涡轮排气机匣相连处正好与机匣的外圆相切，另一端连在支承座上，从而球轴承使其能承受扭转负荷。此扭转载荷是由于发动机转子的旋转引起的。侧拉杆和扭力杆与机匣和支承座之间的连接件都是空心销和螺栓。后安装节也有失效安全连接机构，它包括失效连杆和安全销。失效连杆靠两颗螺栓固定在排气机匣的加强环上，安全销固定在支承座上。正常情况下，安全销与失效连杆之间有间隙，不接触（见图 2-6 中的截面视图），即安全销不承担负荷。若有侧连杆断裂，则重力就要靠此失效安全机构承担，即失效连杆就会支承在安全销上。

后安装节可前后浮动，它承受发动机的重力、横向载荷和扭转载荷。发动机的重力和横向载荷经侧拉杆传给支承座，扭转力矩经扭力杆传给支承座。不管是前安装节还是后安装节，连接处都使用了球形轴承。其允许连接处受热后自由膨胀，也允许发动机与飞机吊架之间有相对运动。

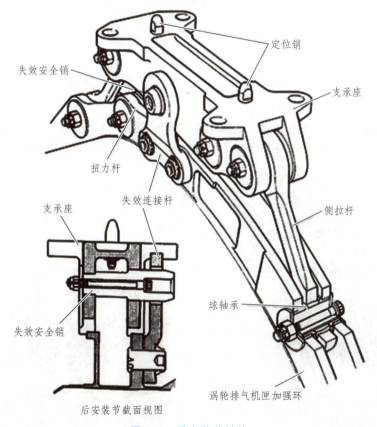

图 2-6　后安装节结构

2.2.2　B737 飞机上 CFM56-3 发动机的安装

CFM56-3 发动机由前面两个和后面一个共三个安装节装于飞机发动机吊架上，如图 2-7 所示。两个前安装节位于发动机风扇机匣处，后安装节位于涡轮机匣处，这三个安装节承受发动机除推力外的所有其他力，如发动机的重力等。

发动机的推力（前推和反推），由两根推力连杆传递到飞机发动机吊架，两根推力连杆的一端固定于风扇框架后墙，另一端汇合并固定在飞机发动机吊架上。

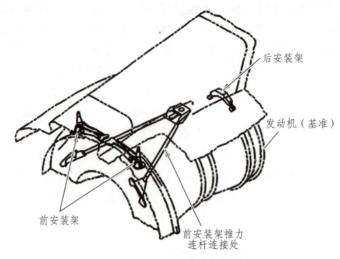

图 2-7　CFM56-3 发动机的安装

1. 前安装节和推力连杆

发动机前安装节、推力连杆及其连接件用来将发动机的前半部分吊装于发动机吊架下，同时将发动机的推力传递给飞机。

发动机前安装节和推力连杆固定于发动机风扇框架上，推力连杆另一侧的连接件安装于飞机发动机吊架的安装座上。CFM56-3 发动机前安装节和推力杆如图 2-8 所示。

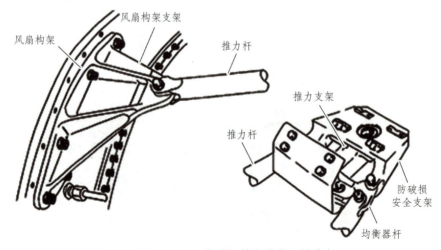

图 2-8　CFM56-3 发动机前安装节和推力杆

发动机的前安装节由 2 颗锥形螺栓及其安装座组成，锥形螺栓固定于安装节的安装座上，而安装座由固定螺栓安装在发动机风扇机匣上。安装节锥形螺栓固定处装有减振功能的球形轴承。飞机发动机吊架上有一梁，该梁由螺栓固定于飞机发动机吊架上。梁的左端与发动机左安装节锥形螺栓相配，梁的右端与发动机右安装节锥形螺栓相配。锥形螺栓用螺帽将发动机吊装于吊架上，发动机的推力由两根推力杆传递。两根推力杆前端与风扇框架固定件相连，风扇框架固定件由螺栓固定在风扇框架 2 点钟和 10 点钟位置；推力杆后端与推力平衡块相连。

推力平衡块由衬套和螺栓连接在推力杆后固定件上，后固定件由带有安全失效功能的 5 颗螺栓固定在发动机吊架上，后固定件上的 4 个齿用于传递发动机推力。打开风扇整流罩，就可以接近发动机前安装节。

2. 后安装节

CFM56-3 发动机后安装节如图 2-9 所示。发动机后安装节用来将发动机后半部分吊装于飞机发动机吊架下，为了减少内部应用，一般位于发动机后段质量最集中的涡轮框架 12 点钟处。发动机后安装节由一个锥形螺栓组成，该锥形螺栓固定在飞机发动机吊架的后安装结构上，以承受发动机后半部的力。后安装结构具有减振功能。在发动机涡轮框架上装有一个与后安装架锥形螺栓相匹配的吊架固定件，锥形螺栓用螺帽固定在吊架固定件上。打开反推整流罩，就可以接近发动机后安装节。大多数后安装节因空间较狭小不易接近，为完成拆装发动机后安装节，如 CFM56 系列发动机，在螺母处的垫片设计成特殊的形状，用特殊扳手与垫片的这种结构相配合，使拆装变得容易。

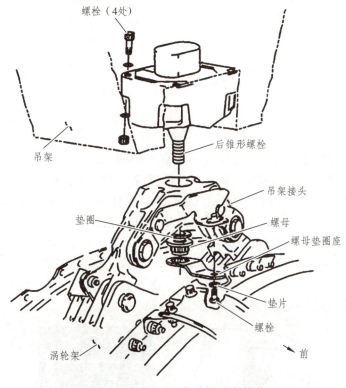

图 2-9　CFM56-3 发动机后安装节

2.3　进气道

进气道的功用是在各种工作状态下，能将足够量的空气，以最小的流动损失，顺利地引入压气机。当压气机进口处的气流马赫数小于飞行马赫数时，产生冲压压缩，提高空气的压力，在超音速飞行中表现得特别明显。涡轮喷气发动机的进气道可分为亚音速进气道和超音速进气道两大类。而超音速进气道又可分为内压式、外压式和混合式三种。目前，民航主要使用亚音速飞机，其发动机的进气道大多采用扩张形的亚音速进气道。本节主要讲述亚音速进气道的结构及其防冰系统。

2.3.1 涡扇发动机进气道

民航发动机的进气道一般采用亚音速进气道，由壳体和整流锥组成。对于高涵道比涡扇发动机，壳体（见图 2-1 中的进气整流罩）向后固定在风扇机匣上，整流锥则安装在风扇轮盘上与风扇一起旋转。进气道进口部分为圆形唇口，进气道内部通道为扩张通道，使气流在进气道内减速增压，如图 2-10 所示。

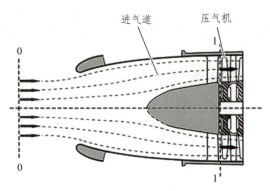

图 2-10 亚音速进气道

进入进气道的气流速度与飞行速度大小相等，方向相反。由于进气道前一段的扩张形通道，气流的速度下降，压力和温度升高，即冲压压缩。流经整流锥后气流速度稍有上升，压力和温度稍有下降，使气流比较均匀地流入压气机，保证压气机的正常工作。

当飞机在巡航飞行时，这种进气道还能充分利用空气的冲压效果，从而可弥补空气在进气道内的流动损失。在大多数高涵道比涡扇发动机中，进气道进口略微向下倾斜，以保证飞机在大迎角状态发动机有足够的进气量，如图 2-11 所示。为了减轻重量，进气道采用"空腔"结构，内部设有防冰装置。为了降低进气噪声，进气道内表面镶有蜂窝结构消音板。进气道壳体依靠螺栓直接固定在风扇机匣或压气机进口的安装边上。

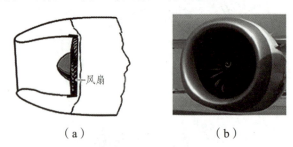

（a）　　　　　　　　（b）

图 2-11 典型的涡扇发动机亚音速进气道

2.3.2 涡桨、涡轴发动机的进气道

中大功率的涡桨发动机，常用轴向进排气的方式，如图 2-12 所示。由于减速器的原因，

进气道进口为环形通道,逐渐收缩使气流进入压气机。为了传递螺旋桨以及减速器的载荷,环形进气道被径向隔板分割成多个部分,如图2-13所示。此类涡桨发动机的进气道是重要的承力部件。

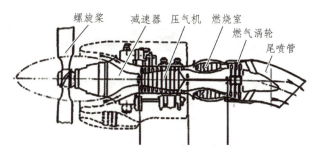

图 2-12　中大功率涡桨发动机

图 2-13　涡桨 6 发动机的进气道

　　小功率的涡桨发动机常采用倒置的方式,即动力涡轮向后输出功率,驱动螺旋桨工作,如图2-14所示。由于发动机倒置,可以在螺旋桨的下部进气,气体进入进气整流罩向后流动至发动机后段,然后从侧面进入进气滤网,如图2-15所示。排气流则从前部通过专用的排气管转折后向后排出。

　　涡轴发动机是直升机的动力装置,一般安装在直升机的座舱顶部整流罩内,为了安装方便,一般采用离心压气机配合回流燃烧室,可以大大节约安装空间。涡轴发动机的进气道与涡桨发动机类似,动力涡轮可以向前或向后输出功率驱动旋翼。涡轴发动机进气口一般会距离旋翼主轴一段距离,利用旋翼旋转向下的气流可以增加进气量。进气道进口一般都设置有防尘罩,如图2-16所示。

进气通

图 2-14　空中国王 C90 飞机

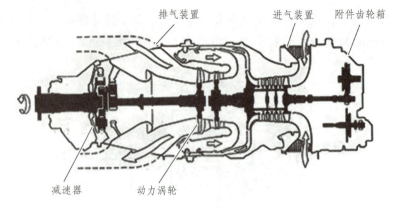

排气装置　　进气装置　附件齿轮箱

减速器　　　动力涡轮

图 2-15　C90 飞机所用 PT6A 发动机剖视图

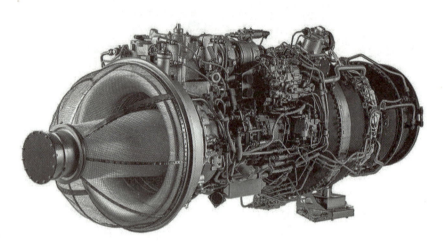

图 2-16　TV3-117V 涡轴发动机的进口防尘罩

2.3.3　进气道的防冰

1. 概　述

当飞机穿越含有过冷水珠的云层或在有冻雾的地面工作时，发动机进气道前缘、进口导流叶片、前整流锥等区域极易结冰。在这些地方结冰会减小发动机的空气流量，从而引起发动机推力或功率下降、EGT（Exhaust Gas Temperature，排气温度）增加和发动机经济性变差；严重的结冰可能导致发动机不能正常工作，还可能造成压气机失速或喘振。此外，脱落的冰块会被吸入发动机，打坏进气道吸音材料衬层、风扇和压气机叶片等造成发动机损坏，因此发动机防冰是必要的。发动机的防冰系统就是用来防止这些部位结冰。图 2-17 给出了涡扇发动机可能的结冰部位。其中，风扇叶片结冰可通过控制转速来防止。

防冰系统必须能够有效地防止冰的生成，工作可靠；系统易于维护；不会过多增加重量；系统工作时不会引起发动机严重的性能损失。防冰的原理是提高易结冰部位零件的温度，避免冰的生成或者是有冰以后的除冰。目前，有两种基本的防冰方法：热空气防冰和电加温防冰。大、中型发动机一般采用热空气防冰；涡桨发动机通常采用电加温或热空气与电加温混合型防冰；小型的发动机多采用电加温防冰。

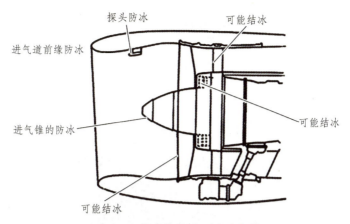

探头防冰
进气道前缘防冰
可能结冰
进气锥的防冰
可能结冰
可能结冰

图 2-17　发动机的典型防冰部位

采用热空气防冰的发动机，当防冰系统工作时，由于部分高压空气从压气机引出，涡轮的功率会减小，发动机转速或 EPR（Engine Pressure Ratio，发动机压比）将下降。此时，控制系统为了保持发动机转速或 EPR 不变，会自动增加燃烧室供油量，提高涡轮前温度，增大涡轮功率，因此排气温度将升高。此时引气相当于打开发动机防喘放气活门，所以压气机工作稳定性可得到一定程度的改善。

电加温防冰是在易结冰部位埋入电阻发热元件，工作时供以脉冲电流，使电阻发热加温零件，从而防止结冰。对于涡轮螺旋桨发动机来说，需要防冰的部位有进气道、桨叶等。由于受到压气机供气的限制，一般都采用电加热的方式来防冰。在需要加热的区域粘贴加热元件，靠发电机给防冰系统供电。防冰系统工作时，有些区域是连续加热的，而有些区域则是间歇式加热的。这些间歇式加热区域允许结冰，加热时，使冰融化，靠气动力再把冰去掉。

发动机防冰装置设计来防止发动机积冰，因此必须在发动机积冰前使用。满足结冰条件应打开防冰系统。接通发动机防冰系统后，必须确认防冰系统工作状态是否正常，检查发动机防冰控制活门是否完全打开（活门灯暗亮），确保发动机防冰的可靠性。有的发动机，如GE90，当发动机防冰电门置于"AUTO"位时，控制系统可自动探测结冰条件，根据结冰条件使防冰系统自动启动/关闭。

2. 涡扇发动机的防冰系统

热空气加热防冰是现代涡轮风扇发动机上常用的一种方法。热空气一般引自高压压气机，经防冰控制活门和管路送到防冰部位。防冰活门起到开关和调节引气压力的作用，在驾驶舱内有防冰控制电门。当需要防冰时，接通防冰电门，使防冰活门打开，热空气就会被送到需要防冰的部位。图 2-18 所示为某型涡扇发动机采用热空气防冰的示意图。来自压气机的热空气，经控制活门被送往进气道前缘、进口导向叶片和进气整流锥。

在进气道前缘内部有一喷气环管，管的前表面有很多小孔，送入喷气环管内的热空气经这些小孔出来，喷到进气道前缘内表面，给前缘加热，防止冰的生成。在进气道的侧表面有排气出口，加热后的空气经此出口排到发动机外面。

现代涡轮风扇发动机的进口一般都没有进口导向叶片，进气锥直接装在风扇盘上，如图2-19 所示。这样，如果进气锥的形状、构造和旋转特点允许的话，可以稍微结冰，而不需要加热防冰。若进气锥需要防冰的话，一般来说其供气系统独立于进气道防冰系统，大多数情况下是把未经调节的压气机空气引入锥体内，加热后的气体排入进气道内。因为热空气来自发动机，所以防冰系统工作时对发动机的性能有一定的影响，发动机的燃油控制系统会自动修正燃油流量，以满足性能需求。下面介绍 CFM56-7B 发动机的防冰系统。

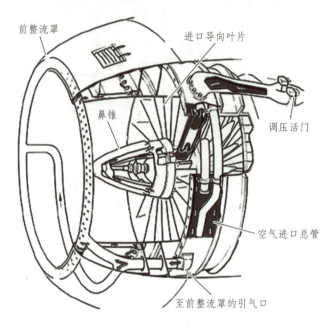

图 2-18　涡扇发动机典型防冰系统

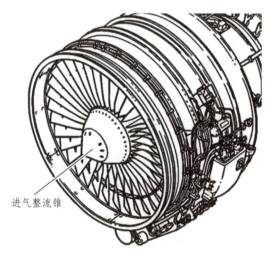

图 2-19　进气整流锥

　　CFM56-7B 发动机的进气道防冰空气来自发动机引气系统，接口在发动机引气系统中预冷器和关断活门的上游，即防冰空气不受关断活门的影响（见图 2-20）。防冰空气经防冰活门进入进气道前缘内的喷气环。热空气从喷气环喷出，给前缘加热。加热后的空气从进气道底部的排气口进入大气。

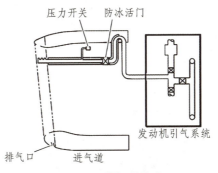

图 2-20　进气道防冰

　　防冰活门是电控、气动作动的蝶形活门，其靠弹簧加载在关闭位置上。活门主要包括控制电磁活门、作动器、压力调节器和人工锁定机构及活门位置指示器（见图 2-21），作动空气就是防冰空气本身。在活门上游有一根引气管，负责把空气送往压力调节器控制电门在驾驶舱内头顶面板（P5 面板）上（见图 2-22）。当接通防冰电门时，其允许来自飞机的 28 V 直流电送往控制电磁活门。控制电磁活门通电，其允许活门上游的空气进入压力调节器。压力调节器调节引气压力，并把调节后的空气送到作动器，作动器在空气压力的作用下，克服弹簧力，打开防冰活门。活门下游也有一引气管，其把防冰活门下游的空气压力传给压力调节器，使压力调节器能根据下游压力，调节活门开度，从而把防冰空气压力的最大值限制在 50 psi[①]内。

　　从控制电路可见，接通防冰电门时，还会有下列事情发生：

　　（1）断开送往 EFC 的电路，即给 EEC 发送一个离散信号，告诉 EEC 发动机防冰活门打开，以便 EEC 控制发动机的慢车转速。活门位置指示器感受蝶形活门的位置，并反馈给控制面板，给出防冰状态指示。

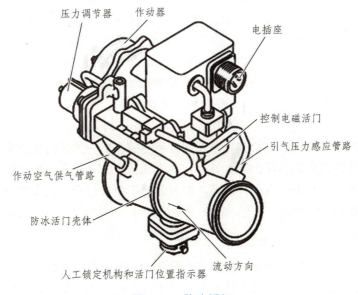

图 2-21　防冰活门

---

① 1 psi=6.89 kPa。

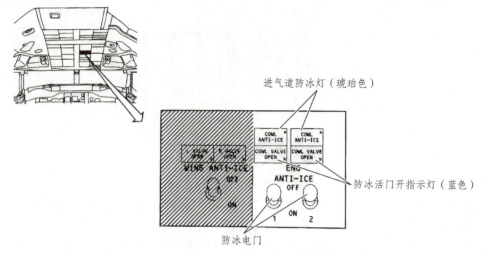

图 2-22　B737 飞机发动机防冰控制面板（P5 面板）

（2）断开送往 FMC（飞行管理计算机）的电路，即给 FMC 一个离散信号，告诉 FMC 发动机引气负荷变化，以调整发动机的供油量。

（3）防冰控制面板上的"进气道防冰活门开"，蓝色指示灯亮。此灯受控于防冰电门和防冰活门位置指示器。当电门接通，活门在打开的过程中，或活门位置和防冰电门的位置不一致时，此灯明亮；当防冰电门接通，活门打开，位置指示器给出活门在"开"位信号时，变暗二极管使灯变暗。

（4）当防冰电门关闭时，活门关闭，位置指示器给出活门"关闭"信号，此灯熄灭。

位置指示器包括活门"开"位置电门和活门"关"位置电门。它们的工作情况如下：在活门打开过程中，当活门开度超过 15°时，活门"开"电门就会给出活门"开"信号；而在活门关闭过程中，当活门几乎要关闭时，活门"关"位置电门才给出关闭信号。

当防冰活门下游的空气压力超过 65 psi 时，压力电门闭合。防冰控制面板上的"进气道防冰"琥珀色指示灯亮，并且主告诫灯和发动机防冰指示灯也亮，说明防冰系统引气压力超压。

当防冰活门不能正常工作时，人工锁定机构允许把防冰活门锁定在完全关闭或完全开位。为了帮助正确安装活门，防冰活门壳体上标有气流流动方向。

防冰供气管路都是从进气道的空心夹层穿过到达前缘的。为了防止热空气对进气道的影响，一般在供气管外包有隔热保护层。另外，在进气道表面有释压面板，若夹层内的供气管漏气，就会使进气道空心夹层内压力升高，而引起释压面板打开，把多余的空气放掉，使进气道不被压坏，起到保护作用。

3. 涡桨、涡轴发动机的防尘、防冰系统

除了采用电加热防冰的方法外，涡桨发动机在进气道的气流转折处一般都会设计有折流门，使用惯性分离的原理，在结冰条件下吹除积冰或者吹除进气异物，以保证进气系统的进气可靠性。有些中、小功率涡桨发动机，如 PT6A-61 发动机，在结构上设置了惯性防尘防冰装置，如图 2-23 所示。

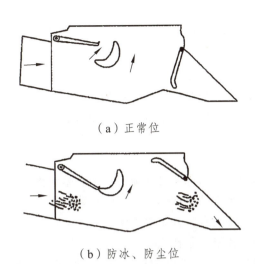

（a）正常位

（b）防冰、防尘位

图 2-23 PT6A-61 涡桨发动机进气惯性防尘、防冰装置

进气道位于发动机最前部，尤其对于安装位置较低的发动机，当发动机工作时，外来物极易被发动机吸入，而损坏发动机（尤其是转动部件），以致引起发动机熄火停车，所以应防止外来物进入发动机。图 2-24 中分别示出了典型的涡轴发动机进气除尘器。防尘装置工作时会带来发动机的功率损失。

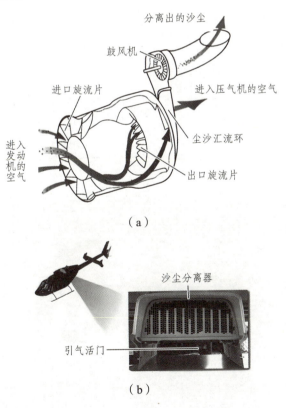

（a）

（b）

图 2-24 典型的涡轴发动机进气除尘器

思考题

1. 发动机的短舱一般包括哪些主要组成部件？
2. 发动机的安装节的定义？传递的载荷有哪些？
3. 概述发动机主安装节及辅助安装节的作用和要求。
4. 简要说明 CFM56-7B 发动机前安装节和推力连杆的安装位置与作用。
5. 进气装置的功用是什么？
6. 进气道中进气的速度、压力和温度在流经前段和整流锥中如何变化？
7. 简述一般涡桨发动机进气装置如何降低进气异物的损伤？
8. 发动机防冰的方法有哪两种？并举例说明。
9. 发动机防冰系统的总体要求是什么？
10. 对于涡扇发动机热防冰空气的来源有哪些？并说明由哪些部件控制。

第3章 压气机

本章介绍航空燃气涡轮发动机风扇和压气机部件的结构组成，压气机防喘振装置，以及压气机防外物的方法。

3.1 压气机概述

压气机部件紧随进气装置之后，其主要功用是提高流过空气的压力，为其后的燃烧室提供所需的压缩空气。压气机还可以提供一定量的压缩空气用于飞机座舱增压、涡轮叶片等高温零部件冷却、进气道防冰以及其他发动机的起动等。

压气机概述

评定压气机性能的主要指标是增压比、效率、外廓尺寸和质量、工作可靠性、制造和修理费用等。

外廓尺寸用单位空气质量流量来衡量，所谓单位空气质量流量是指通过压气机单位横截面积的空气流量。在燃烧室内可能释放的能量是与空气流量成正比的，因此，它是航空发动机的重要指标之一。

对压气机结构的基本要求：

（1）满足性能所提出的各项要求，如通道面积、迎风面积、级数、叶片型面及安装角等。

（2）采取适当的防喘措施，保证压气机稳定工作范围宽广。

（3）满足强度、振动及刚性要求，主要部件寿命长。

（4）结构简单、尺寸小、质量轻。

（5）装配维修方便，制造成本低。

根据压气机的结构形式和气流的流动特点，压气机可分为离心式压气机和轴流式压气机两种。对离心式压气机，空气沿轴向流入工作叶轮，然后沿远离叶轮旋转中心的方向流动并流出叶轮；对于轴流式压气机，空气从流入叶轮到流出叶轮基本沿发动机的轴线方向流动。

轴流式压气机的增压比大，效率高，单位空气流量大，这就意味着在相同外廓尺寸条件下，采用轴流式压气机的发动机推力大，耗油率低。所以，在目前航空燃气涡轮发动机上，特别是在大、中推力的发动机上几乎全部采用轴流式压气机。离心式压气机最先使用在航空发动机上，有着丰富的设计和使用经验，而且结构简单，生存能力强，目前主要使用在小型动力装置和辅助动力装置上。在有些中小型发动机上，轴流式压气机和离心式压气机组合在一起，离心压气机作为最后一级使用，这种压气机称为混合式压气机，它既发挥了离心式压气机单级增压比高的优点，又避免了轴流式压气机当叶片高度很小时损失增大的缺点。

本章重点介绍轴流式压气机的结构。

轴流式压气机由转子和静子两部分组成。转子是高速旋转并对气流做功的部件，由几排旋转的工作叶片（叶轮）组成；静子是固定的静止部件，由几排整流叶片（整流器）组成。压气机的转子叶片和静子叶片交错排列，一排工作叶片（一个叶轮）和一排静子叶片（一个整流器）组成一个单级压气机，它是多级轴流式压气机的基本单元，为了提高压气机的增压比，轴流式压气机可多达 15～17 级。

轴流式压气机可分为单转子、双转子和三转子三种，如图 3-1～图 3-3 所示。将高增压比的压气机，设计成双转子或三转子，可以使压气机各级的工作更协调，稳定工作范围更宽，喘振裕度增大。

在双转子压气机中，两个压气机分别称为低压压气机和高压压气机。在三转子压气机中，则分别称为低、中、高压压气机。在双转子或三转子涡扇发动机中，风扇通常就是低压压气机或是低压压气机的前几级，对于高涵道比涡扇发动机，风扇通常只有一级。

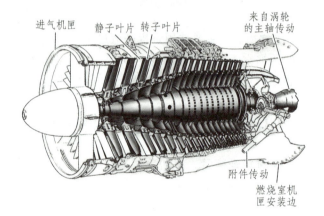

轴流式压气机基本组成

图 3-1　单转子轴流式压气机

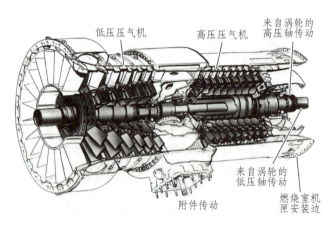

图 3-2　双转子轴流式压气机

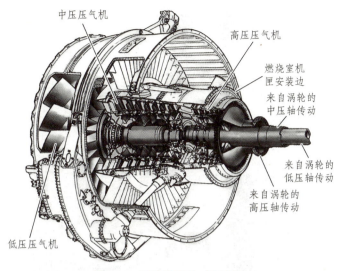

中压压气机

高压压气机

燃烧室机
匣安装边

来自涡轮的
中压轴传动

来自涡轮的
低压轴传动

来自涡轮的
高压轴传动

低压压气机

图 3-3　三转子轴流式压气机

　　图 3-4～图 3-7 所示为典型高涵道比双转子涡扇发动机的压气机，主要由低压压气机（包括风扇以及与风扇一起转动的增压压气机，增压压气机又称为增压级）和高压压气机组成。低压和高压压气机又分别由各自的转子和静子组成。除了这些基本结构外，压气机上还设计有防喘振、防外物等附属装置。

　　以下各节将分别介绍压气机各主要部件的结构。

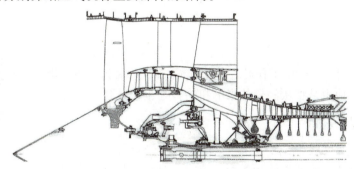

图 3-4　CFM56 涡扇发动机的压气机

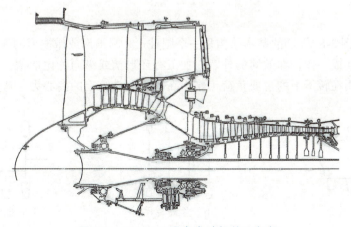

图 3-5　PW2037 涡扇发动机的压气机

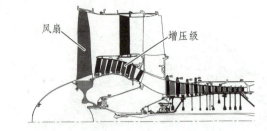

图 3-6　PW4000 涡扇发动机的压气机

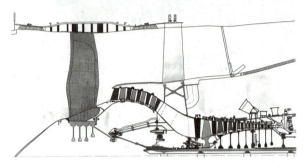

图 3-7　GE90-115B 涡扇发动机的压气机

3.2　轴流式压气机转子结构

3.2.1　转子结构形式

轴流式压气机转子一般由工作叶片、轮盘（鼓筒）、轴和一些连接件所组成。转子的功用是将从涡轮传来的扭矩传给工作叶片，并带动叶片在高转速下高效率地工作。

轴流式压气机转子
基本结构类型

1. 转子基本结构类型

轴流式压气机转子的基本结构类型有鼓式、盘式和鼓盘混合式三种，如图 3-8 所示。

1）鼓式转子

鼓式转子[见图 3-8（a）]的基本结构是一个圆柱形、圆锥形或橄榄形的鼓筒，借安装边及螺栓与前、后轴连成一体，在鼓筒的外表面加工有环形槽或纵向燕尾形槽，用来安装工作叶片。工作时，作用在转子上的主要负荷（作用在叶片和鼓筒上的离心力、弯矩和扭矩）由鼓筒承受和传递。

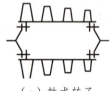
（a）鼓式转子

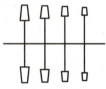
（b）盘式转子

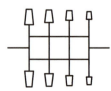
（c）鼓盘混合式转子

图 3-8　压气机转子的基本结构类型

鼓式转子的特点是结构简单、零件数目少、加工方便、有较高的抗弯刚度。但是由于受到强度的限制，不能承受太大的离心载荷，通常在圆周速度较低的条件下使用。

现代大流量比涡扇发动机的增压级常采用鼓式转子。图 3-9 所示为 CFM56-2 发动机风扇及增压级转子，增压级鼓筒采用精密螺栓固定于风扇轮盘后端，鼓筒外圆上做出三道凸缘，用拉刀一次拉出三级燕尾形榫槽，因此三级叶片数目相同，虽然对性能有一定的影响，但加工过程大为简化。

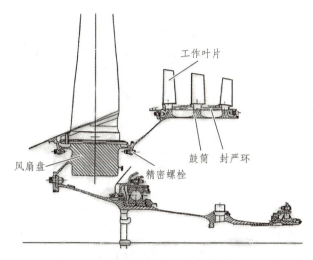

图 3-9　CFM56-2 发动机风扇及增压级转子

图 3-10 所示为 CF6 发动机的增压级结构，增压级共有 4 级，鼓筒上开有环形燕尾形槽，允许各级安装不同数量的叶片。在鼓筒最后一级处带有一小轮盘，以提高强度与刚性，这种结构多用于级数较多的增压级转子上，如 V2500、PW4000、GE90、GEnx 等发动机的增压级转子均在鼓筒末级带有轮盘。

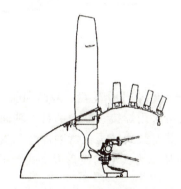

图 3-10　CF6 发动机的风扇及增压级转子

2）盘式转子

盘式转子[见图 3-8（b）]由一根轴和若干个轮盘组成，用轴将各级轮盘连成一体，盘缘有不同形式的榫槽用来安装转子叶片。涡轮扭矩通过轴传递给轮盘，再由轮盘传给工作叶片。工作叶片和轮盘的离心力由轮盘来承受，转子的抗弯刚性由轴来保证。盘式转子的特点是强度好，但抗弯刚性差，并容易发生振动。目前，这种简单的盘式转子只用于单盘或小流量的压气机上。

图 3-11 所示为 J69 发动机压气机轴流级的转子，叶片、轮盘和轴都由合金钢精铸成一体，然后再加工而成。

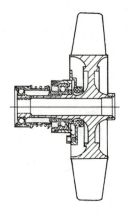

图 3-11 J69 发动机轴流级的转子

为提高抗弯刚性，多级盘式转子上在相邻的轮盘之间加装定距环，并采用加粗的空心毂轴，这种盘式转子称为加强的盘式转子。图 3-12 所示为加强的盘式转子，各级轮盘与轴之间通过套齿传递扭矩，轮盘和定距环通过大螺母压紧。例如，罗罗公司的斯贝（Spey）发动机、泰（Tay）系列发动机的高压压气机均采用了这种结构。

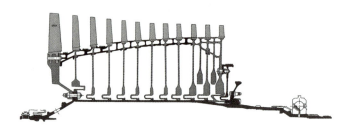

图 3-12 斯贝 512 发动机的高压压气机转子

3）鼓盘混合式转子

鼓盘混合式转子[见图 3-8（c）]由若干个轮盘，鼓筒和前、后半轴组成。鼓筒可与轮盘制成一体或者单独制成，级间连接可采用焊接、径向销钉、轴向螺栓或拉杆。扭矩由轴、盘或轴、鼓、盘逐级传递，这种转子兼有鼓式转子抗弯刚性好和盘式转子强度高的优点，因此在发动机中得到广泛应用，图 3-13 所示为典型的鼓盘混合式转子。

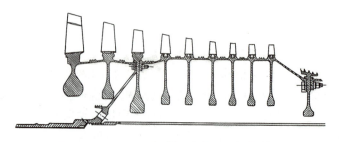

图 3-13 CFM56 发动机的高压压气机转子

2. 风扇转子结构

现代大型高涵道比涡扇发动机均采用单级风扇，风扇转子盘均由钛合金锻造经机械加工而成，做成空心的，轮缘处由于要安装风扇叶片，宽度最大，中心处做得较薄，轮盘剖面形状因发动机而异。早期的风扇轮盘较多地做成如图 3-14 所示的结构，随着发动机推力的增加、风扇直径加大、宽弦叶片的应用等，使风扇叶片变得长而宽，采用常规的轮盘就会因轮缘很宽而很重。因此，许多发动机的风扇盘做成多盘的鼓盘混合式轮盘，即由 2～4 个带鼓的薄盘焊接而成，如图 3-15 所示。

图 3-14　早期的风扇盘

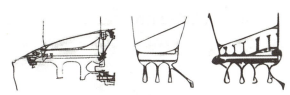

图 3-15　多盘的鼓盘混合式轮盘

3. 转子的连接结构

在压气机转子结构中，转子连接涉及盘-盘连接和盘-轴连接，盘-盘连接结构可分为两种：不可拆卸式和可拆卸式。不可拆卸式连接结构有径向销钉连接和焊接两种，可拆卸式连接结构有长螺栓连接、短螺栓连接等。

鼓盘混合式转子的
级间连接

1）长螺栓连接

长螺栓连接一般采用沿圆周分布的多根长螺栓进行连接，也有采用一根中心长螺栓进行连接的。

（1）沿圆周分布的多根长螺栓。

图 3-16 所示为 JT3D 发动机长螺栓连接的高压压气机转子。转子相邻轮盘间各夹着一个等直径的鼓筒，各级鼓筒、轮盘及前后轴采用沿圆周分布的一组长螺栓连为一体，依靠长螺栓的拉紧力来保证转子的整体刚度，依靠圆柱面定位，依靠端面摩擦力传扭。为了防止鼓筒在夹紧时发生变形以致影响级间封严，在鼓筒上和长螺栓间还装有衬套。螺栓在与盘和衬套相配合的位置处直径加大，用来径向定位，必要时还可以剪切传扭。

这种用长螺栓连接的可拆卸的鼓盘混合式转子具有连接件较少、装拆比较方便等优点。

当压气机气流通道内径变化较大时，若采用一组长螺栓连接，鼓筒直径则必须兼顾小直径轮盘，会使转子的刚性削弱很多。为了尽量加强转子的刚性，可将转子分段，前后段可以采用不同直径的鼓筒，采用多组长螺栓将转子连为一体，如图 3-17 所示。

压气机工作时，螺杆的拉紧力和级间的压紧力都随工作条件（如转子和螺杆的材料受热后引起的膨胀量差，转子所受的弯矩、轴向力等）而变化，既要保证各种工作状态下的转子刚性和端面摩擦力传扭的可靠性，又不能使螺杆内应力过大以致断裂。为此，装配时必须严格控制螺杆的预紧力（即螺杆在装配时的拉紧力），同时还要保证各杆的受力均匀，拧紧螺母时还要防止长螺杆内产生附加扭转应力。

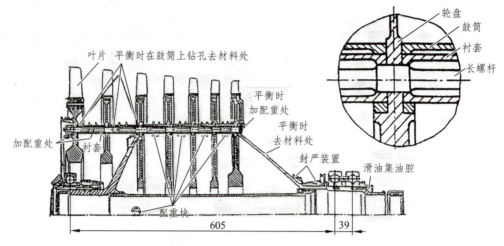

图 3-16　JT3D 发动机的高压压气机转子

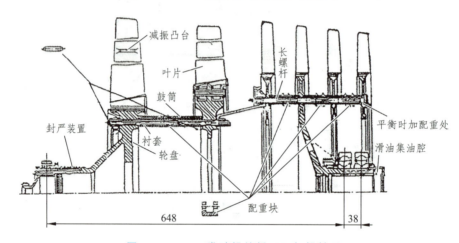

图 3-17　JT3D 发动机的低压压气机转子

（2）中心长螺栓。

在小尺寸涡轴和涡桨发动机中，由于径向尺寸较小，转子轮盘、鼓筒连接中，常采用一根中心长螺栓进行轴向预紧。图 3-18 所示的压气机转子中第 1 级盘、第 2 级盘、第 3～4 级盘组件、第 5 级盘、第 6 级离心叶轮通过一根中心拉杆连接成一体，由于转子转速高，连接界面处径向尺寸较小，为了稳定传递大的功率及扭矩，防止连接界面滑移，在连接界面上采用圆弧端齿进行定心和传扭。

图 3-18　T700 涡轴发动机压气机转子

近年来，对大尺寸、大流量涡扇发动机的高压转子，也在尝试采用中心长螺栓的连接结构，如图 3-19 所示。

图 3-19　PW1000G 高压压气机转子

2）短螺栓连接

短螺栓是压气机转子结构中使用较为广泛的一种连接方式。图 3-20 所示为 JT9D 发动机采用短螺栓连接的高压压气机转子，其中第 2、4、6、8、10 级盘前后带鼓筒，第 3 级盘前带轴颈，其余各级为单盘，各级之间用短螺栓连成一体。转子的刚性靠螺栓预紧力保证，同时螺栓还用来保证定心和传递扭矩。

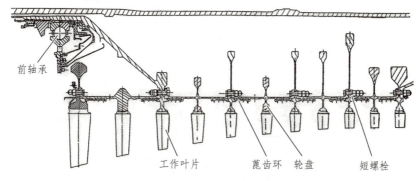

图 3-20　JT9D 发动机高压压气机转子

短螺栓连接在转子气流通道内径变化较大时也能使用，但通常使用的连接件多，螺栓的离心力会增加轮盘的强度负荷，同时转子的平衡性也需要精心控制。

目前，短螺栓连接方式广泛用于分段焊接的转子中各段转子之间的连接，如图 3-13 所示。短螺栓还常用于大涵道比涡扇发动机的增压级与风扇盘、风扇盘与风扇轴之间的连接，如图 3-9、图 3-10 所示。有的发动机上，风扇盘、轴除采用短螺栓连接，同时在连接端面上还采用了端面齿进行定心和传扭，如图 3-21 所示。

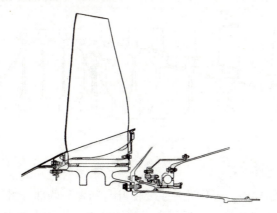

图 3-21　V2500 发动机风扇转子的盘-轴连接结构

3）径向销钉连接

径向销钉连接结构是利用热胀冷缩原理将鼓筒压入轮盘的环腔，使盘鼓之间的圆柱面配合后产生紧度，圆柱面加径向销钉保证转子级间连接后的定心，靠径向销钉和配合面摩擦力传递扭矩。径向销钉连接方式的优点是结构简单、工作可靠、加工方便；缺点是转子的零件较多，制造偏差会影响转子的定心和平衡，连接处结构加宽加厚会增加转子重量。

4）焊　接

随着先进焊接技术的发展，现代发动机转子连接中开始广泛使用焊接的连接方式。图 3-22 所示的 RB211-535E4 发动机中，中压压气机六级轮盘通过鼓筒用电子束焊接成一整体式转子。这种结构在很多发动机中被采用，如 Trent700、Trent500 等发动机的中压和高压压气机均为焊接式全钛转子（鼓筒和轮盘均为钛合金，通过焊接成为一整体）。

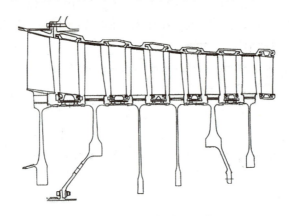

图 3-22　RB211-535E4 发动机的中压压气机

采用焊接式转子减少了连接件，结构简单，提高了材料的利用率，但带对焊接质量的要求较高。目前，焊接式转子主要采用电子束焊或摩擦焊技术焊接。

在一些发动机中，由于高压压气机出口温度较高，后几级轮盘与前级采用不同材料制造，因此采用分段焊接，再用短螺栓将各段连接起来，如图 3-13 和图 3-23 所示。CFM56 发动机高压压气机转子将 1、2 级钛合金的盘通过摩擦焊接成一体，4 至 9 级由不锈钢制作的盘及后轴颈焊成一体，最后用短螺栓将两段转子、前轴和第 3 级钛合金盘连成一个整体转子。V2500 发动机则将整个高压压气机转子分为 1～6 级和 7～10 级两段分别焊接，再用短螺栓连接。

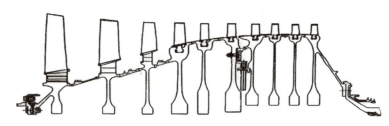

图 3-23　V2500 发动机高压压气机转子

3.2.2　工作叶片及其连接

传统的压气机转子结构中，工作叶片主要由叶身和榫头两部分组成，如图 3-24 所示，榫头用来将叶片安装到轮盘或鼓筒上。近年来，整体叶盘结构越来越多地用于压气机中，在这种结构中取消了榫头连接结构，叶身与轮盘直接做成一体。

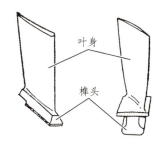

图 3-24　压气机叶片的组成

1. 叶　身

为了满足气动方面的要求，压气机叶片的叶身是扭转的（见图 3-25），保证从叶根到叶尖各处气流的攻角和加功量满足要求，使气流沿叶片方向不产生分离。为了满足强度方面的要求，叶片叶尖处的弦长应比叶根处的弦长窄，厚度比根部要薄。

压气机工作叶片（1）

轴流式压气机叶片根据叶身展弦比（叶高与弦长之比），可分为窄弦叶片和宽弦叶片。

图 3-25　压气机叶身的扭转

1）窄弦叶片

窄弦叶片为大展弦比的叶片，在工作时易引起振动。为了避免发生危险的共振和颤振（尤其是易受外来物撞击的风扇叶片或压气机前级叶片），叶身中部常带有一个减振凸台，如图 3-26 所示。

图 3-26　带减振凸台的压气机叶片

当所有叶片装好之后，叶身两侧的凸台端面分别与相邻叶片的凸台端面相抵住形成一整环状，各叶片彼此制约，增加刚性，改变叶片的固有频率，降低叶根部的弯曲和扭转应力，如图 3-27 所示。减振凸台端面处喷涂耐磨涂层，当叶片发生振动时，相邻凸台端面之间相互摩擦，可以起到阻尼减振的作用。高涵道比涡扇发动机的风扇叶片，在未采用宽弦叶型设计时，几乎都采用了减振凸台设计。

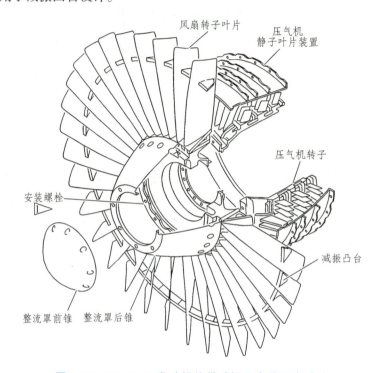

图 3-27　CFM56-3 发动机的带减振凸台的风扇叶片

　　减振凸台的位置主要取决于强度、振动因素，同时也要考虑气动性能。对于涡扇发动机，应尽量使减振凸台的尾迹气流不流入内涵通道，以保证核心压气机的效率，一般减振凸台位于距叶根 50%～70%处。

　　由于减振凸台的存在，加上叶身与减振凸台的连接处要局部加厚，使流动通道面积减小大约 2%，从而减少了空气流量。减振凸台还造成气流压力的损失，使压气机的效率下降，发动机的燃油消耗率增加。此外，减振凸台增加了叶身的重量，使叶片的离心负荷加大；叶片的制造工艺也变得更复杂了。

　　为了克服减振凸台所带来的缺点，有发动机将风扇叶片的减振凸台取消而改变为带冠叶片。带冠叶片虽然改善了叶片的气动性能，减少了叶尖的倒流损失，但叶片的离心负荷增加更多。因此，带冠风扇叶片仅在个别发动机（CFM56-2）上采用。

　　在有些风扇叶片上，为了抵抗外来物击伤，叶身上除有减振凸台外，还具有较厚的加强筋，如 JT15D 发动机第一级风扇叶片，如图 3-28 所示。在有些发动机上，这种加强筋结构还用于风扇以外的压气机叶片，如 CFM56 发动机高压压气机第一级叶片就采用了这种加强筋，如图 3-29 所示。

　　2）宽弦叶片

　　与窄弦叶片相比，宽弦叶片是小展弦比的叶片，其弦长加长，叶身变得宽而厚，叶身无凸台，如图 3-30 所示。

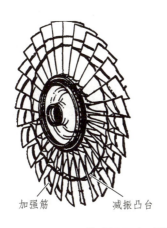

加强筋　　　　减振凸台

图 3-28　JT15D 发动机风扇叶片

图 3-29　CFM56 发动机高压压气机第 1 级叶片

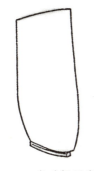

（a）V2500 发动机风扇叶片

（b）CFM56-7B 发动机风扇叶片

图 3-30　宽弦风扇叶片

宽弦风扇叶片具有较好的抗振和抗外物打击的能力，在保证最佳稠度的前提下，可减少叶片数目（例如，RB211-535E4 涡扇发动机的风扇只有 22 片宽弦叶片，而 JT9D-7R4E 涡扇发动机的风扇有 46 片带减振凸台的叶片），具有叶栅流动通道面积大、喘振裕度宽、级效率高及减振性能好等优点。从 20 世纪 90 年代开始，新研制的高涵道比涡扇发动机无一例外都采用了宽弦风扇叶片。

目前，涡扇发动机采用的宽弦风扇叶片主要有以下几种：实心钛合金叶片、空心钛合金叶片和复合材料叶片。

（1）实心宽弦钛合金叶片。

宽弦叶片由于叶身宽而厚，若采用实心钛合金叶片，叶片的重量增加会使得榫头和榫槽承受的离心负荷大大增加，且发动机重量也要增加，因此实心钛合金宽弦风扇叶片一般用于推力不太大的涡扇发动机，如 JT15D-5、Tay、CFM56-7B、PW6000 等发动机均采用实心宽弦叶片。

（2）空心宽弦钛合金叶片。

考虑到减重问题，大型高涵道比涡扇发动机常采用空心钛合金宽弦风扇叶片，这类叶片有三种不同的结构：带蜂窝骨架的空心叶片、带芯部桁条的空心叶片、带纵向槽道的空心叶片。

带蜂窝骨架结构的宽弦风扇叶片如图 3-31 和图 3-32（a）所示，叶片由两片钛合金面板夹上钛合金蜂窝骨架，经扩散连接处理后连接成一体。这种结构首先用于 RB211-535E4 发动机，随后 V2500 发动机也采用了这种设计。

带芯部桁条的空心叶片如图 3-32（b）所示。芯部用桁条结构取代了原来的蜂窝结构，采用扩散连接/超塑性成形的工艺方法制造而成。桁条与面板焊接在一起，可以承力，因而叶片重量可较带蜂窝结构的空心叶片减轻 15%，这种叶片目前已用于 Trent 系列发动机上。

带纵向槽道的空心叶片如图 3-32（c）所示。叶片由两个面板组成，在两面板内侧铣出一些纵向槽道，两面板通过扩散连接方法连成一体。与前两种空心叶片相比，带槽道的叶片结构简单，但质量更重。带纵向槽道的宽弦风扇叶片已用于 PW4084 发动机上。

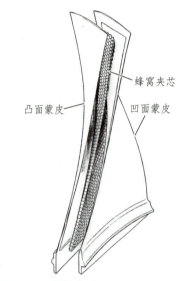

图 3-31　带蜂窝夹芯的宽弦风扇叶片

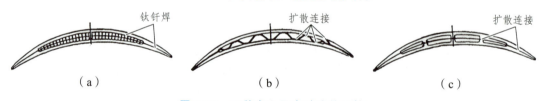

（a）　　　　　　　　　　（b）　　　　　　　　　　（c）

图 3-32　三种空心风扇叶片的比较

（3）复合材料宽弦叶片。

一些新型发动机上开始使用复合材料宽弦风扇叶片。图 3-33 所示的是 GE90 发动机的宽弦风扇叶片，其叶身与叶根用碳纤维与环氧树脂组成的复合材料制成一体。为提高复合材料抗腐蚀能力，在叶身的压力面上涂有聚氨酯防腐蚀涂层，叶背上涂有一般的聚氨酯涂层。为提高叶片抗大鸟撞击的能力，将钛合金薄片粘贴在叶片前缘上。为避免工作中复合材料脱层，在叶尖与后缘处用 Kevlar 细线进行了缝合。目前，GE90-115B、GEnx、GE9X、LEAP 等发动机也采用了复合材料宽弦风扇叶片。

用复合材料做成的风扇叶片具有以下特点：重量轻、成本低、抗振性能特别是抗颤振性能好，具有很好的损伤容限能力。一般钛合金叶片如在根部出现裂纹，在工作中裂纹将很快地扩展，会影响叶片的正常工作。但复合材料做的叶片，即使出现大的缺口，也不会扩展。复合材料叶片受到外物撞击时在弹性变形下，能将撞击能量吸收并在叶身上重新分布，使它仍然具有能承受较大的外物击伤能力。

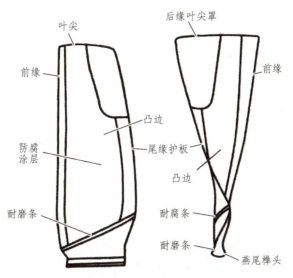

图 3-33　GE90 复合材料风扇叶片

3）风扇/压气机叶型特点

（1）可控扩散叶型和端部过弯。

为了进一步提高压气机的级效率，扩大喘振裕度，20 世纪 80 年代投入使用的发动机（如 RB211-535E4、V2500、PW4000 等）普遍采用了可控扩散叶型及端部过弯叶身的叶片，取得了较好的效果。

将压气机叶型由常规叶型改为可控扩散叶型，如图 3-34 所示，叶型厚度及曲率按最佳分布，因而基本消除了附面层的分离，增加了压气机的有效流通面积，提高了压气机的效率。另外，这种叶型的叶弦较宽，前后缘较厚，因而抗腐蚀及抗冲击性能好。

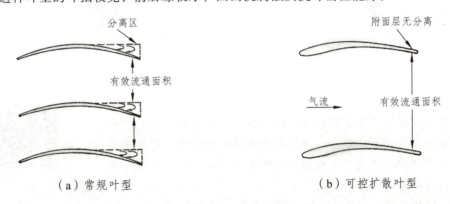

（a）常规叶型　　　　　　　　　　　　（b）可控扩散叶型

图 3-34　常规叶型与可控扩散叶型

端部过弯叶片是为了减少叶片两端壁附面层所造成的二次损失，因而将叶身（包括静子叶片的叶身）尖部及根部前后缘进行弯曲，如图 3-35 所示。

采用可控扩散叶型，并将叶身端部前后缘过度地弯曲，形成了新一代的高效能叶片，使压气机的级效率及压气机特性都得到了进一步提高，从而可以用较少的级数得到较高的增压比。例如，斯贝发动机的压气机用了 17 级，增压比为 21.0，而 RB211-535E4 发动机的压气机仅用了 13 级，增压比却达到了 25.43。

（a）工作叶片

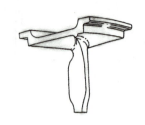

（b）静子叶片

图 3-35　端部过弯叶片

（2）弯掠叶型。

近期投入使用的大涵道比涡扇发动机风扇叶片普遍采用全三维气动设计的新型弯曲前缘后掠式大尺寸风扇叶片，如图 3-36 所示。这种带掠形的风扇叶片效率高、噪声低且抗外物击伤能力较强。

（a）GE90 发动机风扇叶片

（b）Trent900 发动机风扇叶片

图 3-36　弯曲前缘后掠式大尺寸风扇

2. 榫　头

榫头的作用是按所要求的位置准确地将叶片安装在轮盘上，并将叶身所受的负荷传到轮盘上。故榫头应有足够的强度，尽量避免应力集中，保证榫头不在叶身断裂前发生断裂。由于叶片工作时容易损坏，所以榫头还应便于装拆。

压气机工作叶片（2）

目前，轴流式压气机转子叶片的榫头分为三种类型，即销钉式、燕尾形、枞树形。其中，燕尾形榫头在压气机工作叶片中应用最为广泛。

1）销钉式榫头

工作叶片借凸耳跨在轮缘上[见图 3-37（a）]或插在轮缘的环槽内[见图 3-37（b）]，用销钉或销钉外的衬套抗剪，以传递叶片的负荷，衬套和凸耳之间、凸耳与轮盘侧面之间都留有间隙，工作时允许叶片绕销钉摆动，有减振和消除连接处附加应力的作用。

这种榫头不用专用设备加工，对单件生产或试验用的发动机有一定的优越性。另外，可以利用改变销的直径或销与销孔的配合间隙的方法来改变叶片的自振频率，而不需要改变轮盘和叶片。但这种榫头承载能力有限，尺寸和质量大，因而在现代发动机上已很少采用。

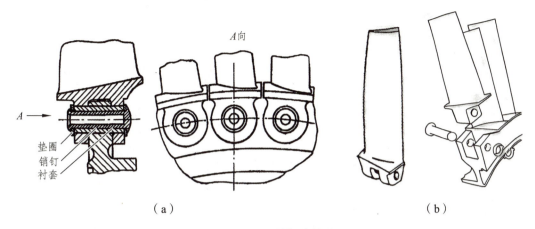

图 3-37　销钉式榫头

2）燕尾形榫头

工作叶片借叶根处燕尾形榫头安装在盘上相应的槽内，依靠槽的侧面定位和传力。榫头与叶根的连接有两种方式，一种是榫头与叶根直接相连，另一种是榫头与叶根间通过平台相连。

榫头与叶根直接相连的结构如图 3-25 和图 3-38 所示，榫头上表面必须完全包容叶根型面，而榫槽沿轴向的宽度又要与榫头相同，所以轮缘尺寸较厚。为了减小应力集中，榫头及榫槽各转接处都尽量以倒角或以大圆角代替小圆角和尖角。

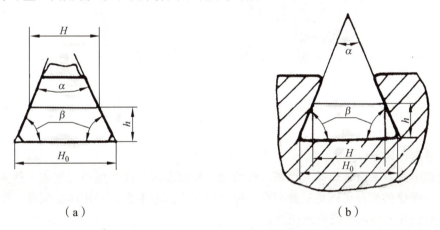

图 3-38　WP7 发动机的燕尾形榫头及榫槽

榫头与叶根间通过平台相连的结构中，叶根处做有形成气流内通道的专门平台，利用平台包容叶根，榫头做在平台之下并一般通过一段过渡段（称为中间叶根）与平台相接，如图 3-35（a）和图 3-39 所示。榫头与平台间各转接面都用圆角过渡，以减小应力集中。相比榫头与叶根直接相连的结构，这种结构的榫头尺寸可以做得更小一些，因此应用也更为广泛。

燕尾形榫头依据榫槽的走向不同又分为纵向和环形两种形式，如图 3-40 所示。

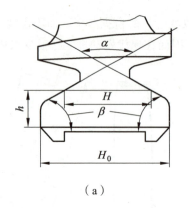 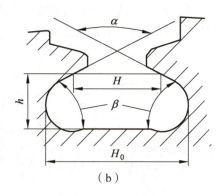

（a）   （b）

图 3-39　JT3D 发动机采用的燕尾形榫头及榫槽

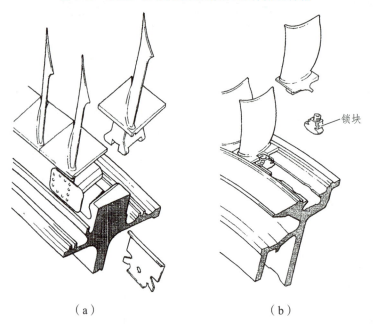

（a）   （b）

图 3-40　纵向和环形燕尾形榫头

（1）纵向燕尾形榫头。

纵向燕尾式基本沿轴向插入榫槽，榫槽加工精度要求很高，用拉削制成，榫头用铣削制成。榫头与榫槽的配合可以是过渡配合，也可以是小间隙配合。采用间隙配合，使叶片安装方便，能避免在榫槽内出现装配应力。

一般的纵向燕尾形榫头上端面都是平行四边形，但在有些发动机上榫头上端面的外形做成与叶根型面的外形基本一致而呈圆弧形，相应地轮盘上的燕尾形榫槽也做成圆弧形走向，如图 3-30 所示。这种榫头多用于不带叶根平台的风扇叶片，由于榫头在轮盘圆周方向占用的尺寸较小，因而轮盘直径和风扇轮毂比可较小，在相同的空气流量下，风扇直径可以稍小些。但是，轮盘的榫槽不能用拉刀拉出来，只能用铣床将它铣出来，增加了加工的难度与工作量。

（2）环形燕尾形榫头。

环形燕尾形榫头安装时在榫槽内的移动方向为圆周方向，因此轮盘上的榫槽是在轮缘上车出环形燕尾槽。

采用环形燕尾槽后，轮盘的加工量较小，单独更换某一级的叶片也较为方便。但环形燕尾形榫头的长度与宽度均小于纵向燕尾形榫头，因而其承受载荷的能力比纵向燕尾形榫头小。因此，环形燕尾形榫头多用于高压压气机的后几级叶片和增压级叶片，如图3-10和图3-23所示。

由于燕尾形榫头具有尺寸较小、重量较轻、能承受较大的负荷、加工方便、结构简单、装拆容易等优点，因而在压气机中得到广泛的应用。采用燕尾形榫头也有缺点，即榫槽内可能有较大的应力集中。

3）枞树形榫头

枞树形榫头呈楔形，如图3-41所示，轮缘部分呈倒楔形，从承受拉伸应力的角度看接近等强度，因而这种榫头质量轻。但是，它靠多对榫齿传力，应力集中严重，工艺性较差。由于金属材料在低温时对应力集中更加敏感，而压气机工作叶片离心力一般又较小，因而在压气机中应用极少，只有在负荷较大的前几级（或风扇级），如RB211发动机的风扇级，才有所采用，榫齿一般只有2~3对，且多做成大圆弧齿；但枞树形榫头广泛应用于涡轮中。

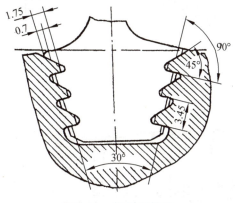

图3-41　枞树形榫头

3. 叶片的槽向固定

工作叶片靠榫头装在轮盘榫槽内以后，还必须槽向固定，以防止叶片在气动力和离心力的槽向分力作用下沿槽向移动或由于振动而松脱，从而保证压气机可靠工作，保持整个转子的平衡。

1）纵向燕尾形榫头的槽向固定

纵向燕尾形榫头槽向固定的方法很多，通常采用各种形状的卡圈、锁片、挡销等，如图3-42所示。

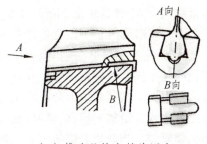
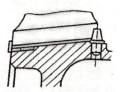

（a）榫头凸块和锁片固定　　　（b）挡销和锁片固定　　　（c）锁片固定

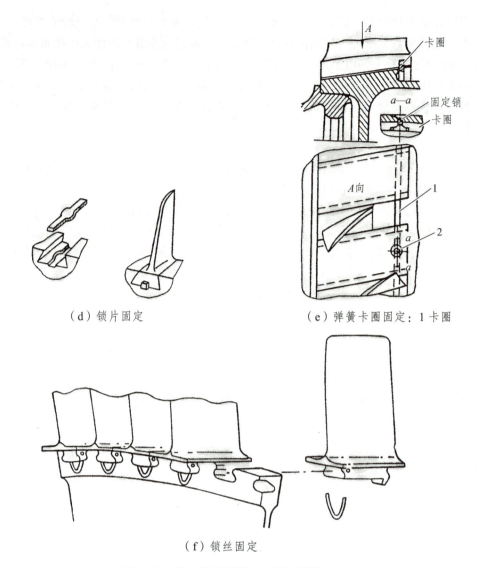

（d）锁片固定　　　　　　　　（e）弹簧卡圈固定：1 卡圈

（f）锁丝固定

图 3-42　纵向燕尾形榫头的槽向固定

　　2）环形燕尾形榫头的槽向固定

　　对于环形燕尾形榫头，通常采用上部尺寸小、下部尺寸大并带有顶升螺杆的锁紧块进行槽向固定，如图 3-40（b）所示。

　　图 3-43 所示为一种典型的叶片在环形槽中的安装与锁紧结构。两个锁紧块的上部尺寸小、下部尺寸大，内部带有顶升螺杆。为能将叶片榫头装入环形槽，环形槽的某一位置处开有一个宽度稍大于榫头宽度的缺口 A。在此缺口的两侧各开有一个锁紧用的槽口 B，槽口宽度比缺口 A 窄，与锁紧块的下部尺寸相当。有四个叶片与同级其他叶片不同，其叶根平台上开有一小缺口 C，两个叶片安装在一起时，两个平台小缺口 C 构成一个大小与锁紧块上部尺寸相当的方形缺口 D。安装叶片时，将所有叶片从环形槽的缺口 A 处插入并沿槽向推移，即可装入全部叶片，在插装到最后带有叶根平台缺口 C 的叶片时插装锁紧块。当叶片全部装入后，将整圈叶片在环形槽中稍作移动，使两个锁紧块分别对准环形槽中的锁紧槽口 B，拧转锁紧块

中的顶升螺杆，将锁紧块向上顶起，直至锁紧块上部插入到叶根平台的方形缺口 D 中，同时锁紧块下部卡在锁紧槽口 B 内，即将叶片在环形槽中的相对位置固定住。

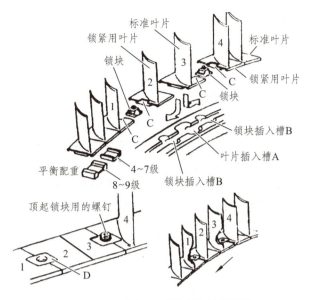

图 3-43　环形燕尾形榫头的锁紧结构

3）带减振凸台的风扇叶片拆装

在大流量比涡扇发动机中，风扇叶片易受外物击伤。为了能在外场及时更换损坏的叶片，风扇叶片应能方便地进行单个叶片的拆换。对于带减振凸台（或带冠）的叶片，其相邻叶片间的凸台（或叶冠）相互啮合，要单个拆换则需要叶片在径向上能够移动以使凸台（叶冠）从其咬合处脱开。图 3-44 所示为一种能单个拆除带冠叶片的安装结构，轮盘上的叶片榫槽做得较深，叶片榫头下端与榫槽槽底间留有一间隙，此间隙中插入特制的固定垫片，叶片可被上下顶紧，榫头后端靠在固定在盘后的增压级转子封严篦齿环上，前端由进气整流锥的安装边挡住。当需拆换叶片时，只需拆下整流锥，抽出固定垫片，就可使叶片下落，使叶冠与相邻叶片的叶冠脱开，这样就能方便地将叶片单个取出。

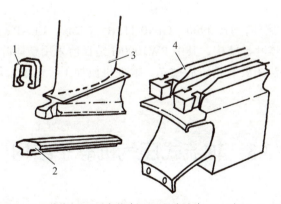

1—锁块；2—固定垫片；3—风扇叶片；4—盘。

图 3-44　带冠的风扇叶片固定

4. 整体叶盘

通常压气机及风扇的工作叶片均采用其叶身下的榫头装于轮盘轮缘的榫槽中，再用锁紧装置将叶片锁定。而整体叶盘是将工作叶片和轮盘做成一体，省去了连接用的榫头、榫槽及锁定装置，使结构大为简化。

由于整体叶盘在轮缘处不需加工出榫槽，因而轮缘直径可以大大减少，从而使转子质量减轻。罗罗公司的研究结果表明，与传统的叶片轮盘结构相比，采用整体叶盘结构质量最多可减少 50%，若采用金属基复合材料的整体叶环，则可减重 70%，如图 3-45 所示。质量减轻后，将会对整台发动机减重起到较大作用。由于省去了每片叶片的锁紧装置，使零件数减少，这不仅使成本降低，而且提高了发动机的可靠性。采用整体叶盘还可消除常规结构中气流在榫头与榫槽缝隙中溢流所造成的损失，提高气动效率。由于取消了连接榫头可以避免由于装配不当或榫头的磨蚀，特别是微动磨蚀、裂纹及锁片损坏等带来的故障，提高了结构可靠性。综上所述，整体叶盘具有质量轻、结构简单、零件数少、效率高、可靠性高等特点。

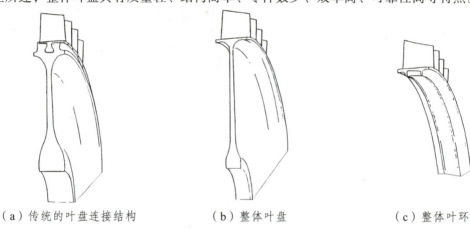

（a）传统的叶盘连接结构　　　　（b）整体叶盘　　　　（c）整体叶环

图 3-45　整体叶盘与传统叶盘连接结构的比较

整体叶盘最早用于一些小尺寸涡轴、涡桨发动机，也常用于一些公务机用发动机的风扇转子，如 FJ44、PW500 等发动机，但由于加工方法和叶片修复工艺的限制，直至 20 世纪 90 年代初，才开始在先进战斗机的发动机中较快推广，并在 21 世纪投入使用的多型大型民用涡扇发动机中得到应用。例如，Trent900、GE90-115B、GEnx、LEAP、PW1000G、TrentXWB 等发动机中均采用了整体叶盘结构，其中 PW1000G 是目前采用整体叶盘结构最多的发动机。

整体叶盘的加工方法主要有精铸后抛光、锻件机械加工、电子束焊接、电化学加工和线性摩擦焊等。

3.3　轴流式压气机静子结构

轴流式压气机静子是压气机中不转动的部分，由机匣和静子叶片组成。它除了承受静子叶片所受的轴向力、扭矩和振动负荷外，还要传递转子支承所受的各种负荷。此外，静子还是气流通道的一部分，并要承受气体的内压力及气体温升所引起的热应力。

3.3.1　静子机匣

在单转子及双转子涡轮喷气发动机中，静子机匣一般分为进气机匣、中机匣和后机匣三部分。在大部分双转子涡喷发动机和双转子涡扇发动机中，中机匣又分成低压压气机机匣和高压压气机机匣，中间还有一段过渡机匣，称为中介机匣；在高涵道比的涡扇发动机中，还有风扇机匣。

进气机匣关系到发动机的进气防护、防失速、防冰、防外物打伤以及包容能力等问题。中介机匣及后机匣主要实现内、外涵分流和气流通道的过渡转接，在结构上多用作支承轴承及安装附件传动机构。机匣支板一般做成空心的，用以穿过附件传动杆，滑油进、回油管以及通气管路等。

轴流式压气机静子机匣

1. 进气机匣

进气机匣一般由内、外壁，进口导流叶片及前整流锥组成，如图 3-1 所示。在进气机匣的中心，往往装着压气机转子的前支承以及低压转子转速传感器和进气总压传感器等附件。当风扇叶片或第一级工作叶片在超跨音速状态下工作时，往往不带进口导流叶片，这时进气机匣只有外壁，前整流锥则固定在转子上和转子一起旋转。

2. 风扇机匣

涡扇发动机的风扇机匣是气流通道的重要组成部分，也是风扇部件的承力结构。风扇机匣的承力段通常称为承力机匣，由强度和刚度都较好的内、外壳体及支板组成，上面装着发动机的主安装节。风扇轴承及高压压气机前轴承的力也靠它传递，有些发动机的附件传动机匣也安装在它上面。

风扇机匣具有吸声气动降噪作用。风扇机匣的降噪方法是在风扇机匣的内壁面装有玻璃纤维、环氧泡沫塑料、带多孔蒙皮的蜂窝板等吸音材料。

风扇机匣另一个重要的作用是包容意外断裂的风扇叶片。风扇机匣要求有一定的包容能力，工作中如果风扇叶片从根部断裂，叶片断片应能保持或包容在发动机机匣结构内，避免断片击穿机匣引起严重事故，因此风扇机匣也称为包容环。

高涵道比涡扇发动机多采用以下三类包容环：全金属结构（也称硬壁包容机匣）、金属薄环加复合材料包裹层（也称软壁包容机匣）、全复合材料结构。

1）全金属结构的包容机匣

全金属结构的风扇包容机匣，通常采用合金钢、铝合金、钛合金等材料制成。图 3-46 所示为一个典型的高涵道比涡扇发动机的风扇机匣。整个机匣前后分为两段，前段为风扇包容机匣，其后部安装有风扇出口静子叶片；后段为带有支板的风扇承力机匣。其风扇包容机匣用合金钢制成，内表面镶嵌着耐磨并能起缓冲作用的金属或复合材料，以保证风扇叶尖和机匣间的径向间隙能做得很小，而且一旦叶片损坏，碎片不至于击穿机匣。

在有些发动机上，还特意加厚机匣壁及前安装边，并在机匣外壁上做出几条特制的加强肋，以增加机匣的安全性（见图 3-47）。例如，CFM56-7B 发动机采用了带加强肋条的铝合金厚机匣，Trent8104、Trent500 等发动机均采用带加强肋条的合金钢加厚机匣，Trent1000 发动机采用带加强肋条的钛合金包容机匣。

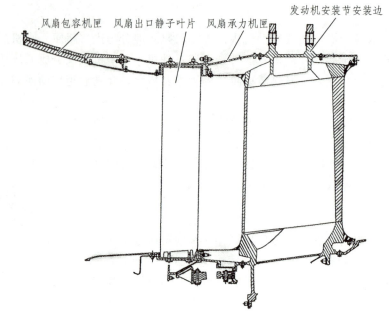

图 3-46　JT9D 涡扇发动机的风扇静子机匣

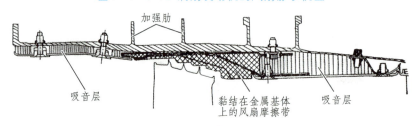

图 3-47　CFM56-2 发动机的风扇机匣

2）金属结构加复合材料包裹层的包容机匣

有些发动机的包容环采用在铝合金壳体上缠绕几十层甚至近百层凯夫拉（Kevlar）编织条带的结构，然后用环氧树脂包覆，这种包容环不仅包容能力大大加强，而且重量轻，如图 3-48 所示。

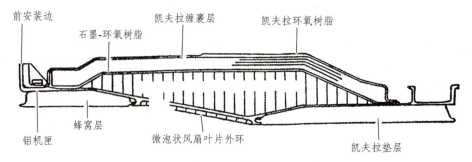

图 3-48　CF6-80C2 涡扇发动机的风扇机匣

铝制壳体主要用于保持一定圆度的环腔，为了进一步减轻铝壳体的重量而又使其具有一定的刚性，有些发动机在铝壳体上纵横铣出多道凹槽，形成具有格栅的薄机匣，称之为"等格栅铝环"，如图 3-49 所示。这种包容环既有较好的刚性，又具有足够的韧性，包容能力强，重量更轻，已被一些新型号发动机采用。

当叶片从根部断裂甩出时，将铝壳体击穿，打在凯夫拉的缠绕层内，使缠绕层拉伸变形，在拉伸变形过程中，吸收了断片甩出的能量，因而能将叶片断片包住而不会击穿凯夫拉缠绕层，如图 3-50 所示。

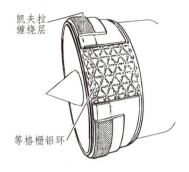
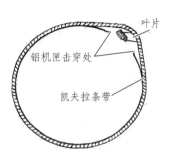

图 3-49　Trent700 发动机包容机匣　　　　图 3-50　凯夫拉包容环包容断片的机理示意图

3）复合材料包容机匣

在一些新型大流量比涡扇发动机上，已使用复合材料风扇包容机匣，如 GEnx、PW1000G、LEAP 等发动机均采用复合材料包容机匣。复合材料做风扇机匣，不仅零件数少、质量轻、维修性好，而且有较强的包容能力。

GEnx 发动机风扇机匣是采用碳纤维编织结构增强树脂基复合材料制作而成（见图 3-51），其包容性能、强度优于金属机匣，质量轻，比金属机匣轻 154 kg，且不会腐蚀，便于维护。

图 3-51　复合材料包容机匣

3. 压气机机匣

中机匣是一个圆柱形或圆锥形的薄壁筒，机匣内壁上加工有固定各级静子叶片的各种形式的沟槽。发动机转子支承在机匣内，机匣是发动机的主要承力壳体。对机匣结构的基本要求：首先，在重量轻的条件下，要具有足够的强度和刚度，以保证机匣工作的可靠性；其次，要保持机匣与工作叶片之间的径向间隙最小，以减少倒流损失，提高压气机的效率；最后，机匣的结构还应保证压气机的拆装方便和工艺性良好。

压气机的中机匣有分半式和整环式两种结构。

1）分半式中机匣

图 3-52 所示为斯贝发动机分半式机匣。机匣由铸造铝合金机械加工而成，沿水平方向分

成上下两个部分，上半部小，下半部大。在机匣内表面加工有 5 道安装静子叶片的 T 形槽。机匣纵向安装边结合面处有止动板，防止静子叶片组在机匣内窜动。静子叶片均为铝合金精密锻造而成，每个叶片都带有内、外环。前四级静子叶片中每三个或四个叶片的内、外环焊成一体，成为一个扇形的叶片组件，然后再将若干个叶片组件和封严环段铆成一体，形成更大的扇形件。装配时，将各扇形件的外环插入机匣的 T 形槽内。静子叶片内环的内表面上都涂有易磨涂层，与低压转子鼓筒上的封严齿构成级间前后封严装置。

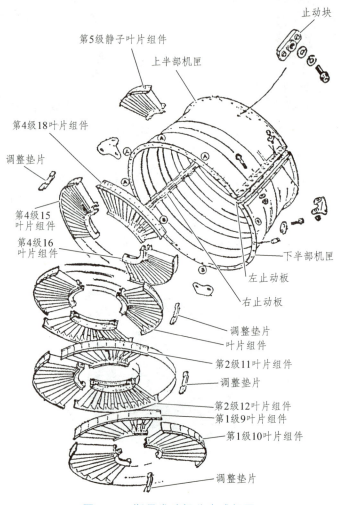

图 3-52　斯贝发动机分半式机匣

图 3-53 所示的 CFM56 发动机高压压气机机匣也是分半式机匣，前段为钛合金锻件机械加工而成；后段做成双层机匣，外层机匣作为承力件，内层仅作为压气机气流通道的外廓。这种双层机匣设计能在承力机匣承受较大载荷时也不会导致叶尖间隙发生较大的变化。另外，在压气机气流通道按等内径设计时，如做成单层机匣会在压气机后几级与燃烧室进口处形成一缩腰，这对于作为发动机主承力件的机匣而言，强度与刚度均显得不够，增加一个倒锥形的外承力机匣，则可弥补单层机匣的缺点。所以类似图 3-53 中的机匣结构已为一些新发展的发动机所采用。内、外层机匣均由低膨胀系数的合金锻造后经机械加工而成。内、外层机匣

均与后机匣支承环相连，并形成一环形腔，作为第5级放气的集气腔。

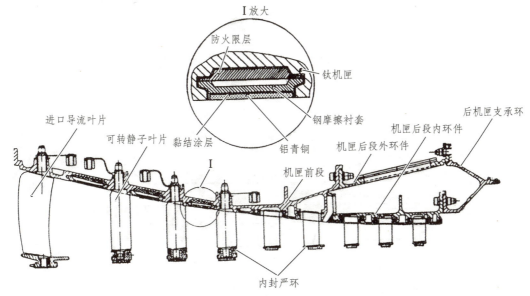

图 3-53　CFM56 涡扇发动机高压压气机静子

钛合金机匣内壁与前三级钛合金工作叶片对应的部位嵌有黏结着耐磨材料的钢衬套和防火隔层，使机匣和叶尖之间的间隙尽可能减小而又不致造成钛合金间摩擦起火。第4、5级处由于工作叶片是合金钢的，所以只嵌着耐磨材料及钢衬套。

进口导流叶片与前三级静子叶片可调。叶片上下都带有销轴，上部插入机匣的孔中，下部插入内封严环中。内封严环为铝制，并带有蜂窝状封严装置，与转子上的篦齿配合，起级间封严作用。后五级静子叶片外端钎焊在双层的外环上，内端钎焊着蜂窝状封严段，然后插入机匣中。

为加强抗鸟撞击的能力，加大了进口导流叶片与第一级工作叶片间的轴向间隙，并将进口导流叶片设计成弯刀形，以防第一级工作叶片被鸟挤弯后碰上进口导流叶片。进口导流叶片和各级静子叶片都由 Incone1718 合金制成。

分半式机匣的优点：机匣弯曲刚性好；装、拆机匣时不需分解转子，因而不破坏转子的平衡；只须拆掉一半机匣就可以检查或更换静子及转子叶片，因而维修方便。缺点：机匣壁较厚，为保证轴向结合面的连接刚性及密封性，要采用较厚的安装边及较多的螺栓；分半机匣的周向刚性均匀性较差，为了保证刚性均匀性，有时机匣上还带有加强环带，这些都造成分半式机匣的质量增大。由于压气机一般工作温度不是很高，径向变形沿周向分布不均的问题不严重，而分半式机匣的装配维护性好的优点突出，所以目前在采用焊接连接等不可分的多级压气机转子中较多采用分半式机匣。

2）整环式机匣

由于高压压气机后几级的温度很高，而分半式机匣沿圆周刚性不一致，在高温下径向膨胀会不一致，造成叶尖间隙沿圆周不均匀，影响气动效率。为此，有些发动机采用整环式机匣。

整环式机匣质量轻，加工量少，周向刚性均匀，但是压气机的装配较复杂，一般要求转子是可拆卸式的，但多次拆卸转子会影响转子的平衡性。为了解决这个矛盾，在压气机级数较少的情况下，常常采用沿轴向分段的整环式机匣，如图 3-54 所示。装拆这种静子机匣时，往往只要拆下工作叶片而不要求分解转子，但这时增加了轴向安装边，也带来重量的增加。

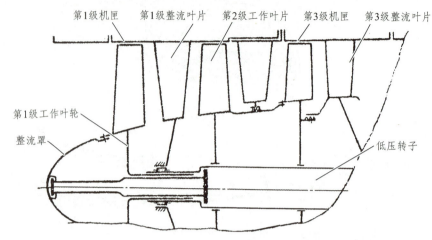

图 3-54　轴向分段的整环式机匣

图 3-55 所示为 PW4084 高压压气机机匣结构，它采用了典型的双层机匣结构，内机匣做成沿轴向分成多段，每段机匣均做成整环，相邻两段机匣通过法兰-短螺栓连接，若干个静子叶片组成一个扇形段，多个扇形段通过机匣内侧的 T 形槽固定。装拆时无须拆装叶片。这种结构设计，保证了均匀的叶尖间隙，但使结构复杂质量增加。

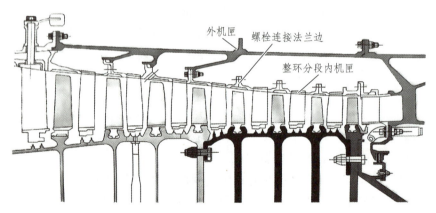

图 3-55　PW4084 高压压气机

3）混合式机匣

根据发动机总体设计要求，在提高结构气动效率的同时，为便于压气机的拆装，以及考虑机匣制造工艺，也有采用整环/分半混合式的机匣结构。

图 3-56 所示为 V2500 发动机高压压气机机匣结构。机匣沿轴向分为两段，前段为单层分半式机匣，后段为双层机匣，外层为整环式，内层为整环分段式。前机匣是一个水平对开的钛合金部件，其上安装可调进口导流叶片、1～3 级可调静子叶片和第 4 级静子叶片，机匣外还带有可调静子叶片的作动机构。后机匣的外层机匣为整环式钢制机匣，可以最大限度地减少机匣的变形和偏心。外层机匣在其前端用螺栓连接到前机匣，后端连接到燃烧室扩散机匣，前后端还带有用来安装内层机匣的法兰。内层机匣是整环分段式，沿轴向每一级分为一段，用

螺栓将各段机匣以及静子叶片保持环连接，静子叶片保持环构成 T 形环槽，用来固定静子叶片。内层机匣在第 5 级前端和第 9 级后端通过支承环与外层机匣相连。在第 5 级和第 8 级的内层机匣上开有引气孔，第 8 级法兰环上还带有密封装置用以将第 5 级和第 8 级的引气分隔开。

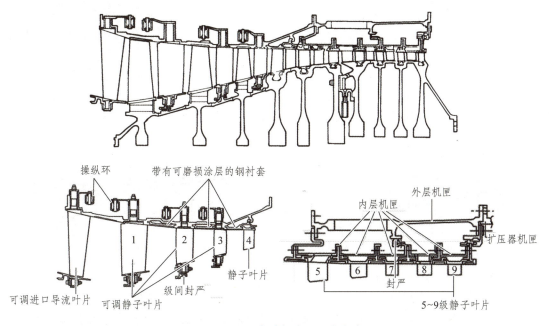

图 3-56　V2500 发动机高压压气机机匣

3.3.2　静子叶片及其固定

静子叶片一般由叶身和叶冠组成。在前几级中，由于叶身较长，一般同时带有上下冠（或内外环），可以加强叶片的刚性，提高自振频率。内环一般带有专门的封严装置，以防止级间漏气，但这种结构重量较大。当静子叶片较短时，可以不带内环，静子叶片呈悬臂状态，一端固定在机匣中，另一端靠叶尖与转子鼓筒外环形成级间封严。

静子叶片根据机匣结构的不同，其安装方式也有所不同。

轴流式压气机静子叶片

在铸造的分半式机匣内，由于机匣壁较厚，静子叶片或叶片组可用各种形式的榫头直接固定在机匣内壁机械加工的环槽内。图 3-57（a）所示的静子叶片外端加工成 T 形榫头，直接插入机匣内壁的 T 形环形槽内。采用这种安装方式，需要采取止动措施，以免静子叶片在周向气动力作用下移动。

在一些整环式机匣或整环分段式机匣内，由于机匣内壁没有环形槽，可采用静子叶片保持环进行固定，如图 3-57（b）所示，静子叶片先安装在保持环内，再将保持环用螺栓固定在机匣上。V2500 发动机高压压气机第 5～9 级静子叶片也是采用类似的固定方式，如图 3-56 所示。

静子叶片还可以直接焊接到机匣上。图 3-58（a）是将无上、下冠的静子叶片直接焊在沿轴向分成几段的机匣上，图 3-58（b）则直接将静子叶片外冠插入机匣上的槽孔中再进行焊接，外冠成为机匣的一部分。这些方案可以简化结构，减少零件数目，但更换叶片比较困难。

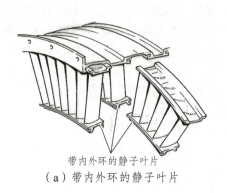

带内外环的静子叶片

（a）带内外环的静子叶片

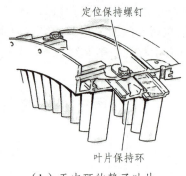

定位保持螺钉

叶片保持环

（b）无内环的静子叶片

图 3-57　压气机静子叶片

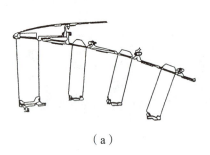

（a）

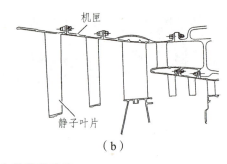

机匣

静子叶片

（b）

图 3-58　焊接在机匣上的静子叶片

高涵道比涡扇发动机风扇出口静子叶片（也称为出口导向叶片）多用铝合金制成，为了便于更换，通常做成可以单独拆卸的叶片，且多用螺栓固定在风扇机匣上。图 3-59 所示为典型的风扇出口静子叶片，叶片的外环通过螺栓固定于风扇机匣上，由固定在风扇框架轮毂前部的内罩环作为静子叶片气流通道的内壁面，内罩环前段开口，以包容风扇静子叶片内环。

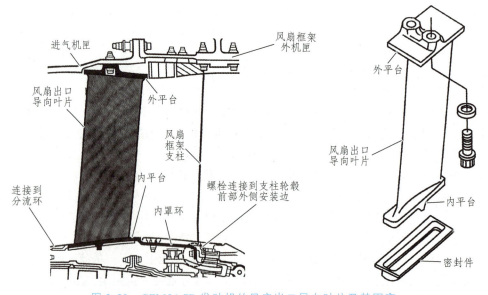

图 3-59　CFM56-7B 发动机的风扇出口导向叶片及其固定

3.4 轴流式压气机的防喘机构

为了改善压气机的工作特性，扩大压气机的稳定工作范围，使发动机具有良好的起动、加速性能，在非设计状况下不发生喘振，设置了防喘机构。防喘方法有：压气机的中间级放气；可调进口导流叶片和静子叶片；可变弯度的进口导流叶片；进气处理机匣；多转子发动机。

1. 压气机的中间级放气机构

从压气机中间级或末级放出一部分气体是改善压气机特性、扩大压气机稳定工作范围、改善发动机起动性能的简单而有效的方法。

缺点是将增压后的空气放入大气，降低了压气机的效率，减小了发动机的输出功率，使 EGT 增高；放气时还会增加放气口附近叶片的激振力，可能造成叶片断裂。

放气可以是放气活门，也可以是放气带。放气位置由实验确定，在确定放气窗口的位置和数目时，其沿圆周应尽量均匀分布，并对工作叶片前的流场影响最小，最好位于整流器的平面内或后面。放气门可以是活塞式的，如图 3-60 所示，也可以是环带式的，如图 3-61 所示。发动机工作时，放气机构一般是由感受发动机的转速的防喘调节器通过液压的或气动的作动筒操纵放气活门的开启和关闭。

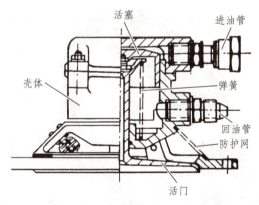

图 3-60　活塞式的放气活门

CFM56-7B 发动机低压压气机放气系统采用可调放气活门（VBV），如图 3-62 所示。放气系统由放气活门、摇臂、驱动环、液压作动筒等组成。12 个放气活门（其中 2 个为主活门）均通过摇臂与操纵环连接，2 个液压作动筒的活塞杆分别与 2 个主活门的摇臂相连，当作动筒作动主活门摇臂时，12 个放气活门同时运动。活门开度大小由 EEC 根据发动机工作条件进行控制。

2. 可调进口导流叶片和静子叶片

当压气机在非设计状态工作时，进口导流叶片旋转一个角度，使压气机进口预旋量相应改变，这样就可使第一级工作叶片的进气攻角恢复到接近设计状态的情况，消除了叶背上的气流分离，避免了喘振现象的发生。

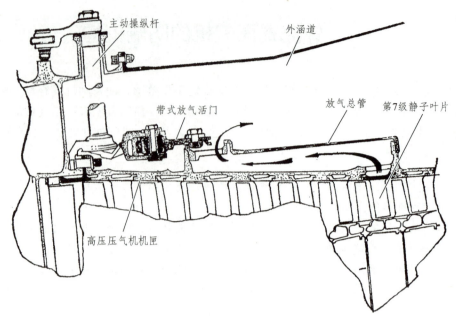

图 3-61　环带式的放气活门

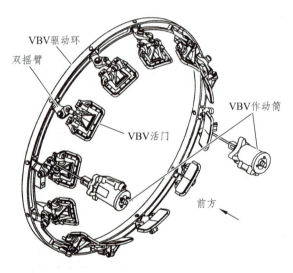

图 3-62　CFM56-7B 发动机的可调放气活门

　　在某些高增压比的发动机上，往往进口导流叶片和前几级静子叶片都做成可转的。可调叶片的上部带有圆柱轴颈，安装在机匣的轴孔内，叶片可绕轴颈自由转动，在每个叶片轴颈伸出机匣的顶端固定一个摇臂，摇臂的另一端与操纵环连接，操纵环由作动筒来操纵，如图3-63 所示。

　　当需要转动叶片时，通过控制作动筒的活塞杆，带动操纵环，使操纵环转动，从而使摇臂沿圆周方向摆动，带动同一级所有叶片旋转一定的角度。当发动机上有几级叶片同时转动时，还要采取措施使各级可转叶片同步按需要的角度转动。

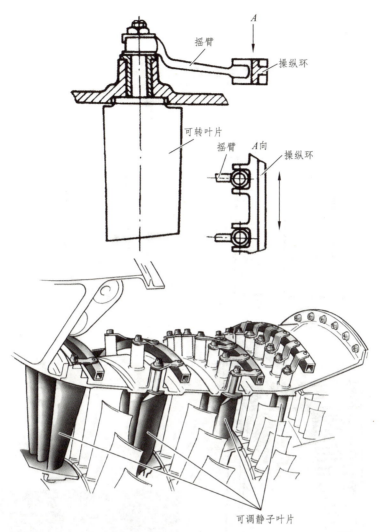

图 3-63　可调进口导流叶片和静子叶片

3. 可变弯度的进口导流叶片

可变弯度的进口导流叶片由前、后两段组成。前段固定以适应来流的情况，后段可以连续调节以保证工作叶片所要求的进气攻角。图 3-64 所示的进口导流叶片，前段空心，内、外端和机匣焊为一体，中间通过进、回油管路，防冰空气及通气管路，后段的内、外端都带有轴颈，内端插在内支承机匣的孔座内，外端轴颈上装有摇臂。各摇臂由一个作动环连接起来同时动作。作动环则由两个气压作动筒操纵。

4. 进气处理机匣

在压气机进气机匣外壁开窄缝、槽、孔等，可以延迟气流的失速，增加压气机的喘振裕度。

图 3-65 所示为进气处理机匣的一种形式。在第 1 级工作叶片外的机匣内壁，做出一个环形空腔，内装许多扰流片。从工作叶片顶部甩出的空气通过扰流片间形成的狭缝进入环形空腔，然后又由这些狭缝排向叶片的进口，形成附加的循环气流。这股循环气流可以抑制机匣和叶片表面附面层的发展，增大进口处的气流速度，抑制旋转失速的产生。

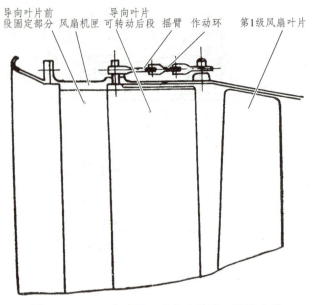

导向叶片前 导向叶片
段固定部分 风扇机匣 可转动后段 摇臂 作动环 第1级风扇叶片

图 3-64　F100 发动机可变弯度的进口导流叶片

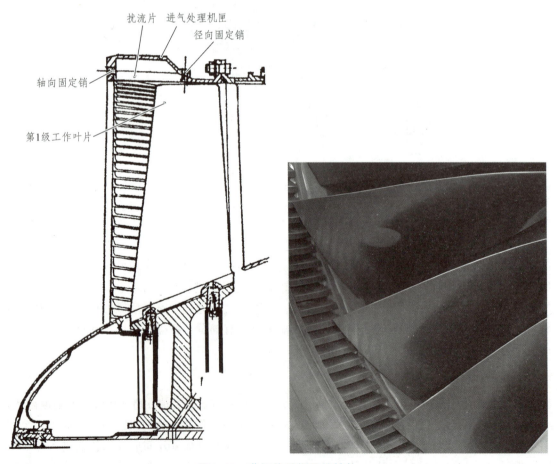

扰流片 进气处理机匣
径向固定销

轴向固定销

第1级工作叶片

图 3-65　进气处理机匣的结构

5. 多转子发动机

双转子发动机由于它在相同增压比的情况下比单转子发动机具有很多突出的优点，如压气机工作范围宽，同样增压比下级数少，非设计状态效率高，起动、加速性能好等，因而在现代大、中型发动机中得到了广泛的采用。

但随着发动机增压比的进一步提高，对发动机稳定工作性能又提出了更高的要求，以致在一些大型发动机上，除了采用双转子外，还要增加大量的放气活门和可调静子叶片，并进一步研制生产出了三转子发动机。与双转子发动机相比，三转子发动机有如下明显的优点：相同增压比下级数少，可调静子叶片及放气活门少，转子短，转子刚性好以及起动加速性好等。但三个转子的支承传力、润滑都较困难，结构复杂，研制费用高。因而，目前世界上只有少数几种三转子发动机，即 RB211 系列、Trent 系列、RB199 军用型发动机以及 D-18T、D-36T 三转子发动机。

3.5 防外物击伤措施

外来物是指除了空气以外进入发动机进气道的所有介质，包括雨雪、冰雹，以及跑道上的砂石、丢弃物和空中的雁、鸟等。外来物进入发动机，一是对叶片等结构件产生冲击损伤断裂，使发动机无法工作或停车；二是会扰动气流、破坏流场、降低效率；三是给风扇转子系统带来巨大的不平衡，激起发动机剧烈振动，危害极大。

发动机防止外物打伤的结构措施主要有两个方向：一是提高叶片抗冲击能力；二是减少外来物进入核心机的可能性。

一些小型的涡桨或涡轴发动机，由于要用在各种地面条件下起落的运输机或直升机上，容易吸入地面的砂石及其他杂物，所以在进气装置处设有防尘网（见图 3-66）或进口粒子分离器（见图 3-67）等进气防护装置。前者会增加进气的阻力，后者巧妙地利用了石粒等杂物的离心惯性力使其排出发动机外，因此效果较好。

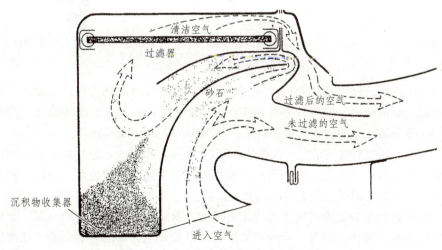

图 3-66 涡桨发动机采用的进气防尘网

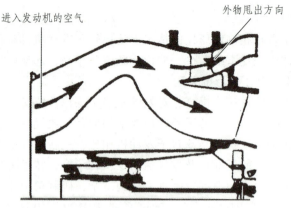

图 3-67　轴对称粒子分离器

在大型的（风扇）发动机中，除砂石等杂物外，飞机在航线中受到飞鸟撞击也是十分严重的问题。为此，采取了一系列的措施：

第一，加强首级叶片。虽然压气机第一级工作叶片工作温度较低，但为了加强其抗外物打伤的能力，往往要用钛或钢制成，并尽量增加其叶片前缘的厚度。对于大展弦比的细长叶片，通常是在风扇叶片上加减振凸台或叶冠[见图 3-68（a）]，可有效提高抗冲击能力和减小振动损伤。目前，广泛使用的宽弦风扇叶片，叶片宽而厚，具有更好的抗外物损伤能力[见图3-68（b）]。对于采用复合材料风扇叶片，通过复合材料编制工艺、涂层和进气端钛合金保护壳等方面提高叶片的抗外物损伤能力[见图 3-68（c）]。

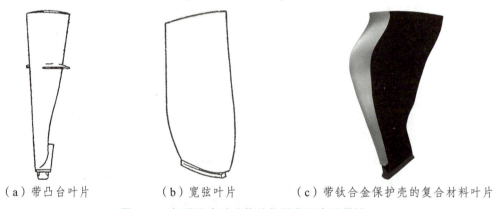

（a）带凸台叶片　　　　（b）宽弦叶片　　　　（c）带钛合金保护壳的复合材料叶片

图 3-68　加强风扇叶片抗外物损伤能力的措施

第二，优化空气流路形状。通过对进气锥和风扇出口流道形状进行优化设计，并加大风扇与分流环间的轴向距离，使石粒等外物能在旋转离心力的作用下抛至外涵道，而不进入核心发动机，这样的结构还能防止鸟卡住转子，如图 3-69（a）、（b）所示。

第三，设置增压级后放气活门。如图 3-69（c）所示，很多大涵道比涡扇发动机在增压级后气流拐弯处设置有放气活门，借助离心力的作用使杂物随气流排出至外涵道，而不至于进入高压压气机。此装置同时也是起动时的放气机构。

第四，发动机必须满足通用规范所规定的环境吞咽能力的要求。为此，在发动机研制阶段必须进行吸入鸟、冰块、砂石、大气中的液态水以及其他外物的吞咽试验，如果达不到要求，发动机是不允许投入使用的。

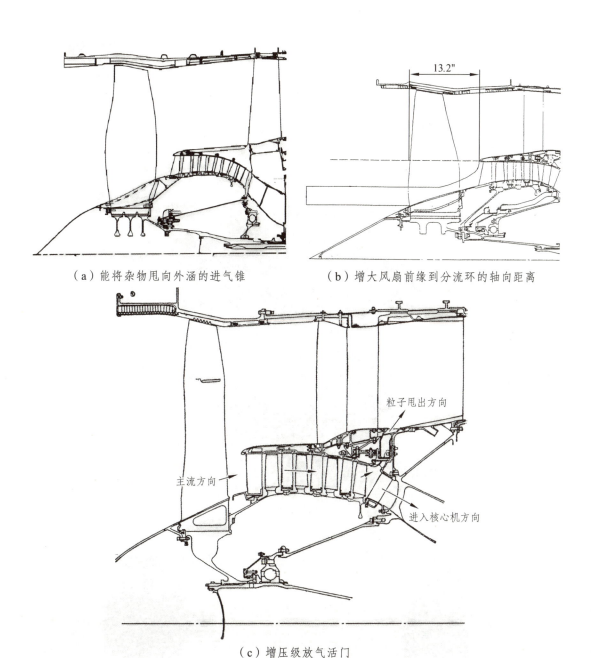

（a）能将杂物甩向外涵的进气锥　　　　　　（b）增大风扇前缘到分流环的轴向距离

13.2"

粒子甩出方向

进入核心机方向

主流方向

（c）增压级放气活门

图 3-69　大涵道比涡扇发动机采用的防外物损伤措施

3.6　离心式压气机

3.6.1　离心式压气机的组成

离心式压气机又称径向外流压气机，由进气系统、叶轮、扩压器和集气管等部分组成（见

图 3-70）。压气机通过中间联轴节与涡轮轴相接。叶轮叶片的进口部分为迎合气流相对运动的速度方向，做成向旋转方向前弯。叶轮上叶片间的通道是扩张形的，叶轮高速旋转，空气流过它时，对空气做功，加速空气的流速，同时提高空气压力。

离心式压气机结构简介

叶轮分单面叶轮和双面叶轮两种（见图 3-71）。双面叶轮从两面进气，可以增大进气量，而且对于平衡作用在轴承上的轴向力也有好处。

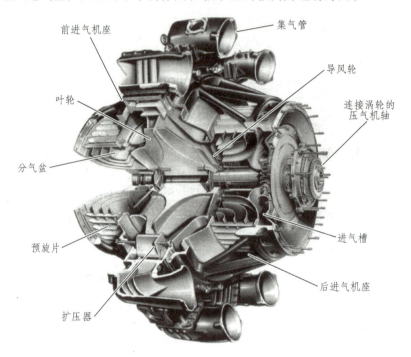

前进气机座
集气管
导风轮
叶轮
连接涡轮的压气机轴
分气盆
进气槽
预旋片
后进气机座
扩压器

图 3-70　离心式压气机

（a）双面叶轮　　　　　　　　　　（b）单面叶轮

图 3-71　单面叶轮和双面叶轮

气流从工作叶轮流出后进入扩压器。扩压器位于叶轮的出口处，是一个环形室，装有一定数量的整流叶片，相邻叶片间的通道是扩张形的，空气流过时，速度下降，压力和温度上升。集气管的主要功用是使气流变为轴向，将空气引入燃烧室。

3.6.2 离心式压气机的特点

叶轮或称转子由涡轮驱动高速旋转，空气连续地吸入叶轮的中心。离心力的作用使空气径向向外流向叶轮尖部，使空气加速并造成压力升高，如图 3-72 所示。空气离开叶轮后进入扩压器段，那里的通道呈扩张形，将大部分动能转化成压力能。因此，离心压气机靠离心增压和扩散增压提高气体压力，但根本原因仍是叶轮对气体做了功。

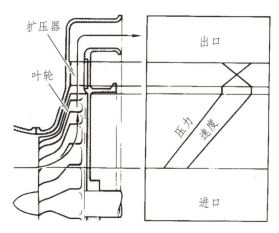

图 3-72　离心式压气机中的压力和速度变化

离心式压气机的主要优点：单级增压比高，一级的增压比可达 12 以上；稳定的工作范围宽；结构简单可靠；质量轻，长度短；所需要的启动功率小。但是它的流动损失大，尤其级间损失更大，不适于用多级，最多两级。正因为这样，离心式压气机的效率较低，一般只有 83% ~ 85%，甚至不到 80%。单位面积的流通能力低，迎风面积大，阻力大。

离心式压气机主要用于小型涡轴、涡桨发动机以及 APU 上。它也与轴流式压气机配合作为压气机的最后一级。这种结构充分吸收了两种压气机的优点，得到了广泛的应用，如图 3-73 所示。

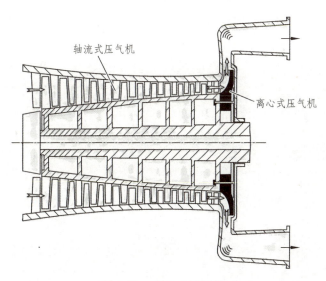

图 3-73　混合式压气机

思考题

1. 压气机的基本类型有哪些？
2. 轴流式压气机转子的基本结构形式有哪些？各有何特点？
3. 简述压气机转子叶片和盘连接的结构形式和特点。
4. 试说明防止喘振的结构措施。
5. 发动机结构设计中对于防止外来物打伤采取了什么措施？
6. 高涵道比涡扇发动机防止外物打伤的结构措施有哪些？
7. 离心式压气机有哪些特点？

第4章 燃烧室

本章介绍燃烧室的类型、基本构件以及先进低排放燃烧室技术。

4.1　燃烧室概述

燃烧室位于压气机和涡轮之间，其功用是使高压空气与燃油混合、燃烧，将化学能转变为热能，形成高温高压的燃气。燃烧室是发动机的重要部件之一，发动机的可靠性、经济性和寿命在很大程度上取决于燃烧室的可靠性和燃烧有效程度。

燃烧室概述

燃烧室的工作条件十分恶劣。燃烧过程是在高速气流和贫油混合气中进行，燃烧室的零件是在高温、高负荷下工作，承受着由气体力、惯性力产生的静载荷和振动负荷，还受到热应力和热腐蚀的作用。燃烧室壳体和扩压器是发动机的主要承力件。燃烧室的零组件主要是薄壁件，工作时常出现翘曲、变形、裂纹积炭、过热、烧穿等故障。为此，燃烧室应满足以下主要要求：

（1）起动和点火可靠。无论在地面和还是高空，燃烧室都应能够迅速可靠地起动点火。

（2）燃烧稳定，燃烧效率高。在发动机的主要工作状态下，燃烧室应保证混合气稳定燃烧，具有高的完全燃烧度与小的散热损失和流动损失。

（3）燃烧要在短距离内完成，出口的燃气温度场沿圆周要均匀，沿叶高应按涡轮要求的规律分布。

（4）燃烧室排放的污染要低。尤其是商用航空发动机，必须满足相应的排放标准才能投入使用。

（5）燃烧室的零组件及其连接处应具有足够的强度和刚性，良好的冷却和可靠的热补偿。

（6）燃烧室的尺寸要小、质量要轻，要有高的容热强度。容热强度是指燃烧室每小时放出的热量与燃烧室体积之比。

（7）燃烧室的结构要简单，维修检查方便，使用寿命长。

为了满足燃烧室的基本功能，无论哪种燃烧室都采用了扩压减速、分股进气、反向回流、非均匀混合气成分等基本措施，在燃烧室条件非常恶劣的情况下，在燃烧室局部区域内创造有利于燃烧的条件，以保证燃烧稳定而完全。在结构上，为了保证上述基本措施的实现，燃烧室都是由进气装置（扩压器）、火焰筒、旋流器、燃油喷嘴、点火装置和壳体等基本构件组成。

4.2 燃烧室的结构类型

按照燃烧室主要构件结构形式的不同，燃气涡轮发动机的燃烧室有三种基本结构类型：分管燃烧室、环管燃烧室和环形燃烧室。

燃烧室的基本类型

4.2.1 分管燃烧室

分管燃烧室是早期的燃烧室类型，主要用于离心压气机发动机和早期轴流压气机的发动机中，如图4-1所示。分管燃烧室由6~16个单管燃烧室组成，它们沿发动机圆周均匀分布。每个单管燃烧室的结构相同，如图4-2所示，有一个单独的火焰筒，每个火焰筒有一个单独的外套，火焰筒头部安装有旋流器、喷油嘴，通常只在两个单管燃烧室上装有点火装置，所有相邻的单管燃烧室之间均由联焰管相连，以传播火焰和均衡压力。

分管燃烧室主要优点：试验和修正比较容易，不需要庞大的试验设备；维修、检查和更换比较方便，不需要分解整台发动机；从发动机总体结构安排上看，与离心式压气机的配合比较协调。

分管燃烧室主要缺点：环形面积利用率低，因而燃烧室内气流的平均速度大，这对稳定燃烧很不利，总压损失也比较大；在高空起动依靠联焰管传播火焰，起动性能差；火焰筒表面积与燃烧室容积之比较大，因而火焰筒壁面气膜冷却所需空气量较多；燃烧室出口温度分布不均匀；燃烧室较重；从发动机承力系统看，只能内传力。由于这些缺点，这种燃烧室已不再使用。

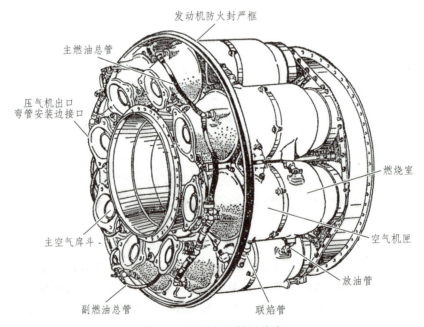

图4-1 典型的分管燃烧室

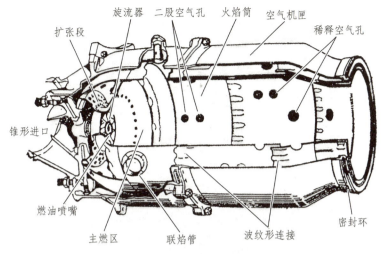

图 4-2　典型的单管燃烧室

4.2.2　环管燃烧室

环管燃烧室又称为联管燃烧室，是在分管燃烧室的基础上发展起来的，多用于轴流式压气机的发动机上。环管燃烧室的结构如图4-3 所示，是由若干个单独的管形火焰筒沿周向均匀排列在共用的内、外壳体之间的环形腔里，相邻火焰筒之间用联焰管连接。在每个火焰筒头部安装有旋流器、燃油喷嘴，通常只在两个火焰筒上装有点火装置。

单管型和环管型燃烧室

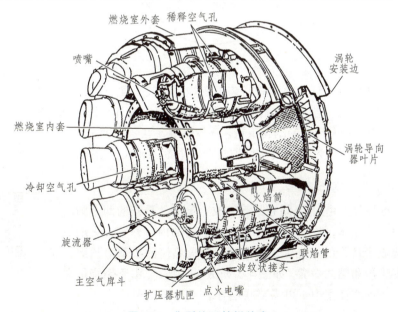

图 4-3　典型的环管燃烧室

图 4-4 所示为 JT8D-217 发动机的环管燃烧室。在内、外壳体形成的环形区域内安装有 9个火焰筒，每个火焰筒带有一个双路燃油喷嘴，在位于 4 点钟和 8 点钟的两个火焰筒上安装有点火装置。

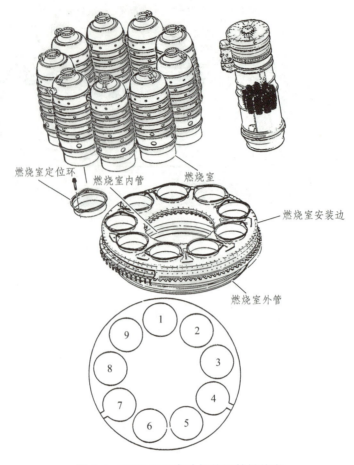

图 4-4　JT8D-217 发动机的环管燃烧室

环管燃烧室的优点：试验、维修与装拆燃烧室比较方便，可以单独更换火焰筒；与分管燃烧室相比，环管燃烧室结构比较紧凑，直径较小，且外壳体可以传递扭矩，从而改善发动机整体刚性，有利于减轻发动机的结构重量。环管燃烧室在二十世纪五六十年代的燃气涡轮发动机上得到广泛的应用，但这种燃烧室结构复杂，重量也较大，后来逐渐被环形燃烧室所取代。

4.2.3　环形燃烧室

典型的环形燃烧室由 4 个同心圆筒组成，最内、最外的两个圆筒为燃烧室的内、外壳体，中间 2 个圆筒为火焰筒的内、外壁，火焰筒内外壁之间构成了环形的燃烧区和掺混区，在火焰筒的头部沿圆周方向装有一圈旋流器和燃油喷嘴，如图 4-5 和图 4-6 所示。由于燃烧是在环形区进行，环形燃烧室中不再需要联焰管。

环形燃烧室的类型

环形燃烧室的优点：燃烧效率高，总压损失小，燃烧室出口流场及温度场分布均匀；环形燃烧室结构简单，重量轻，耐用性好；火焰筒表面积与容积之比较小，因而需要的冷却空气量比较少；燃烧室轴向尺寸短，有利于减小转子的跨度和降低发动机的总体重量。正是由于这些特点，环形燃烧室已逐渐取代了环管燃烧室，目前在役的商用航空发动机上大多采用了环形燃烧室。

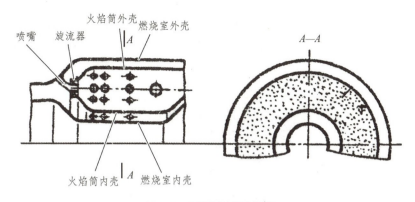

图 4-5　环形燃烧室示意

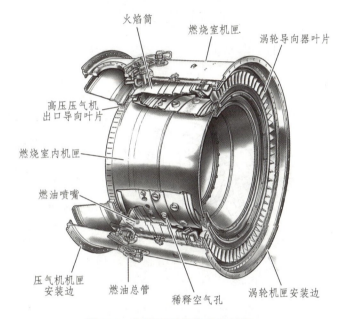

图 4-6　典型环形燃烧室的结构

　　按照气流的流动形式，环形燃烧室又分为直流环形燃烧室、折流环形燃烧室和回流环形燃烧室。

1. 直流环形燃烧室

1）带单独头部的环形燃烧室

　　为了便于在火焰筒的头部组织燃烧，把环形火焰筒的头部做成若干个类似环管燃烧室火焰筒的头部结构，在这些单独的头部后面再转接成环形的掺混区，如图4-7所示。这种形式的燃烧室还保留着环管燃烧室的特征，又称为混合式燃烧室。

　　JT9D发动机的燃烧室就是这种带有20个头部的环形燃烧室，如图4-8所示。在头部的旋流器中央装有双路离心喷油嘴。火焰筒头部与外壁焊成一体，用三个定位销固定在燃烧室扩压器机匣上。火焰筒内壁与燃烧室内壳体一起用螺栓固定在第一级涡轮导向器支座上。在燃烧室外壳上开有 5 个孔探口，可以用孔探仪观察火焰筒内部的故障情况。若有需要，外壳可向前拉出，以便对火焰筒外壁直接进行目视检查或更换涡轮第 1 级导向器叶片。火焰筒头部布置在扩压器机匣内，缩短了燃烧室长度。采用 20 个单独头部使环形火焰筒刚性也有所加强。

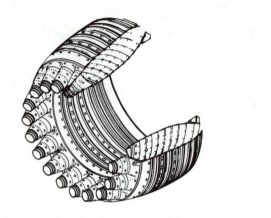

环形燃烧室

图 4-7　带单独头部的环形燃烧室火焰筒

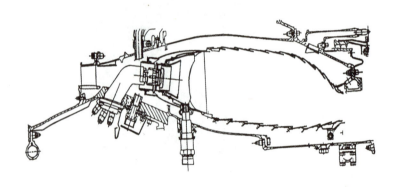

图 4-8　JT9D 发动机的环形燃烧室

图 4-9 所示为涡桨 5 发动机带单独头部的环形燃烧室结构，它由扩压器壳体、燃烧室外套、火焰筒、工作喷嘴、起动点火器等几部分组成。

2）全环形燃烧室

全环形燃烧室的火焰筒由内、外壁及环形头部组成。若干个旋流器和燃油喷嘴在火焰筒头部沿周向均匀分布，采用 2～4 个点火器。

图 4-10 所示为 CF6-80E1 发动机机械加工的整体式短环形燃烧室。火焰筒由两个机械加工的环筒所组成。火焰筒的材料为高温镍基合金，先制成环坯，而后再进行机械加工。采用先进的气膜冷却技术。这种燃烧室的优点是可以更好地控制壁面厚度的变化，以改善应力分布，刚性好。这种燃烧室无材料搭接，无焊接接头，避免了应力集中和热点，能减少裂缝，延长燃烧室寿命。

图 4-11 所示为 RB211 发动机的全环形燃烧室。这种环形燃烧室在火焰筒的头部装有回流隔板，火焰筒由内、外壁及环形头部组成。火焰筒内、外壁的前部开有偏斜的过渡孔，气流经回流隔板与过渡孔后，在火焰筒头部形成两个回流区，以稳定燃烧。

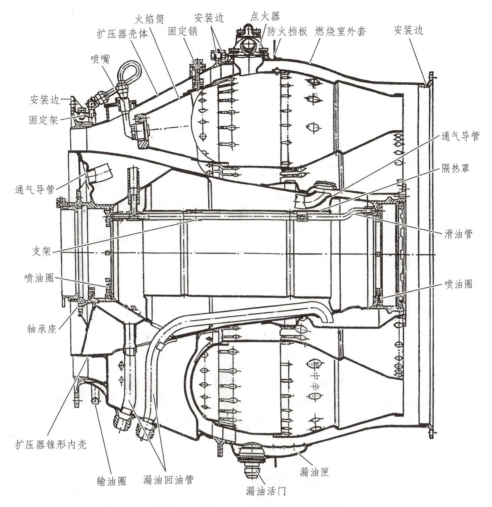

图 4-9　涡桨 5 发动机的环形燃烧室

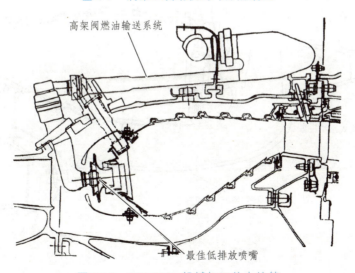

图 4-10　CF6-80E1 机械加工的火焰筒

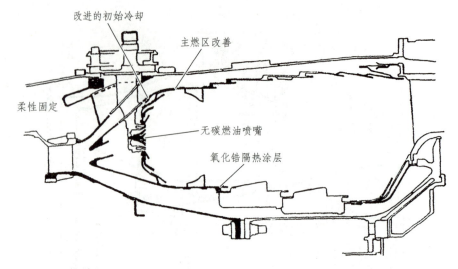

图 4-11　RB211 发动机的全环形燃烧室

在回流隔板上安装有 18 个气动燃油喷嘴，其特点是由喷嘴出来的燃油雾化好。为了增加火焰筒的刚性和保证筒壁气膜冷却孔的加工精度，筒壁上的冷却环采用锻件机械加工结构。火焰筒各段的连接采用对接焊，以消除焊接时出现的应力集中现象。

图 4-12 所示为 V2500 发动机的燃烧室，也是全环形燃烧室。它的特点是：火焰筒内具有扇形瓦片，能有效冷却火焰筒内壁，使其有高的疲劳寿命；扩压机匣是单件铸造，其中铸有 20 个支柱叶栅式预扩器；20 个空气雾化喷嘴，嘴外壳有散热保护套，使工作时燃油不会焦化，空气喷嘴能使燃油均匀雾化，有极好的点火特性和均匀的出口温度场，提高了燃烧效率。

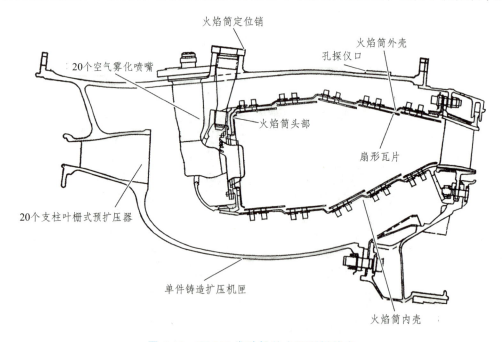

图 4-12　V2500 发动机的全环形燃烧室

2. 折流环形燃烧室

小型燃气涡轮发动机，因其流量小，转速高，可以采用离心式压气机和燃油从发动机轴内腔经甩油盘离心甩出的供油方式。为了充分利用空间尺寸，缩短转子支点的距离，所以常采用折流环形燃烧室。

折流环形燃烧室的火焰筒由内外壁组成。图 4-13 所示为涡喷 11 发动机的折流环形燃烧室。离心压气机出来的空气分三路折流进入火焰筒：第一路由前进气盘壁上的孔和缝隙流入；第二路经涡轮空心导向叶片，由火焰筒内壳、后进气锥上的孔流入；其余经火焰筒外壁的进气斗流入。燃烧室内、外壁后端，沿圆周分别用螺钉和螺栓固定在一级涡轮导向器的内、外环上。环绕在涡轮轴上的封气套筒内有前、后两组密封槽，在两组槽间引入第二路气体以保证涡轮轴的冷却。燃油从发动机轴甩油盘离心甩出。

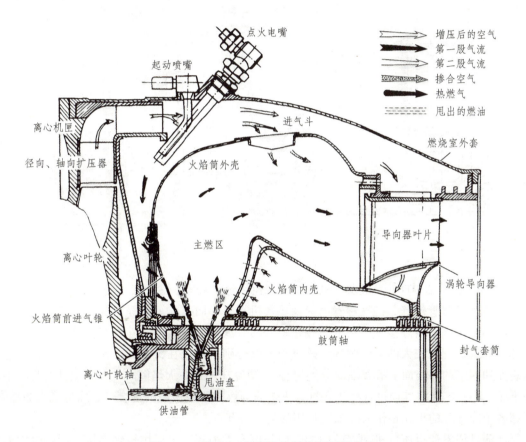

图 4-13　涡喷 11 发动机的折流环形燃烧室

3. 回流环形燃烧室

回流环形燃烧室的火焰筒由内外壁和环形头部组成。从压气机出来的气体，在组织燃烧和与燃气掺混的过程中要经过两次折转再流入涡轮部件。燃烧室的燃油由位于头部的喷嘴提供。这种燃烧室常用在带有离心压气机的燃气涡轮发动机中，如 JT15D、PW500 等涡扇发动机以及 PT6 等涡轴/涡桨发动机均采用这种燃烧室。

图 4-14 所示为 JT15D-4 发动机的回流环形燃烧室。火焰筒前端是开口的，后端是圆顶形的。在环形圆顶的前端面上焊有 6 个沿圆周均布的径向凸耳，用径向销将火焰筒后端径向固定在低压涡轮支座上。燃油喷嘴通过浮动衬套内的浮动垫圈插入火焰筒圆顶。浮动衬套可以补偿火焰筒在发动机工作时的轴向伸缩。

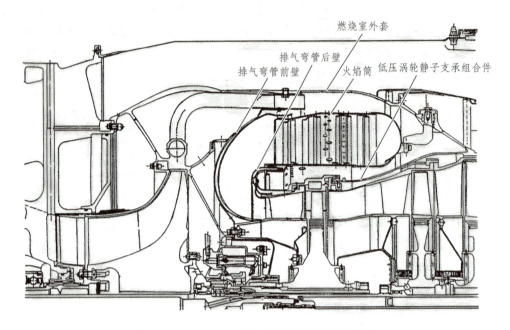

图 4-14　JT15D-4 发动机的回流环形燃烧室

图 4-15 所示为 PT6T 涡桨发动机使用的回流环形燃烧室。燃烧室主要由燃气发生器机匣、火焰筒、排气弯管外壁、排气弯管内壁及压气机涡轮导向器支承件等组成。火焰筒是一个环形同心的耐热钢钣料焊接件，它的后端是敞开的。火焰筒由头部、外壁与内壁三部分组成。头部是冲压成圆弧较大的裙形圆环；外壁与内壁分别搭接焊在头部的外缘与内缘上，外壁的内表面和内壁的外表面上沿着轴向分别焊有 4 圈冷却环；在火焰筒内、外壁上钻有直径不同的上千个小孔，使空气通过这些小孔进入火焰筒与燃油组成所需的混合气，保持稳定的燃烧。紧邻各个冷却环的小孔是作为冷却气膜用的进气小孔。

回流燃烧室使得压气机和涡轮间的轴向长度大大缩短，可以用短轴连接，同时大大缩短发动机的长度，减轻了发动机的重量，对提高压气机、涡轮轴的临界转速也有好处。回流燃烧室由于其气流通路较长，油气混合比较均匀，因而减少了排气污染，降低了发烟度。

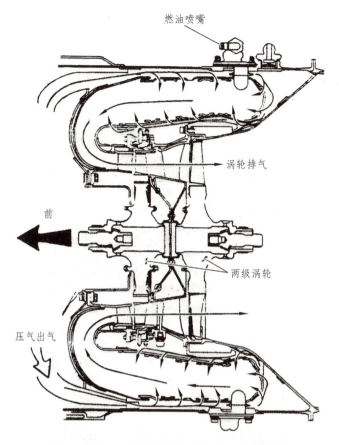

图 4-15　PT6T 涡桨发动机的回流环形燃烧室

标签：燃油喷嘴、涡轮排气、两级涡轮、前、压气出气

4.3　燃烧室的主要部件

　　燃烧室的主要构件包括扩压器、壳体、火焰筒、燃油喷嘴、点火装置等，本节分别讨论这些构件。

4.3.1　扩压器

　　扩压器安装在压气机和燃烧室之间，其通道是扩张形的。它的功用是使气流速度下降，为燃烧室内的稳定燃烧创造条件。因此，扩压器出口处是整台发动机静压的最高点。由于存在流动损失，气流总压有所下降，约占燃烧室总压损失的 1/3，扩压器的长度约占燃烧室总长的 1/4。现代发动机的扩压器是发动机的主要承力件之一，有些发动机用扩压器支承压气机后轴承或高压涡轮前轴承。

扩压器

　　根据扩压器内气流通道型面的不同，目前常见的扩压器有以下三种形式：一级扩压式、二级扩压式和突然扩张式。

1. 一级扩压的扩压器

一级扩压的扩压器，气流通道横截面积按一定的规律变化，使压力较均匀地增加。气流的变化规律有等压力梯度、等速度梯度及两者兼有的混合型规律。各种一级扩压器的造型如图 4-16 所示。

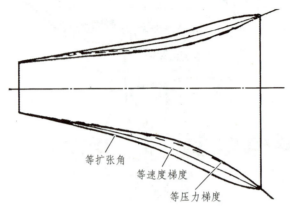

图 4-16　各种一级扩压的型面

用等压力梯度造型，压力损失最小，但加工比较困难。在扩压比不大的情况下，可以采用双纽线形来代替。斯贝发动机燃烧室的扩压器形面就是按等压力梯度造型设计的。其总压恢复系数可达 98% ~ 99%。

2. 二级扩压的扩压器

当扩压器进、出口面积相差很大时，为了缩短扩压器的长度，可以采用二级扩压。压气机出口气流先经扩压比不大的一级扩压段后，再进入扩压比很大的突然扩张的第二级扩压段。J57 发动机的燃烧室就是采用二级扩压，如图 4-17 所示。由于第一级扩压比不大和第二级进口气流马赫数下降，因此扩压器的总压损失也不致过大。

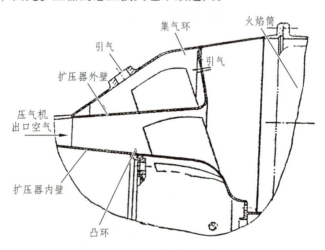

图 4-17　J57 发动机的扩压器

J57 发动机压气机出口的气流速度为 140.5 m/s，经扩压角为 32°30′的一级扩压段后，气流速度下降为 60 m/s 左右，然后进入突然扩张的第二级扩压段，到火焰筒进口处，气流速度下降为 18.7 m/s，为了从扩压器中均匀引气，在突然扩张段的外壁上开有小孔，把气流引到集气环中汇合，然后引出发动机。扩压器内的凸环是用来调整扩压器出口流场，以适应火焰筒进口的要求。该调整环是根据实际工作的需要在试验过程中增加的。

目前，二级扩压在大中型发动机上得到普遍采用，如 PW4000、CFM56、V2500、Trent800、GE90 等发动机燃烧室均采用二级扩压。PW4000、V2500 等发动机在其扩压器内还带有支柱叶栅，用来将高压转子后轴承的径向力传给压气机机匣，如图 4-18 所示。

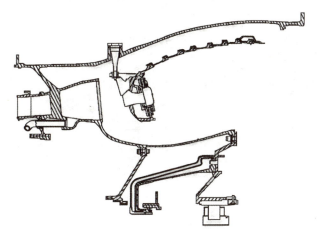

图 4-18　PW4000 发动机的扩压器

3. 突然扩张式的扩压器

目前，最短的扩压器是突然扩张式的扩压器。压气机出口气流经过很短的略为扩张的环形通道，使气流速度略为下降后就突然扩张。F100 发动机的燃烧室采用了突然扩张式的扩压器，如图 4-19 所示。这种扩压器不但短，而且燃烧室工作较少受压气机出口流场变化的干扰，但其总压损失要大些。这种扩压器除了用在短环形燃烧室上外，还广泛用在带离心甩油的折流环形燃烧室中。

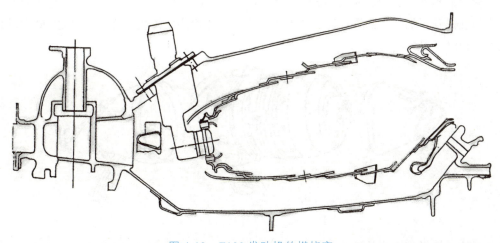

图 4-19　F100 发动机的燃烧室

在扩压器中，当扩张角和扩压比增加时，由附面层分离而逐步形成涡流，并随着流动逐步扩大分离区，这使流动不稳定，流阻增加，出口速度不均匀，压力损失增加。为此，扩压器中可采用放气、分流环、凸尖环等措施。JT9D 发动机采用了凸尖环（见图 4-20），使气流在其后形成稳定的涡流，造成不扩散的环流区，即将涡流限制在凸尖环后，减少附面层分离，减少压力损失。

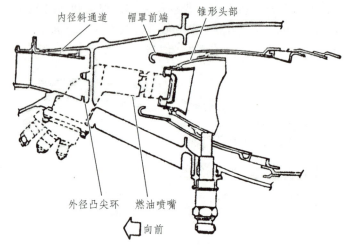

内径斜通道　帽罩前端　锥形头部

外径凸尖环　燃油喷嘴

← 向前

图 4-20　JT9D 发动机的扩压器

4.3.2　火焰筒

火焰筒是燃烧室的主要构件，是组织燃烧的场所。

1. 火焰筒的结构

火焰筒一般通过钣金焊接、机械加工、铸造等方法制造。图 4-21 中的火焰筒为若干段钣金原材焊接而成，这种制造方法多用于早期的燃烧

火焰筒

室中。在大中型发动机的环形燃烧室上，已经广泛采用机械加工成型的气膜式火焰筒，如图 4-10 所示。这种类型的火焰筒可以更合理自如地设计二股气流的流动通道，进一步提高气膜式火焰筒的散热效果，满足现代发动机的燃烧室高热容强度的要求，同时火焰筒壁面的轴向刚度均匀且得到了加强。目前，在一些新型发动机上开始使用铸造燃烧室，如 GE90 发动机就采用了这种燃烧室。

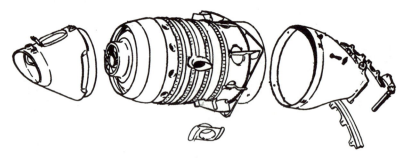

图 4-21　钣金焊接的火焰筒

典型的环形燃烧室火焰筒由头部和筒体构成。

头部的功能是加速混合气的形成，保持稳定的火源。头部一般装有旋流器、燃油喷嘴、整流罩等构件，头部侧壁上开有进气孔，以形成合适的进气条件，利于燃烧。

筒体的前段是燃烧区，其功用是加快油气混合气的燃烧过程，保证完全燃烧；后段是掺混区，作用是降低高温燃气的温度，使涡轮能够承受，并形成均匀的温度场。筒体上一般开有不同形式的进气孔，前段有用于助燃和补充燃烧的空气孔，后段有掺混空气孔。除此以外，筒体上还开有对壁面形成冷却的小孔。火焰筒上各类进气孔的大小、形状、数量和分布，取决于组织燃烧的需要和涡轮前燃气温度的要求，但开有进气孔会使火焰筒壁的强度大大削弱。

火焰筒在燃烧室中要有正确的定位支承，定位支承要保证火焰筒受热时能自由膨胀。

2. 火焰筒的冷却

火焰筒往往是发动机寿命最短的部件。为了延长火焰筒的寿命，改善火焰筒的冷却是非常重要而有效的措施。筒壁的冷却目前大都采用气膜冷却方式，一般发动机用于气膜冷却的空气流量约占总流量的 25%~35%。火焰筒形成气膜冷却的方法有很多，常见的有缩腰小孔、波纹板、冷却环、浮动瓦片、多斜孔冷却等。

最简单的气膜冷却结构是在火焰筒壁上钻一些小孔，由于小孔的直径较小，所以空气进入火焰筒的射流深度很浅。空气进入火焰筒后，紧贴火焰筒内表面迅速散开，形成气膜的保护层。小孔气膜冷却的发展，即为缩腰小孔气膜冷却，它可增加气膜冷却的有效长度。图 4-22 所示为增强气膜冷却效果的两种特殊的缩腰小孔结构。

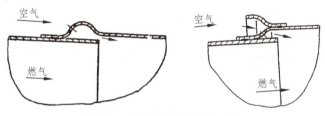

图 4-22　加强冷却的缩腰小孔

除了缩腰小孔，波纹板和冷却环也是航空发动机火焰筒常用的冷却结构，如图 4-23 和图 4-24 所示。为了加强环形燃烧室的径向刚性和改善冷却效果，在近代发动机的火焰筒内、外壁上，采用了锻件经机械加工或特型材滚压而成的冷却环。图 4-25 所示为 RB211 发动机上火焰筒的机械加工冷却环。

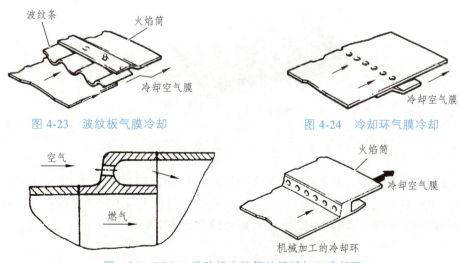

图 4-23　波纹板气膜冷却　　　　　图 4-24　冷却环气膜冷却

图 4-25　RB211 发动机火焰筒的机械加工冷却环

图 4-26 所示为 PW4000 发动机火焰筒壁面的冷却方案，在内壁涂有 PWA261 镁锆酸盐隔热涂层，冷却气流在涂层内壁形成气膜。这种进气结构可减少缝隙边缘的热应力，减小火焰筒的热变形。

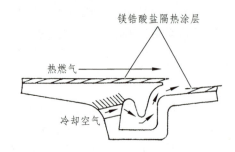

图 4-26　PW4000 发动机火焰筒的气膜冷却

有的发动机的燃烧室采用了带表面陶瓷涂层的瓦片式结构，这种燃烧室称为浮动壁燃烧室。图 4-27 给出了其冷却结构示意图。若干个瓦片靠螺栓固定在火焰筒壁上，并与筒壁之间留有一定的间隙。冷却空气从筒壁上的进气孔进来后即可在此间隙内流动，进行对流换热。当冷空气从间隙中流出后，又可在瓦片表面形成气膜冷却。为了增加瓦片表面的散热面积，其背面加工有很多细小的圆柱形凸起。采用这种冷却结构，可减少冷却空气量，使更多的空气参与燃烧，降低燃烧温度，从而可降低 NO_x 的排放。浮动壁燃烧室最早在 V2500、PW4084 等发动机上采用，目前在 Trent500、Trent1000 等发动机也采用了这种结构。

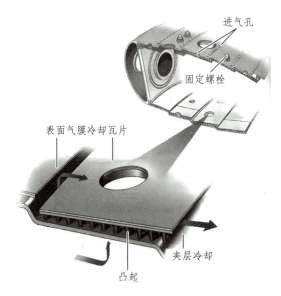

图 4-27　带瓦片的燃烧室冷却结构

有的发动机的燃烧室采用多斜孔发散冷却技术对火焰筒进行冷却，如图 4-28 所示。通过采用激光、电火花或电子束打孔等工艺，在火焰筒壁上打出大量不同角度的斜孔，利用筒体内外压差将冷却空气导入火焰筒内，实现对壁面的全气膜冷却。

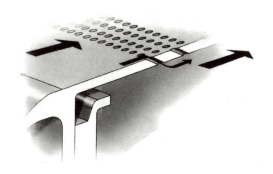

图 4-28 多斜孔冷却技术

GE90 发动机燃烧室的火焰筒就采用了这种多斜孔冷却形式，如图 4-29 所示。其火焰筒上用激光钻出数以千计的不同角度斜孔，冷却空气通过这些斜孔流入火焰筒的过程中，先是在小孔内进行对流换热，流出小孔后在火焰筒内壁面上形成气膜冷却，因而冷却效率非常高，所使用的冷却空气量可减少 40%。

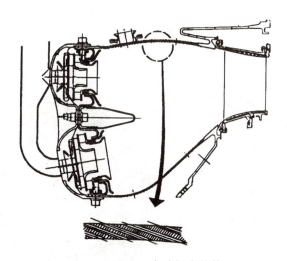

图 4-29　GE90 发动机火焰筒

4.3.3　旋流器

旋流器装在火焰筒的前端，其作用是在火焰筒头部产生低速回流区，以稳定火焰，并使雾化后的燃油与空气很好的混合，提高燃烧效率。旋流器有叶片式和非叶片式两种基本形式。

旋流器

1. 叶片式旋流器

叶片式旋流器在非蒸发管式燃烧室中得到广泛采用。叶片式旋流器按照气流在旋流器叶片中的流动方向可分为轴向和径向两种类型，如图 4-30 所示。

轴向叶片式旋流器由内外环和叶片组成，气流沿轴向流入旋流器，流过叶片后围绕着旋流器轴线产生强烈的旋转气流。径向叶片式旋流器由前、后挡板和叶片组成，气流沿径向从外向内流入旋流器，流过叶片后沿轴向旋转流出。

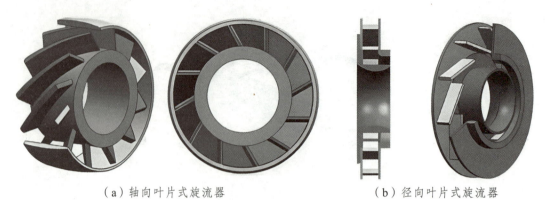

（a）轴向叶片式旋流器　　　　　　　　　（b）径向叶片式旋流器

图 4-30　叶片式旋流器

图 4-31 所示为 JT3D 发动机的旋流器，为轴向叶片式旋流器，除内外环和叶片外，还在叶片后缘处有一折流环，折流环可将旋流器出口的一部分空气引向装在旋流器内环中的燃油喷嘴附近，在靠近喷嘴的周围形成贫油区。实验证明，炭粒的生成主要是在喷嘴附近的局部富油区内。因此，带有折流环的旋流器可以减少发动机的冒烟和对大气的污染。为了减少热应力，在折流环上加工有四条周向均匀分布的膨胀槽。

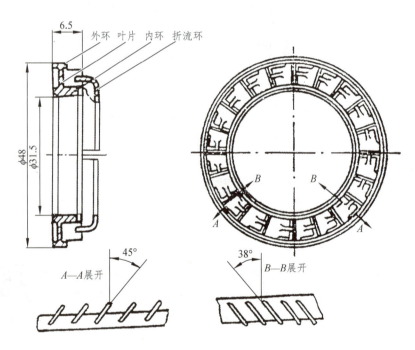

图 4-31　JT3D 发动机的旋流器

图 4-32（a）所示为 CFM56 发动机的旋流器，它有 2 级，第 1 级为前端的切向孔式旋流器，第 2 级为径向叶片式旋流器，两者间由一文氏管相连。第 1 级和第 2 级旋流器产生的涡流是反向旋转的，目的是让燃油与空气能够更充分地混合。CF6-80C2 发动机也是采用类似的旋流器，如图 4-32（b）所示。

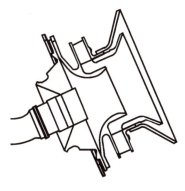

（a）CFM56 发动机旋流器

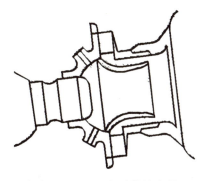

（b）CF6-80C2 发动机旋流器

图 4-32　切向孔+径向叶片式旋流器

2. 非叶片式旋流器

非叶片式旋流器是利用气流经过非流线体（如 V 形钝体、喇叭形钝体等）之后产生低速回流区，或经过多孔壁之后产生低速回流区。与叶片式旋流器不同的是，气流流过非叶片式旋流器后无切向速度或切向速度很小。

图 4-33 给出了 V 形钝体产生回流区的原理示意图。当气流流过 V 形钝体后，钝体后面的气体就会被气流带走，而在 V 形钝体后面形成一个低压区。这样就使钝体下游处部分气体在压力差的作用下，以与主气流相反的方向流回钝体后面的低压区，从而在钝体后面产生一个回流区。

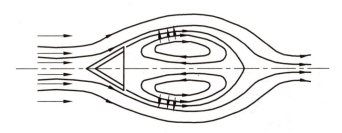

图 4-33　V 形钝体后回流区的生成原理

4.3.4　燃油喷嘴

燃油喷嘴的功用是将燃油雾化（或汽化），加速混合气的形成，保证稳定燃烧和提高燃烧效率。

目前，航空燃气涡轮发动机使用的燃油喷嘴有离心式喷油嘴、蒸发管式喷油嘴、甩油喷嘴（也称甩油盘）和气动式喷油嘴等。

1. 离心喷嘴

离心式喷油嘴内装有一个旋流器，其工作原理是燃油从切向孔进入旋流室内，在旋流室内做急速的旋转运动，燃油从喷孔喷出后，因受惯性力和空气撞击，破裂成无数细小的油珠，从而获得良好的雾化效果。由于燃油在涡流室中是高速旋转的，故喷嘴喷出的燃油形成空心的旋转的圆锥油雾层，如图 4-34 所示。

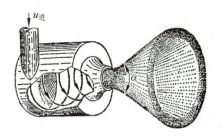

燃油喷嘴

图 4-34　离心式喷嘴工作原理

常用的旋流器结构有切向槽旋流器、切向孔旋流器、螺旋槽旋流器及旋流片，如图 4-35 所示。

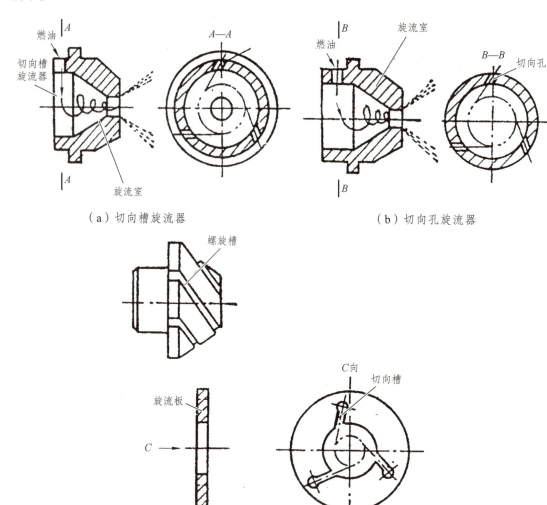

（a）切向槽旋流器　　　　　　　　　　　　　　（b）切向孔旋流器

（c）螺旋槽旋流器

图 4-35　燃油喷嘴旋流器

离心式喷嘴的雾化效果与喷嘴前的油压密切相关，为了保证雾化质量，喷嘴前燃油压力须为 4 bar①以上。燃油泵能提供给喷嘴的最高燃油压力约为 100 bar，因此离心喷嘴的最高工作油压为最低油压的 25 倍左右。由于喷嘴的供油量与油压的平方根成正比，故普通单路离心喷嘴的最大供油量约为最小供油量的 5 倍。但是，由于发动机在不同飞行条件和工作状态下的所需供油量变化很大，大转速（起飞）时的供油量是高空小转速时的供油量的 10～20 倍，是起动供油量 40～50 倍，显然单路离心喷嘴不能满足这么大的供油量范围。所以航空发动机上广泛采用的是双路离心喷嘴。

双路离心喷嘴又可分为双路双室双喷口喷嘴、双路单室单喷口喷嘴以及双路双室单喷口喷嘴。图 4-36 所示为双路双室双喷口离心喷嘴示意图。主、副油路之间靠分油活门隔开当油压低时，燃油只进入副油路；而当油压高到一定数值时，分油活门被油压推开，主、副油路同时供油。由于每条油路都有自己的涡流室和喷口，所以，主、副油路互不干扰。通常发动机在小状态时仅副油路供油，大状态时主、副油路同时供油。

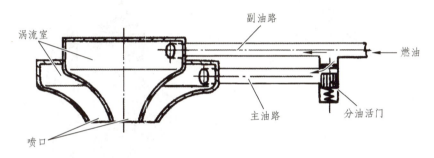

图 4-36　双路、双室、双口离心喷嘴示意

图 4-37 所示为斯贝发动机使用的燃油喷嘴，是一个典型的双路双室离心喷嘴，中心为副油路的旋流室和副喷口，在其外围是主油路的旋流室和主喷口，最外层还有两层环形间隙供冷却空气通过，以防止喷口积碳。主、副油路的燃油旋转方向与火焰筒叶片式旋流器出口的气流旋转方向相反，以使油气混合均匀。当发动机转速在 1 000 r/min 时副油路开始供油，在 3 000 r/min 时主、副油路同时供油。

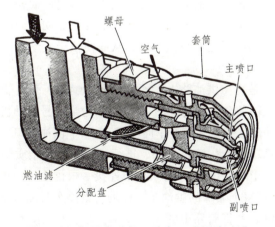

图 4-37　斯贝发动机双路离心式燃油喷嘴

---

① 1 bar=100 kPa。

离心喷嘴可以使燃烧室在宽广的混合比范围内稳定燃烧，工作可靠，结构坚固，易于调试；但它要求供油压力高，存在高温富油区，容易造成发烟污染，而且在不同的飞行条件下，燃烧室出口温度场变化较大，环形燃烧室的环形通道与喷嘴的圆锥形油雾也不匹配。

在发动机上，多个燃油喷嘴呈环形布局，各喷嘴位置高低不同，喷嘴前的燃油压力也因此引起变化，这可能导致各喷嘴的燃油流量不相等，继而造成发动机燃烧室出口温度不均匀。为了解决这个问题，一些发动机在喷嘴油路上安装燃油分配活门。例如，斯贝发动机每个燃油喷嘴的主油路内部均装有燃油分配活门，如图4-38所示，用于补偿喷嘴位置高低不同而引起油路压力变化。相同的燃油分配活门也被用在RB211发动机的气动喷嘴中。

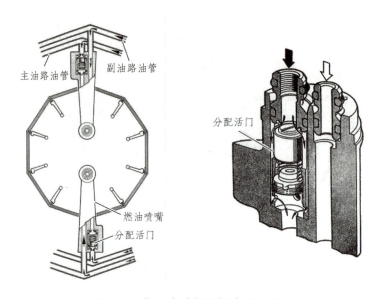

图 4-38　斯贝发动机的燃油分配活门

燃油分配的工作原理：对于装在发动机上方的喷嘴，燃油从上往下流动，分配活门（重量块）的重量有助于压缩弹簧，因而有利于打开更大的通道截面积，使通往主喷口的油压适当增高一些。对于装在发动机下方的喷嘴，燃油从下往上流动，分配活门的重量有助于关小通道面积，使通往主喷口的油压适当减低一些，从而使位于发动机上方的喷嘴与位于下方的喷嘴供油量保持相等。

另一种燃油分配活门是装在供油路上，而不是在喷嘴内。来自燃油调节器的燃油先到达此分配活门，然后再被送往各个喷油嘴。图4-39所示为某型号发动机燃油系统的分配活门示意。活门主要包括一个油滤、旁通活门、单向活门和10个供油出口。来自燃油调节器的燃油从分配活门的进口进入活门内，先流过油滤，进行过滤，防止杂质颗粒堵塞喷嘴。过滤后的燃油顶开单向活门，进入10个出油口，每个出口连接一根供油管，每根供油管给两个喷嘴供油（见图4-40），从而保证每个喷嘴的供油是一样的。当停车时油压下降，单向活门靠弹簧力关闭，切断向喷嘴的供油，并把管路中的余油放掉。万一油滤堵塞了，旁通活门打开，以保证继续供油。油滤可拆下来进行清洗。

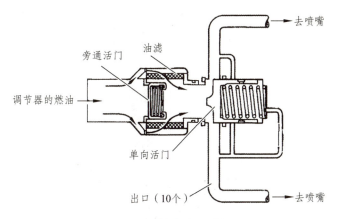

图 4-39　燃油分配活门

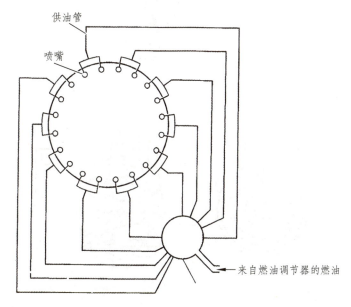

图 4-40　燃油分配活门与喷嘴之间的连接

2. 气动喷嘴

空气雾化喷嘴是现代航空燃气涡轮发动机上常用的一种喷嘴，如图 4-41 所示，其工作原理是使油膜与高速气流相互作用，在气动力作用下使油膜破碎雾化，快速形成均匀良好的油气混合气。

图 4-42 所示为 RB211 发动机燃烧室采用的气动喷嘴。燃油经 6 个切向孔，在喇叭口的内壁面上形成旋转的薄油膜层，在内外两股高速气流的作用下，碎裂成与空气充分掺混的油雾，进入火焰筒头部。

图 4-43 是 PW4000 发动机燃烧室的气动喷嘴，燃油也是在内、外两股高速气流作用下，形成与空气充分掺混的油雾。

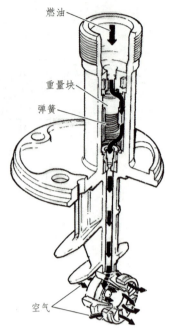

图 4-41 带燃油分配活门的气动式燃油喷嘴

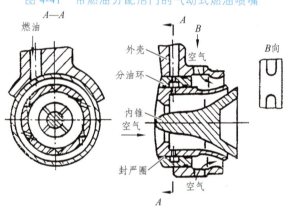

图 4-42 RB211 发动机的气动喷嘴

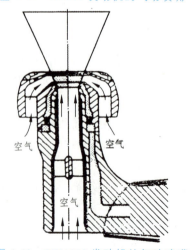

图 4-43 PW4000 发动机的气动喷嘴

气动喷嘴的优点：油气混合均匀，避免了主燃区的局部富油区，减少了冒烟和积炭；火焰呈蓝色，辐射热量少，使火焰筒壁温度较低，气动喷嘴不要求很高的供油压力，而且在较宽的工作范围内，喷雾锥角大致保持不变，所以容易使燃烧室出口温度场分布比较均匀、稳定；简化供油管道，仅用单管供油。气动喷嘴的缺点：由于油气充分掺混，贫油熄火极限大大降低，使燃烧室稳定工作范围变窄；在起动时气流速度较低，压力较小，雾化不良。

3. 蒸发管喷嘴

在装有蒸发管的燃烧室内，油气的混合提前在蒸发管内进行。燃油首先喷入处于高温燃气流中炽热的蒸发管内，迅速吸热并蒸发为燃油蒸气，与进入蒸发管内的少量空气初步混合成油气，然后油气从蒸发管喷入火焰筒的主燃区内，与大量空气混合后燃烧。

常用的蒸发管喷嘴有"Γ"形和"T"形两种，如图 4-44 和图 4-45 所示。"Γ"形蒸发管的出口往往分布在火焰筒的两个主燃孔之间。这种结构不如"T"形蒸发管有两个出口，分别对应分布在火焰筒上主燃孔的位置，可以避免产生局部高温区并能更好地组织燃烧。因此在"Γ"形基础上发展而成的"T"形蒸发管得到更广泛应用。

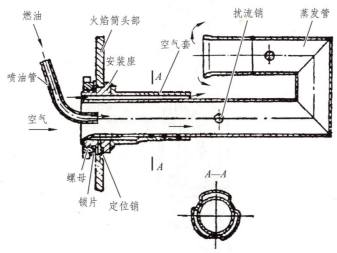

图 4-44　蝰蛇（Viper）发动机燃烧室的蒸发管式喷嘴

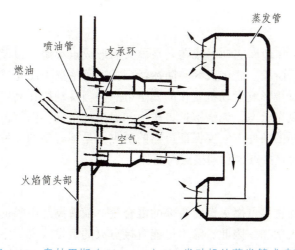

图 4-45　奥林巴斯（Olympus）593 发动机的蒸发管式喷嘴

蒸发管喷嘴的主要优点：燃烧室燃烧效率较高，不冒烟，出口温度场较稳定。这种蒸发管式的供油装置与环形燃烧室相配合，在小流量发动机上得到广泛的应用。

蒸发管喷嘴的主要缺点：燃烧室稳定工作范围较窄，蒸发管本身冷却困难；管内预混油气存在自燃问题；需要辅助起动供油系统；在耐久性和污染物排放方面性能差一些。

4. 甩油喷嘴

甩油喷嘴用于高转速、小流量的折流环形燃烧室中。燃油在甩油盘油孔中形成油膜，离开喷口后，离心力使油膜破裂为油珠，在气动力作用下，油珠变成更小的油雾和空气混合，进入燃烧区燃烧。甩油喷嘴是借助离心力的作用使燃油在喷口处产生很大的初始速度，因此燃油雾化质量好，分布均匀，并且不受燃油流量的影响。J69 发动机燃烧室即采用这种供油装置，如图 4-46 所示。

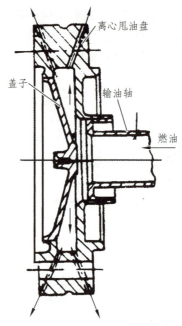

图 4-46   J69 发动机甩油喷嘴

4.3.5   点火装置

点火装置的作用是在地面起动时或在高空熄火后形成点火源，以及在起飞着陆等关键飞行阶段、恶劣天气、防冰活门接通等情况下防止燃烧室熄火。点火性能直接影响发动机工作的安全可靠。当发动机在高空熄火后，压气机处于风车状态，燃烧室进口压力和温度都很低，但气流速度仍然较高，在这样的条件下，要保证可靠的再点火是不容易的。发动机的点火装置可分为直接点火和间接点火两种。

点火装置

1. 直接点火装置

直接点火是用电嘴直接点燃火焰筒头部的混合气。随着高能电嘴的发展，使电嘴能在低电压下的放电能量大大增加。因此，除不可能直接点火的蒸发式燃烧室外，直接点火已经得到广泛的应用，如图 4-47 所示。

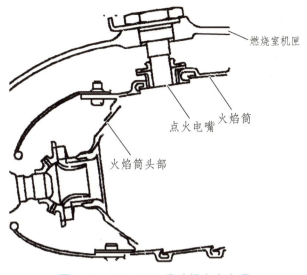

图 4-47　CF6-80C2 发动机点火电嘴

斯贝发动机燃烧室的点火装置如图 4-48 所示。半导体电嘴固定在燃烧室外套的安装座上，电嘴要通过外涵道，故设有电嘴外套保护电嘴。电嘴与外涵外套之间用浮动环密封，电嘴与火焰筒之间用浮动环密封。

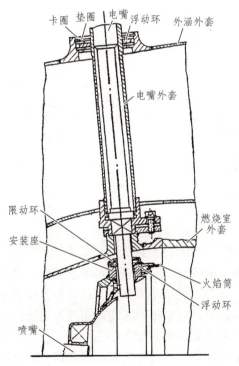

图 4-48　斯贝发动机燃烧室的点火装置

斯贝发动机的两个电嘴的放电能量是不一样的，一个为 3 J，另一个为 12 J。地面起动点火时，两个电嘴都工作，但当飞机在暴风雨中飞行或做机动飞行时，为了防止燃烧室可能熄火，就接通 3 J 的一个电嘴连续长时间点火。JT9D、CFM56 发动机也都采用这种"长明灯"

的点火办法，但两个电嘴都是4J，飞行中遇到天气不好时，就用其中一个电嘴长时间连续点火。

2. 间接点火装置

间接点火是先点燃起动喷嘴的燃油，形成小股火焰去点燃工作喷嘴燃油的点火方式。

涡喷 7 发动机采用间接点火，两个点火器安装在燃烧室外套前部，与联焰管相通。它由起动喷嘴、电嘴、补氧嘴、点火器壳体等组成（见图4-49），在点火器壳体上开有小孔，引入少量第二股气流，经挡板扰流后，与起动喷嘴喷入的燃油混合，由中心电嘴点燃，形成小股火焰，通过三通管引燃相邻火焰筒内的燃油。JT3D 发动机也是采用类似的间接点火装置，如图 4-50 所示。

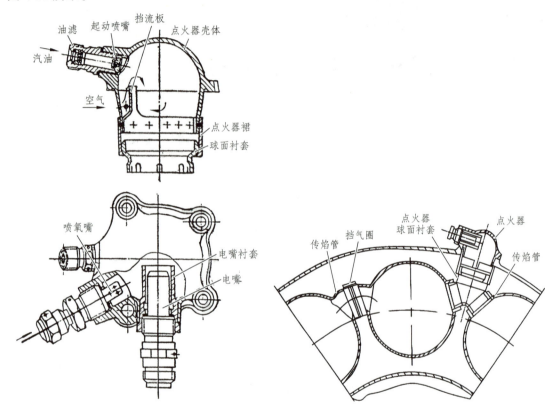

图 4-49　涡喷7发动机的点火器　　　　图 4-50　JT3D 发动机燃烧室间接点火装置

不论是直接或间接点火，电嘴与喷嘴（起动喷嘴或工作喷嘴）之间的相对位置很重要，电嘴应位于燃油的局部浓度适当、气流速度较低、最容易着火的地方。直接点火装置的电嘴位置，只能放在火焰筒头部，靠近喷雾锥外缘隐蔽在气流速度较小处。间接点火装置一般设在火焰筒的回流区范围内，向回流区喷出先锋火焰。

点火器的周向分布有不同的方案：安排在发动机上部，则电嘴不易弄脏和积炭；安排在发动机水平中心线附近，相对 180°的位置，可使每个电嘴点火的传焰路程最短；安排在发动机下部，当发动机贫油熄火时，在燃油油位的静压作用下，发动机下部火焰筒最后熄火，因此，易于再次点燃。此外，还要考虑到检查和维护的方便。通常电嘴的分布位置是经过试验确定的。

4.3.6 机 匣

现代发动机的燃烧室机匣（包括燃烧室内、外套和扩压器内、外壁）通常都是发动机重要承力构件。燃烧室机匣承受有轴向力、径向力、扭矩、弯矩、振动负荷等，受力非常复杂。特别是燃烧室内机匣（燃烧室内套和扩压器内壁），空气压力使这个薄壳筒形零件承受径向压缩应力，容易压扁变成椭圆，失去稳定，尤其是高增压比的发动机更甚。因此，许多发动机的燃烧室内机匣都采用加强结构。

图 4-51 所示为一些发动机燃烧室内机匣的径向加强筋实例。加强筋常用板材焊在燃烧室内机匣的内表面，为减轻重量，加强筋沿圆周加工有许多减轻孔，孔口还可翻边加强。

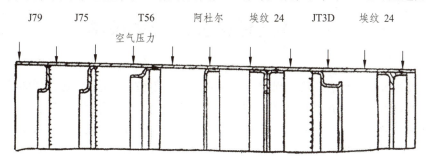

图 4-51　发动机燃烧室内机匣的径向加强筋

上述加强筋只能承受径向力，不能承受轴向力。如果燃烧室内机匣的母线不与发动机轴线平行，而要求径向和轴向都能加强时，最好采用封闭形加强筋。图 4-52 所示封闭腔应开有通气小孔，使筋的内腔与外界相通。

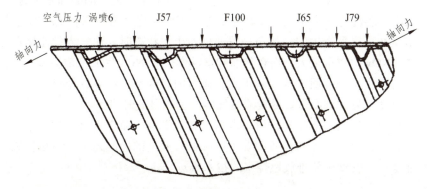

图 4-52　燃烧室内机匣的封闭形加强筋

燃烧室的外机匣（包括燃烧室外套和扩压器外壁）很少采用加强筋，因为空气压力作用于燃烧室外机匣的内壁上，它使外机匣拉伸扩张变圆而不是像燃烧室内机匣那样受压缩变扁。

燃烧室内、外机匣都有安装边，这些安装边本身也起到加强作用。图 4-53 所示为燃烧室外机匣安装边的几种类型。其中以图 4-53（a）所示的形式为搭接滚焊用得最普遍，图 4-53（b）所示的形式为对接熔焊，图 4-53（c）所示的形式为搭接熔焊，一般熔焊的气密性比滚焊好，图 4-53（d）所示的形式为结构最为合理（如 J75 燃烧室外套），因为焊缝远离安装边，既减少因焊接而引起的安装边挠曲变形，又防止焊接时在从材料很薄转变到材料很厚的安装边的转接处产生裂纹。

   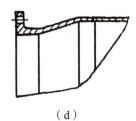

（a）　　　　　　（b）　　　　　　（c）　　　　　　（d）

图 4-53　燃烧室外机匣的安装边

4.4　先进低排放燃烧室技术

商用飞机越来越严格的环境法规和排放标准，要求装备排放更低和更清洁的航空发动机，由此推进了低排放燃烧室在商用航空发动机上的发展。新投入使用的商用航空发动机均采用了先进低排放燃烧室技术。本节将讨论航空发动机排放污染物及先进低排放燃烧室技术。

4.4.1　航空发动机排放污染物的产生

航空发动机排放的污染物主要是氮氧化物（NOx）、未燃碳氢化合物（UHC）、一氧化碳（CO）和烟尘。

烟尘由细小的烟尘颗粒组成，是由不充分燃烧造成的。同样地，未燃碳氢化合物和一氧化碳也是由不充分燃烧造成，特别是在发动机低转速状态下。为了消除和减少这类燃烧产物，燃烧须在高温高效燃烧过程中完成，或燃烧室将未燃碳氢化合物和一氧化碳也烧掉。

氮氧化物是在高温下产生的，特别是发动机处于大状态时。油气当量比接近化学恰当比时为高温燃烧，NOx 生成量最大，而在贫油和富油燃烧时 NOx 生成量都会减小。为了消除和减少氮氧化物的产生，一方面需要发动机高转速时的燃烧室工作温度相对低，要合理地降低高温燃气的温度，另一方面需要尽量缩短气体处于高温的时间。

减少一氧化碳和碳氢化合物排放量要求高温高效燃烧，减少氮氧化物排放量要求降低高温燃气温度，显然这是一对互相矛盾的要求，降低排放量的同时还不能以牺牲燃烧室性能为代价，这些都是航空发动机低排放燃烧室的技术难点。

4.4.2　先进低排放燃烧室技术

贫油燃烧是降低燃烧温度并减少 NOx 排放最直接的方式，具有降低排放的最大潜能。目前最流行的三种低污染燃烧技术分别是富油燃烧/猝熄/贫油燃烧（RQL），贫油直接混合燃烧（LDM），以及贫油预混预蒸发燃烧（LPP）。

1. 富油燃烧/猝熄/贫油燃烧技术

富油燃烧/猝熄/贫油燃烧技术是轴向分级燃烧策略，燃料和空气在燃油喷嘴中混合，燃烧室的前面是富油燃烧级，中间为快速猝熄级，后面为贫油燃烧级。在富油燃烧区，先将全部燃油和部分空气进行富油燃烧，通过控制油气当量比（一般为 1.2～1.6）来降低燃烧温度，从而减少富油燃烧区的 NOx；在猝熄区，通过引入大量空气，完成富油向贫油的瞬间过渡；在贫油燃烧级，通过控制油气当量比（典型值为 0.5～0.7）来控制燃烧温度，使 NOx、CO 和 UHC 排放值都较低。在燃烧室中，形成了两个明显的燃烧区：富油燃烧区、混合和降温贫油燃烧区。

普惠公司研发的先进低氮氧化物排放（TALON）燃烧室就是在富油燃烧/猝熄/贫油燃烧技术基础上，利用浮壁式燃烧室技术，结合气动雾化喷嘴、单排二股气流进气孔等技术开发出来的燃烧室，如图 4-54 所示。其主要特点如下：

（1）应用先进的浮壁式燃烧室技术，可使燃烧室耐受更高的温度，寿命更长。

（2）优化了气动雾化喷嘴，使得油气当量比更合理，油气混合更加充分，使燃油在很短的时间内充分雾化并在主燃烧区（富油燃烧区）内快速燃烧，减少了 NOx 形成的时间，从而降低 NOx 排放；

（3）采用优化设计的单排二股气流进气孔，来增强空气对富油燃烧产物的快速掺混、猝熄，防止掺混过程中产生明显的高温区，迅速进入贫油的低温燃烧，从而减少 NOx 的生成。

目前，TALON 燃烧室已在 PW4098、TALON II、PW4158、PW4168、PW6000、PW1000G 等发动机上采用。

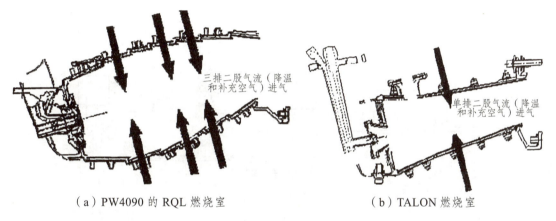

（a）PW4090 的 RQL 燃烧室 　　　　　　　　　　（b）TALON 燃烧室

图 4-54　TALON 燃烧室和 PW4090 基本型 RQL 燃烧室的比较

2. 贫油直接混合燃烧（LDM）

罗罗公司结合应用了贫油直接混合燃烧技术发展了第五阶段燃烧室，在 Trent 系列发动机中应用了此类燃烧室。燃烧室为单环腔燃烧室，头部采用气动雾化喷嘴和旋流器结构，火焰筒壁上有两排补燃空气进气孔，其组织燃烧也是轴向分区的，如图 4-55 所示。自 Trent500 发动机开始燃烧室还使用了浮壁式结构。

燃烧室原理是不改变空气分配比，而是调节各区的燃料分配，从而使燃烧温度维持在一个相对恒定的水平上，并将慢车和起飞状态分开，以实现发动机低排放。当燃烧室开始工作时，首先将一部分燃料喷到燃烧室的第 1 燃烧区，其他的燃油先与空气混合，再喷入下游的第 2 燃烧区或主燃烧区，以使 NOx 排放量最低。第 1 燃烧区在发动机起动至慢车状态下工作，第 2 燃烧区在大功率状态下工作。

图 4-56 所示为 Trent1000 发动机采用 ANTLE 燃烧室，依然属于罗罗公司的第五阶段燃烧室。它保持了可拆换瓦片（18 块）的浮壁式火焰筒，通过改进几何结构的设计以控制 NOx 的生成，采用 24 个空气雾化燃油喷嘴，使其主燃区比同样采用单环腔燃烧室的 RB211-524/535

燃烧室的主燃区容积增大 24%，改善了再点火性能，而总容积却减少了 30%，控制了污染物的排放。

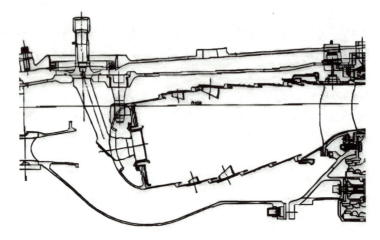

图 4-55　罗罗公司第五阶段燃烧室结构

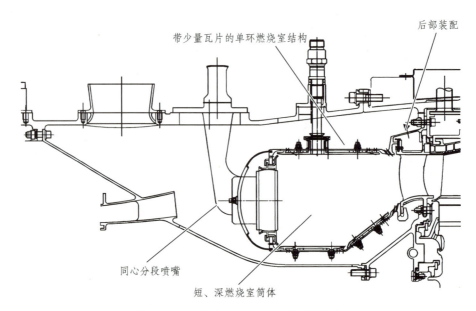

图 4-56　罗罗公司 ANTLE 贫油燃烧室

3. 双环腔贫油燃烧室

双环腔燃烧室是指火焰筒头部沿径向有两个并行燃烧区，如图 4-57 和图 4-58 所示。外环腔为预燃级，内环腔为主燃级，组织燃烧采用径向分级供油、分区贫油燃烧的模式。在低工况下，即由起动到空中慢车，仅外环腔供油；在高工况即高于空中慢车时，内外环腔同时供油。在低工况时，外环腔燃烧区具有较高的油气比，可获得良好的点火性能且燃烧效率高，CO 和 UHC 排放量很低；同时，整个火焰筒处于低状态贫油燃烧，NO_x 排放量也非常有限。而在大工况时，更接近设计状态，油气比低，为贫油燃烧，同时气流速度较高，滞留时间短，因而能有效控制 NO_x 生成。

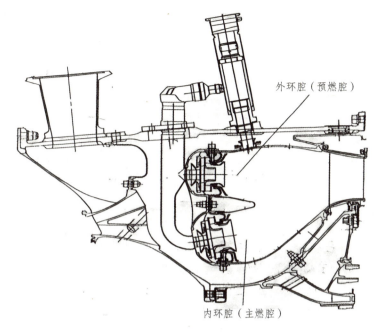

外环腔（预燃腔）

内环腔（主燃腔）

图 4-57　GE90 发动机的双环腔燃烧室

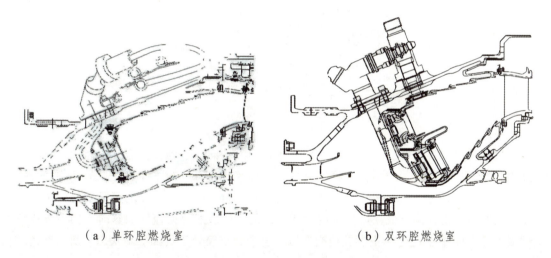

（a）单环腔燃烧室　　　　　　　　（b）双环腔燃烧室

图 4-58　CFM56 发动机的单环腔和双环腔燃烧室的比较

　　GE90 发动机采用双环腔燃烧室，与采用基本型单环腔燃烧室的 CF6-80C2 发动机相比，其 NOx 排放量减少了 34%，未燃碳氢化合物和一氧化碳减少 70%。CFM56-5B 发动机改用双环腔设计后，与原单环腔燃烧室相比，NOx 排放量降低了 45%。

4. 贫油预混预蒸发燃烧技术

　　贫油预混预蒸发燃烧是将燃料和一部分空气首先在预混装置中预先蒸发、预混合，形成比较均匀的油气混合物后，进入燃烧区形成均匀贫油混合气体（油气当量比小于 0.5）进行燃烧。这样使得燃烧室主燃区局部区域贫油程度更低，由于贫油燃烧可以降低燃烧温度，火焰温度也更低，温度分布均匀，便可以减小局部高温区，缩短停留时间，从而抑制 NOx 的生成，降低了 NOx 的排放水平。

GE 公司的双环预混旋流器（TAPS）燃烧室就是采用这种燃烧技术，如图 4-59 所示。双旋预混旋流器主要由两个同心的旋流方向相反的旋流器组成。中心为扩散燃烧的预燃级，包含两级轴向叶片式旋流器、文氏管、套筒和预燃级喷嘴；外层为一圈环形预混燃烧的主燃级，包含径向叶片式旋流器、环状空腔型主混合器和环形多孔喷嘴。

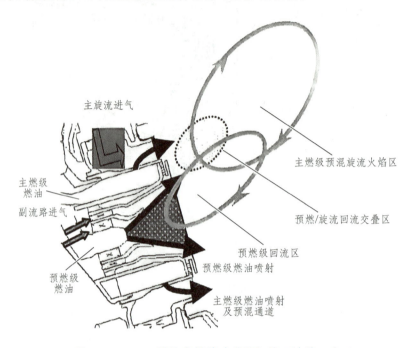

图 4-59　TAPS 燃烧室燃油喷嘴的气流及油路示意

小状态时仅中心预燃级独立工作，预燃级燃油沿轴向喷射到预燃级旋流器的高压空气进行雾化、混合，形成预燃级燃烧回流区，确保稳定工作和低的 CO 和 UHC 排放；大状态时主、预燃级共同工作，主燃级燃油沿多个径向孔喷射到来自主燃级旋流器的高压空气流中，实现雾化、蒸发与预混，混合气在燃烧室内形成稳定的主燃级燃烧回流区。这时，预燃级火焰被主燃级火焰包裹并形成预燃/主燃旋流交叠区，整个火焰筒处于贫油燃烧状态，从而获得较低的 NOx 排放。

TAPS 燃烧室燃烧分区更合理，可实现发动机全工况的贫油燃烧，且燃烧效率更高，火焰温度更低，燃烧室出口温度场也更均匀，污染物排放更低。火焰筒壁上没有主燃孔、补燃孔，也不需开众多的冷却孔。

GEnx 发动机的 TAPS 燃烧室如图 4-60 所示，该燃烧室 NOx 排放量与 CF6-80C2 相比可降低 50%。第二代 TAPS 燃烧室用于 LEAP 发动机，第三代 TAPS 燃烧室用于 GE9X 发动机，由于燃油喷嘴结构比较复杂，用常规的加工方法耗时较多，GE9X 发动机采用了 3D 打印技术来制造喷嘴头部。

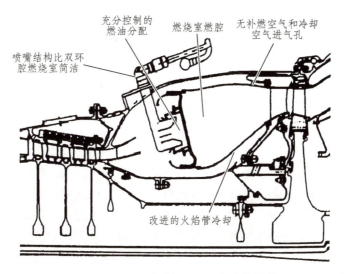

充分控制的
燃油分配

燃烧室燃腔

无补燃空气和冷却
空气进气孔

喷嘴结构比双环
腔燃烧室简洁

改进的火焰管冷却

图 4-60　GEnx 发动机 TAPS 燃烧室结构

思考题

1. 燃烧室有哪些种类？
2. 环形燃烧室可以分成几种？
3. 简述发动机燃烧室各主要组成部件及其作用。
4. 简述气动喷嘴和离心喷嘴的工作原理。
5. 简述扩压器的分类和作用。
6. 火焰筒形成气膜的方式有哪些？
7. 典型的低污染燃烧室有哪些？

第 5 章　涡　轮

　　涡轮是燃气涡轮发动机的最重要、技术难度最高的部件之一。涡轮的作用是使高温高压的燃气膨胀产生机械功，用来带动压气机和附件。在涡桨/涡轴发动机中涡轮还输出机械功用来驱动螺旋桨/旋翼及尾桨。涡轮要将气流的部分热能和压力能转换为机械功输出，因此涡轮需要在高温高负荷的环境下工作，其高温情况下的结构完整性和可靠的定心定位对发动机的安全运行至关重要。

5.1　涡轮的类型和工作特点

5.1.1　涡轮的类型

　　按气流流动方向与涡轮转子轴线方向的相对关系，涡轮可分为轴流式和径流式（也称为向心式）两类，如图 5-1 所示。径流式涡轮总是单级，常用于小型燃气涡轮发动机，如 APU 上。同轴流式涡轮比较，它的优点是设计简单，容易制造；缺点是燃气流量小和效率低。这是因为燃气在涡轮里的流动必须要克服离心力且流动损失大。由于轴流式涡轮流量大，且可采用多级涡轮结构，因而可以满足压气机和附件，以及飞机的功率要求；此外轴流式涡轮有较高的工作效率。所以现代燃气涡轮发动机均采用轴流式涡轮。

涡轮的类型及工作特点

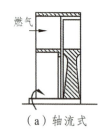

（a）轴流式

（b）径流式

图 5-1　涡轮的类型

　　轴流式涡轮按照转子数目，可以分为单转子、双转子和三转子，如图 5-2 所示。

　　按涡轮叶片的工作原理，轴流式涡轮分为冲击式（也称恒压式）、反力式和冲击-反力式三种形式。

　　在冲击式涡轮中，燃气在涡轮导向器内膨胀，其温度和压力下降，速度增加；而在转子叶片通道内，相对速度的大小不变，只改变方向。因此，推动涡轮旋转的扭矩是由于在转子叶片中相对气流的方向改变而产生的。冲击式涡轮的工作叶片的结构特点是前缘和后缘较薄，而中间较厚，如图5-3（a）所示。

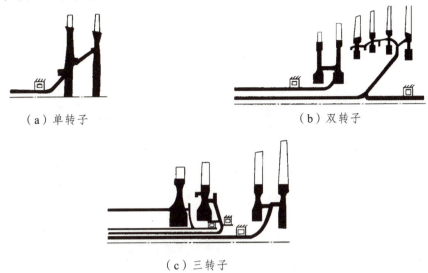

（a）单转子　　　　　　　　　　（b）双转子

（c）三转子

图 5-2　单转子、双转子和三转子的涡轮

在反力式涡轮中，燃气在涡轮导向器中只改变流动方向，涡轮转子叶片间的通道是收敛形的，燃气流过时膨胀，温度和压力下降，相对速度增加，同时叶片通道使流动方向改变。因此推动涡轮旋转的扭矩是由于在转子叶片中相对气流速度的大小和方向的改变而产生的。反力式涡轮工作叶片的结构特点是前缘较厚，后缘较薄，如图5-3（b）所示。

目前，发动机上多采用冲击-反力式涡轮，即燃气流过涡轮导向器和工作叶片，均要膨胀并改变气流的流动方向，如图5-3（c）所示。以下讨论除特别说明外均基于冲击-反力式涡轮。

（a）冲击式　　　　　　　（b）反力式　　　　　　　（c）冲击-反力式

图 5-3　冲击式、反力式和冲击-反力式涡轮

5.1.2　涡轮的组成

轴流式涡轮是由静子和转子组成的。轴流式涡轮的一级由导向器（又叫作涡轮喷嘴环）和工作叶轮所组成，如图5-4所示。导向器安装在工作叶轮的前面，固定不动，由在外环和内

环之间安装若干个导向叶片所构成。工作叶轮是在涡轮盘上安装若干个工作叶片构成。图 5-5 所示为某双转子发动机的四级涡轮，高压为一级，低压为三级。

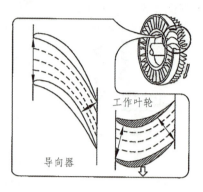

图 5-4　涡轮的组成

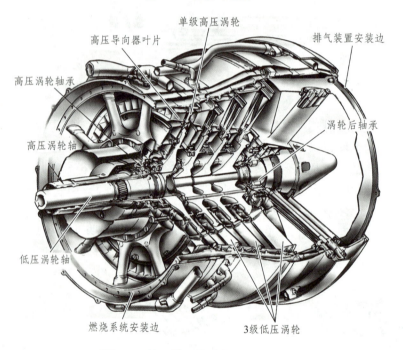

图 5-5　某双转子发动机的四级涡轮

5.1.3　涡轮的工作特点

航空燃气涡轮的工作特点是功率大、燃气温度高、转速高、负荷大。现代大推力涡扇动机的涡轮输出功率可达 100 MW 以上，平均一片涡轮叶片发出的功率达 200 kW，Trent XWB 发动机的一片高压涡轮可以产生约 596 kW（800 hp）的功率，整个高压涡轮功率可达 50 000 hp 以上。为使航空燃气涡轮发动机在尺寸小重量轻的情况下提高性能，主要的措施之一是采用更高的燃气温度。目前，国外最新的发动机涡轮进口燃气温度已达 1 811~2 155 K，远远超过普通碳钢的熔点（1 690 K）。并且在发动机工作过程中，燃气温度又经常发生变化，这样形成的热负荷已经成为涡轮部件结构设计的主要问题之一。另外，提高涡轮发出的级功率也是主要措施。目前，级焓降有的已超过 $5.186\,8 \times 10^5\,\text{J/kg}$（$100\,\text{kcal/kg}$），所以涡轮部件（特别是转子零件）承受着很大的机械负荷。可见，涡轮是发动机中动力负荷和热负荷最大的部件，其工作条件恶劣，是发动机使用中出现故障较多的部件之一。

涡轮和压气机均为叶轮机械，但压气机中转子叶片在前，静子叶片在后；而涡轮中，静子叶片在前，转子叶片在后。从叶身形状看，涡轮叶片扭转和厚度都比较大；从级数看，压气机级数多，而涡轮级数少。另外，涡轮处于高温条件下，叶片轮盘均须由耐高温合金制造，质量大。在各种工作状态下零部件温度分布又极不均匀，在零件热膨胀受到限制时会产生极大的热应力，所以涡轮零件所承受的负荷要比压气机大。也就是说，在设计涡轮部件时，除了要满足类似压气机部件的要求外，还要特别注意高温、高负荷、温度不均匀所带来的一系列特殊要求，如热变形热应力、热定心、热疲劳、热腐蚀以及耐高温材料的选择、冷却系统的设计等问题。

5.2　涡轮转子

涡轮转子是涡轮转动部件的总称，它由涡轮盘、涡轮轴、转子叶片及连接件组成。涡轮转子的基本要求除了和压气机转子相同外，还要特别注意零件在高温、高负荷下工作所带来的特点。下面分别就涡轮转子的连接结构、转子叶片及其与轮盘的连接等问题进行分析。

5.2.1　涡轮转子的连接结构

由于涡轮转子的旋转速度和工作温度都很高，单级涡轮均采用盘式结构，而多级涡轮中的转子多采用鼓盘混合式转子，鼓式转子在涡轮中基本不用。因此，转子的连接结构实际上是指盘轴及盘盘的连接结构。

涡轮转子的连接

与压气机转子一样，涡轮转子的连接结构也要保证有足够的强度和刚度，定心可靠、结构力求简单、质量轻、制造容易、装拆方便。此外，还要特别注意解决好以下问题：

（1）减少轮盘向轴的传热量，以改善轴承的工作条件，特别是第一级涡轮的支承结构更要注意采取隔热措施。

（2）在各种工作状态下，保持各零件间定心可靠。由于涡轮在全工作过程中各零件间配合面的性质会发生远大于压气机的变化，因此要特别注意既不能破坏定心，影响转子的平衡及转子叶尖径向间隙，又不要造成零件间过大的热应力。

（3）在多级涡轮中，转子的结构方案要和静子结构方案相协调，以利于涡轮部件的装配。由于涡轮工作温度高，涡轮机匣温度变化幅度大，而分半式机匣周向刚性不均匀，受热时沿圆周变形不均匀，会影响转子与机匣的同心度，改变径向间隙，破坏机匣的密封，所以和压气机相反，大多数涡轮机匣采用整体式。

盘和轴的连接通常分为不可拆式和可拆式两种类型。

1. 不可拆式盘轴连接

不可拆式的盘轴连接分为径向销钉、焊接和整体结构三种情况。

1）径向销钉连接

在苏联及俄罗斯各发动机设计局的产品中，销钉连接一直是广泛采用的连接结构。这种连接结构具有结构简单、工艺方便、连接可靠，以及能保持良好的热定心性等特点，但不宜多次分解使用。

图 5-6 所示为涡喷 7 双转子发动机的涡轮结构，高低压都是单级转子。盘轴连接方案是不可拆式的结构。盘轴间采用圆柱面定心，紧度配合，径向销钉连接，剪切传力。销钉与盘轴的孔间紧度配合。

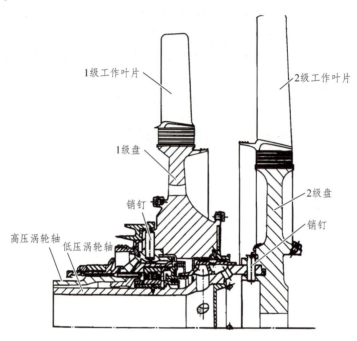

图 5-6　涡喷 7 双转子发动机的涡轮结构

装配时，首先利用专用设备支撑定位涡轮轴，再将涡轮盘加热后套压在涡轮轴上，然后再组合好的盘轴上钻孔、绞孔，压入径向销钉，最后在孔边冲压坑锁紧径向销钉。盘轴配合紧度的选择首先考虑盘、轴在最大工作状态下受到离心负荷及温度负荷时盘轴连接处的最大变形量，按照工作时盘轴配合处不能产生间隙的条件，确定出冷态的装配紧度。由于盘的离心负荷远大于轴，盘材料的线膨胀系数及工作温度往往也比轴大，所以盘的变形量总是大于轴的变形量。其次要考虑为达到此装配紧度所产生的装配预应力对轮盘安装边应力的影响。

由于采用径向销钉连接（沿圆周有 20 颗销钉），在工作时盘轴配合面即使出现径向间隙也不会破坏转子的定心，因此装配紧度不必过大，以避免造成过大的装配应力。径向销钉定心的工作原理如图 5-7 所示，只要沿圆周装有 3 颗以上的销钉，则在各种工作状态下，相互配合的两个零件可以自由径向变形而它们的中心位置始终保持不变，这种功能称为自动热定心（或工作定心）。这种定心的可靠性取决于销钉与孔的配合精度及销钉的强度。一般情况下选用销钉的数目都比传力所要求的多，销钉与孔的配合采用小紧度配合。

为了减少轮盘向轴承传热，轴承内环及中介轴承外环都通过衬套装在轴上，衬套和轴承内外环的配合面还开有周向槽以减小传热面积。由于高压涡轮盘比低压涡轮盘的温度高，所以高压转子盘轴配合面以及轴和轴承衬套的配合面都开有轴向槽，前者通过由第 3 级压气机后引来的冷却空气，后者通过滑油以阻隔热流的传递。总之，这种径向销钉连接方案结构简单、轻巧，加工方便，强度、刚度均较满意，同时具有一定的热节流作用。

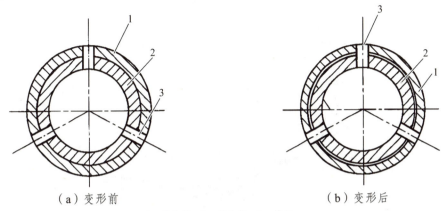

（a）变形前　　　　　　　　　　　（b）变形后

1—涡轮盘；2—涡轮轴；3—销钉。

图 5-7　径向销钉定心原理

2）焊　接

盘轴焊接在一起是最简单的一种不可拆结构，没有连接件，质量最轻。图 5-8 所示为 GE90 发动机高压涡轮转子结构。高压 1 级轮盘和前鼓筒轴和后轴颈的连接，采用了焊接的形式。这样，电子束焊的高压涡轮轮盘和轴成为整体结构，变形协调一致，只要保证焊接时变形小，则焊接后的内应力就小，焊缝处强度高，能经受冷热循环的疲劳载荷，即能可靠地工作。焊接的连接方式减少了连接件，结构简单，质量轻，提高了材料的利用率。但对焊接品质要求高，它不仅要求焊接技术高，而且要求焊接品质的检查技术也要有足够的把握。

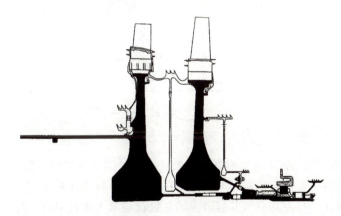

图 5-8　GE90 发动机盘轴焊接的高压涡轮转子结构

图 5-9 所示为 PW4000 系列发动机低压涡轮转子结构，其中第 2 级和第 5 级轮盘与前后鼓环间采用电子束焊，使结构大大简化，且简化了毛坯制造，提高了材料的利用率。为使焊接的鼓环能在较低温度下工作，在第 2 级轮盘的前后鼓环外又加了篦齿封严环。封严环和鼓环之间通冷却空气，改善了鼓环和轮盘的工作条件，同时也加强了转子的刚性。

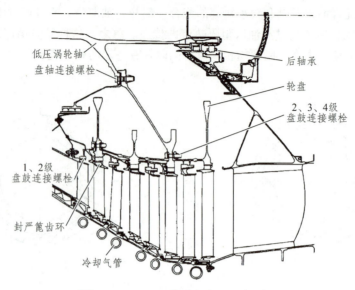

图 5-9　PW4000 发动机低压涡轮转子

3）整体式

盘轴锻造成整体受到材料利用率低、毛坯锻造困难的限制，故仅用于小型燃气涡轮发动机中。目前，常用的是将盘与短轴锻制成整体件，JT9D 发动机采用了这种结构，如图 5-10 所示。为了加强孔边强度与避免局部应力集中，盘与短轴的连接段采用了与轮盘型面平滑过渡的外形。

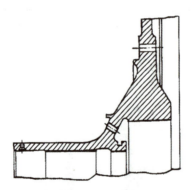

图 5-10　JT9D 发动机第 2 级高压涡轮盘轴整体结构

图 5-11 所示为 CF6-80C2 发动机高压涡轮转子的整体盘轴结构。高压涡轮第 1 级盘和涡轮前轴做成一体结构，盘轴之间通过一段喇叭口过渡，有利于改善受力状态，减小应力集中。喇叭口上有 8 个圆孔，是冷却空气的通道。第 2 级盘与第 1 级盘采用鼓环+螺栓的方式连接，如图 5-12 所示。

2. 可拆式的盘轴连接

在涡轮机匣采用整体式结构的发动机中，涡轮转子是可拆卸的。可拆卸盘轴连接一般是通过连接件短螺栓或长螺栓来实现的，因此局部的受力复杂，使连接的刚性与强度受到很大影响。

图 5-11　CF6-80C2 发动机高压涡轮转子的整体盘轴结构

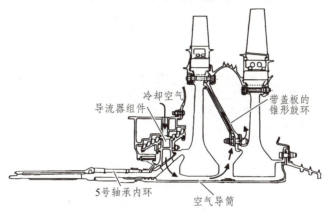

涡轮转子连接的
定心方式

图 5-12　CF6-80C2 发动机高压涡轮转子结构

1）法兰-短螺栓连接

短螺栓连接在涡轮转子中是一种应用十分广泛的结构形式，具有可拆卸、可重复安装等突出优点，但要求在结构设计中考虑连接刚度、局部应力集中及工艺可靠性等问题。图 5-13 所示为 CF6-50 发动机高压涡轮的转子结构。两个涡轮盘间由连接鼓筒连接，涡轮轴承装在涡轮盘后面；盘与涡轮轴的连接，由于不受轴承的限制，为了提高转子的刚性，将涡轮轴和轮盘外缘直接用穿过第 1 级轮盘的短螺栓相连，后轴颈与第 2 级轮盘的连接也采用穿过第 2 级轮盘的短螺栓相连。这种结构有一定的缺陷：首先，轮盘缘处开了众多的螺栓孔，削弱了盘缘强度，是易出故障的地方；其次，众多的螺母在轮盘高速旋转中形成扇风作用，不仅消耗了一定的功率，而且使轮盘盘缘附近气体温度增加，对轮缘有加温作用。因此，20 世纪 80 年代后新设计的发动机基本不再采用这种结构。CF6-50 发动机的后续型号 CF6-80C2 发动机，高压涡轮改成了盘轴一体的结构，并将高压涡轮后支点前移，缩短了转子的长度，如图 5-12 所示。而两级盘之间，仍然采用螺栓连接的方式。

在现代涡轮前燃气温度比较高的发动机中，则常常将涡轮短轴做在第 2 级轮盘上，这样既可避开由高温的第 1 级轮盘向轴承传热，又可以缩短轮盘到轴承的距离，提高转子刚性。图 5-14 中 JT9D 发动机的第 1 级涡轮盘向后伸出带安装边的鼓环，靠圆柱面定心在第 2 级涡轮盘的安装面上，用短螺栓连接并传递负荷。在轮盘外缘，两级轮盘间装有刚性较弱的封严环，它靠圆柱面分别与两级轮盘定心，用端面凸块周向防转。这样虽然结构复杂一些，但封严环可以阻挡高温对轮盘盘身及传力鼓环的影响，使传力鼓环处于低温区工作。

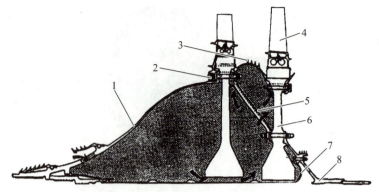

1—涡轮轴；2—连接螺栓；3—链状隔热屏；4—工作叶片；5—承力环；6—轮盘；
7—冷却空气引气套；8—涡轮后轴。

图 5-13　CF6-50 发动机高压涡轮转子

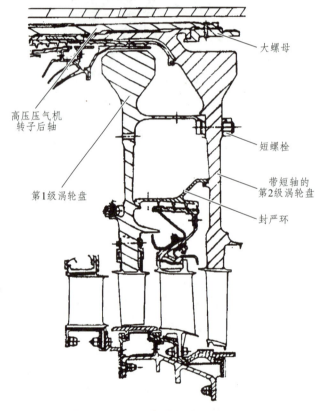

大螺母

高压压气机
转子后轴

短螺栓

带短轴的
第2级涡轮盘

第1级涡轮盘

封严环

图 5-14　JT9D 发动机高压涡轮转子

　　此种连接方式使转子具有良好的弯曲刚性，可以分解拆卸。虽然根据涡轮支承方案和结构的不同，轴与盘的连接采用与第 1 级盘或第 2 级盘连接的方式，同时也采用了一些隔热设计，但由于在盘的受力截面上均打了多个连接螺栓孔，大大降低了轮盘的强度与寿命。另外，涡轮轴穿过第 1 级轮盘盘心，使盘心的孔径变大，盘承受离心载荷的能力减弱，对强度不利，只能加大盘心处的厚度，使质量加大。

　　由于高压涡轮转子的工作温度高，负荷大，所以强度和变形问题十分突出。为了解决这些问题，现代发动机的涡轮盘都采用大厚度的对称结构，尽量不在盘身上开孔，并选用粉末冶金材料热轧成形，这样不仅强度和寿命高、而且材料的利用率高。

与高压涡轮转子相比，低压涡轮转子的温度和转速都较低，但级数较多（3～7级），一般多采用鼓盘混合式转子，如图5-15所示的CFM56-3发动机的低压涡轮转子，每个轮盘均带有前后封严鼓筒，各级盘靠装在鼓筒安装边上的精密螺栓连接定心，用自锁螺母拧紧。低压涡轮轴通过一个锥形支承盘与2、3级轮盘的鼓环相连，转子的刚性和平衡性都较好。由于不在轮盘上开螺孔，提高了盘的强度。盘中央开大孔可降低盘的径向温度梯度，使热应力减小。这样不仅使盘的应力比较均匀，而且改善了盘的低循环疲劳性能，盘的重量也较轻。类似的结构还有V2500发动机的低压涡轮转子（见图5-16），盘与盘之间的连接是可拆卸的，并普遍采用短螺栓连接。

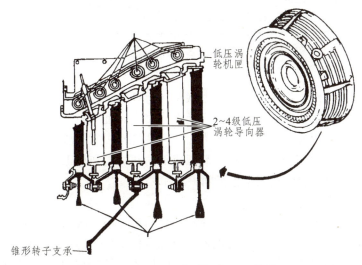

图5-15　CFM56-3发动机低压涡轮转子

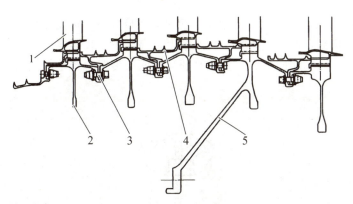

1—涡轮工作片；2—涡轮盘；3—短螺栓；4—篦齿封严环；5—低压涡轮转子承力环。

图5-16　V2500发动机低压涡轮转子

发动机转子结构中的螺栓连接由于其受力状态复杂多变，在工作中除了需要传递巨大的扭矩以外还要承受离心、拉压和弯曲载荷，在工作过程中为了减小螺栓连接结构力学性能受外载荷影响的敏感度，需要在结构设计中采取一些特殊措施。如图5-17所示，将压紧的精密

117

螺栓做成锥形（配合紧度靠控制螺栓头与安装边的同线保证），它适用于多次装配。但锥形螺栓及孔的加工都比较困难。

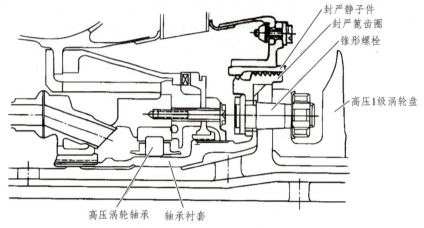

图 5-17　用锥形精密螺栓连接高压涡轮盘轴的结构

由上述各螺栓连接结构设计方案及受力状态分析可知，高压涡轮转子工作温度高，机械载荷大，所以连接结构的强度和变形控制问题十分突出。近年来，在先进航空燃气轮机涡轮转子结构中，通过采用对称结构、不在应力大的区域打孔、空气滑油冷却以及结构几何构形优化等结构措施，以及选用粉末冶金材料静压成形的新材料和加工工艺技术，不仅满足了强度和寿命的要求，而且材料的利用率也得到提高。

2）端面齿-长螺栓连接

在小尺寸燃气涡轮发动机中，由于转速高、径向尺寸小等限制、不便使用短螺检连接结构，而常采用端面齿定心传扭、中心长螺栓（或称拉杆）拉紧的连接结构。端面齿连接具有传动扭矩大、热定心和拆装方便等优点。传扭端面齿的齿形有梯形齿、矩形齿和圆弧端面齿，如图 5-18 所示，但在高转速的发动机转子连接结构中，广泛使用的还是圆弧端面齿。

图 5-19 中的阿赫耶发动机，涡轮盘轴、盘盘间用圆弧端面齿定心传扭。圆弧端面齿可以保证冷热状态下的可靠定心，且重复定心的精度也高。中心长螺栓所受负荷，除了与压气机转子中的长螺检所受负荷相同外，还要承受圆弧端面齿传扭时产生的轴向力，以及比压气机大得多的热应力。

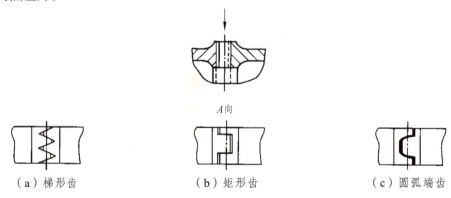

（a）梯形齿　　　　　（b）矩形齿　　　　　（c）圆弧端齿

图 5-18　具有热定心功能的端面齿连接结构

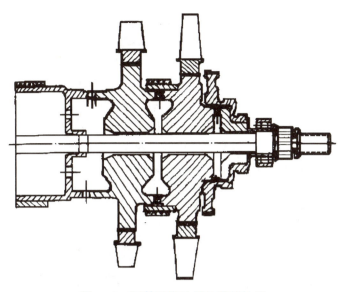

图 5-19 阿赫耶发动机的涡轮转子

图 5-20 所示为透默ⅢC 发动机的涡轮转子连接结构,其盘轴盘盘间用圆弧端面齿定心传扭,采用沿圆周均匀分布的几个长螺栓将两级涡轮盘和涡轮前后轴连接起来。

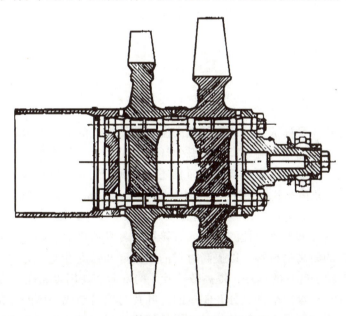

图 5-20 透默ⅢC 发动机的涡轮转子

需要说明,离心压气机轮盘与涡轮盘及相关鼓筒轴的压紧力是由中心拉杆的初始预变形产生的,即中心拉杆的刚度和预变形保证了在工作状态下各旋转构件之间保持有足够的轴向压紧力。此外,由于构件的正泊松比效应,在高转速下轮盘等构件的轴向尺寸会减小、因此,轴向压紧力会比初始装配状态要小,一般情况下变化范围在 30%左右。

3)套齿-螺母连接

在现代高载荷、长寿命涡扇发动机设计上,为提高轮盘使用寿命和可靠性,在涡轮盘与轴的连接方式上设计出"外伸轴颈套齿连接结构"。与以往的发动机高压涡轮盘常常采用多螺栓孔的结构不同，在轮盘与轴的连接结构上，采用与盘一体的前轴颈（或后轴颈）通过套齿传扭、两圆柱面定心、大螺母拧紧的连接结构。为减少热传到轴承，在轴颈上打有冷却孔。

图 5-14 所示的 JT9D 发动机高压涡轮转子，它是依靠第 2 级盘短轴内的轴向套齿和大螺母与压气机后轴连接在一起，借短轴与压气机后轴的圆柱面定心。工作时，配合面处径向变形协调，保证了良好的热定心，这种结构简单装拆又方便。由于将轴与第 2 级涡轮盘相连，缩短了盘与轴承间的距离，且第 2 级盘温度较低，减少了向轴承的传热。

GE90、PW4000 等发动机的高压涡轮转子也采用了套齿连接的盘轴连接结构，如图 5-8、图 5-21 所示。

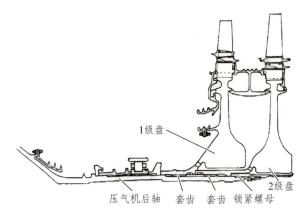

1级盘
压气机后轴　套齿　套齿　锁紧螺母
2级盘

图 5-21　PW4000 发动机的高压涡轮转子

5.2.2　转子叶片及连接结构

涡轮的转子叶片（又称工作叶片）是把高温、高压燃气的部分能量转化成机械能并以轴功率输出的重要构件。它在高温、高速的恶劣环境下工作，不仅要承受高速旋转所产生的离心载荷、气动载荷、热载荷及振动载荷，而且还会受到燃气的氧化和硫化腐蚀。当发动机工况不断变化时，各种载荷及其损伤的交互作用，使涡轮叶片成为在发动机研制和使用过程中，出现结构损伤故障最多的构件之一。特别是高压涡轮转子叶片的强度对发动机的热力参数（涡轮前燃气温度）的选择起着决定性的作用，直接影响着发动机的性能和可靠性。因此，当前一方面不断研制新的耐高温材料，以提高材料的耐高温和强度性能，另一方面不断发展各种冷却技术，以降低转子叶片的温度，提高转子叶片的寿命和使用可靠性。

涡轮转子叶片和轮盘几乎都是分开制造的。叶片与轮盘制成一体的方案采用的不多，因为温度较低的轮盘不需要采用与转子叶片一样的优质材料，且叶片加工测量较困难。在工艺方法上，早期的工作叶片多采用高强度耐高温的合金锻造后经机械加工制成，现代则多采用耐高温合金定向结晶或单晶凝固而成。

工作叶片一般由叶身、中间叶根及榫头三部分组成。下面主要分析叶片的叶身、中间叶根、叶片与轮盘的连接结构。

1. 叶　身

转子叶片的叶身结构原则上与压气机叶片的要求相类似，由于涡轮中级的加功量大，即气流速度高，折转角大，因此气动力大，所以涡轮叶片的叶型剖面弯曲度大，叶身较厚，并且沿叶高的截面变化也较明显。转子叶片在高温环境下工作，叶片振动时极易导致叶片断裂的故障，为了防止叶片振动过大，在叶尖部分（包括叶身上部与顶端）通常有一些特殊结构。

1）叶尖"切角"

即在叶尖排气边缘削掉一部分材料，如图 5-22 所示。由于该处比较薄弱，在高温下，交变的热应力与振动应力均较大，容易出现裂纹与断裂等故障。通过磨削掉叶尖排气边缘小部分材料，可以改变叶片的自振频率定向（称为"修频"），以弥补制造误差引起的某些叶片满足不了规定频率的要求。显然，这对叶片强度与效率均有影响。

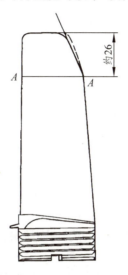

涡轮转子叶片与
轮盘的连接

图 5-22　涡喷 7 发动机高压涡轮叶片切角调频设计

如图 5-22 所示，涡喷 7 发动机的第 1 级涡轮叶片就是采取调频的方法来避免在一定频域内发生高周振动疲劳损伤。为了避免这级叶片在发动机工作时产生危险共振而引起叶片的断裂，规定其一阶弯曲振动的固有频率为 1 130 ~ 1 190 Hz；为了避免由于导向叶片所造成的气流脉动而引起的叶片共振，规定其高阶频率要大于 9 200 Hz。叶片在设计时，基本上就已满足了这些技术要求。但由于制造误差，仍有些叶片满足不了规定的频率分布要求，因此，允许在加工和装配过程中，对不同位置的叶片频率分布，在尺寸公差范围内削去些材料。例如，当高阶共振频率小于 9 200 Hz 时，可削去 A—A 截面以上的排气边缘的一部分材料，以提高叶片的频率。当一阶弯曲振动频率高于 1 190 Hz 时，则可减小叶身根部的转接半径，以降低叶片的此阶共振频率。叶尖切角调频的同时，也能改善了叶片根部的强度，但会使涡轮效率略有下降。叶尖调频凸台的结构如图 5-23 所示，采用此类结构，可以保持叶片型面的完整，又能达到修频的目的，但会使叶片的重量增加，增大叶根的离心力，所以在现代大型涡扇发动机中使用得不多。

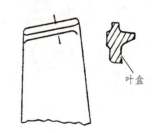

图 5-23　叶尖带凸台的涡轮叶片

2）叶顶"带冠"

现代许多涡轮叶片采用叶顶带冠的结构，如图 5-24 所示。这种带冠结构可以利用相邻叶冠间产生摩擦来吸收振动能量，起到减振作用；相邻叶冠合壁成环形，将气流限制在叶片与叶冠构成的流道中流动，减少了潜流损失，提高了涡轮效率。

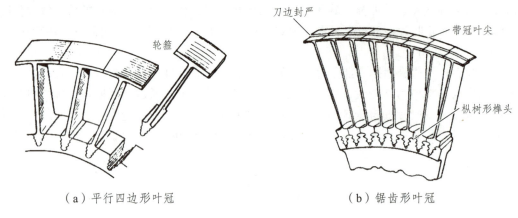

（a）平行四边形叶冠　　　　　　　　（b）锯齿形叶冠

图 5-24　带冠叶片

目前，常用的叶冠形状有平行四边形（如 RB211）与锯齿形（如 JT3D、JT9D、RB199 等）。平行四边形叶冠结构简单、便于装拆，装配时冠间要留有一定间隙，工作时由于离心力作用产生扭转变形和热膨胀，使冠间靠紧，但是由于轮盘榫槽和叶片的制造尺寸误差，使此间隙不易保证在合理的范围内（理想情况是工作时间隙消失或不太大，各叶片相互支靠抑制振动），所以这种叶冠常有接触磨损不一的缺点，对抑制振动不利。锯齿形叶冠基本能克服上述缺点，这种叶片装入轮盘榫槽，使叶片预先被迫产生弹性扭转变形。在叶冠接触面抵紧，从而工作时使接触面始终保持压紧状态。为了提高接触面的耐磨性，可以在该面上喷涂硬质合金。

某些发动机在叶冠上加工或带有封严齿，与涡轮机匣上的易磨环相配合，以加强封气效果，减少轴向漏气，提高涡轮效率。如图 5-25（a）所示的斯贝发动机高压涡轮和如图 5-25（b）所示的 RB211 发动机高压涡轮的工作叶片，就是这种结构。

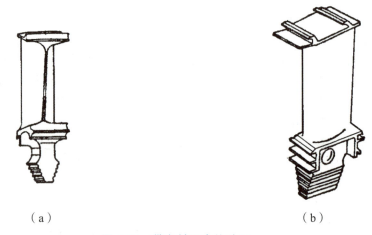

（a）　　　　　　　　　　　　（b）

图 5-25　带有封严齿的叶冠

显然，采用带冠叶片越来越多，这与叶片精密铸造工艺的发展密切相关。带冠叶片的缺点：由于有了冠，叶片重量加大，特别是它处于叶尖处。工作中由于叶顶带冠而引起的离心力使叶身与轮盘增加了负荷，并且叶冠又处于悬臂状态，自身蠕变强度不足。另外，叶冠和叶身转接处也有一附加弯矩作用于叶身上，且该处还易产生应力集中。因此，在设计叶冠时，一方面要尽量减小它的尺寸，即通过减小叶顶弦长与增加叶片数目来分别缩小叶冠轴向与周向的尺寸；另一方面叶冠的剖面要尽量使边缘部分薄些，与叶身连接处厚些。由于叶冠受冷却不便与切线速度过大的限制，在许多发动机的高压涡轮（如 PW4000、CFM56、V2500 等）中，并未采用带冠叶片。

目前，大多数现代发动机在低压涡轮和中压涡轮中采用带冠叶片，主要是因为这些叶片较长，带冠后能较好地解决叶片的振动问题。当叶片较短时，可采用展弦比较小的叶片而不带冠。此时为了使叶尖和机匣的径向间隙尽量减小，可在叶尖处喷镀耐磨金属，与机匣上的易磨涂层相配，工作时叶片在机匣内壁磨出一道沟槽，使轴向漏气量减少，如图 5-26 所示。

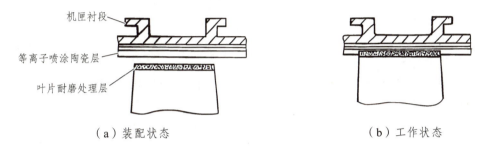

机匣衬段
等离子喷涂陶瓷层
叶片耐磨处理层

（a）装配状态　　　　　　　　　（b）工作状态

图 5-26　叶尖喷镀耐磨层

2. 中间叶根

涡轮叶片的叶身和榫头间往往带有一段横截面积较小的过渡段，称为中间叶根，如图 5-27 所示。中间叶根可以减小榫头应力分布不均匀度以及叶片对榫头的传热量，并可使盘缘避开高温区域。通常在中间叶根处引冷却空气进行冷却，将中间叶根作为冷却叶片的空气引入口。这样将大大降低榫头和轮缘的温度，减小轮盘的热应力，从而可以减薄轮盘的厚度，减轻轮盘及整个转子的重量。

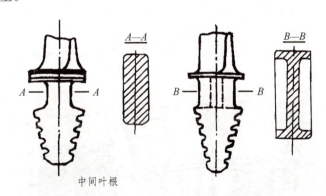

$A—A$　　　　　$B—B$

A　　　　A　　　B　　　B

中间叶根

图 5-27　叶身通过中间叶根与榫头连接

对于不宜未采用带冠结构的涡轮叶片，如 JT9D、CF6、PW4000 等高压涡轮，还常常在中间叶根处装有阻尼块，如图 5-28 所示。当叶片产生振动后，阻尼块与中间叶根及缘板间可产生干摩擦阻尼减振作用。

123

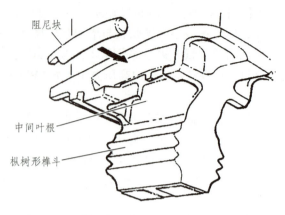

阻尼块

中间叶根

枞树形榫头

图 5-28　中间叶根处装有阻尼块的涡轮叶片

3. 叶片榫头与轮盘的连接

涡轮叶片榫头承受的负荷较大，在现有构造中，一个叶片根部要承受的离心力高达 100 ~ 150 kN；此外，榫头处于高温下工作（可达 600 ~ 700 ℃），材料的机械性能大大地降低。因此，涡轮叶片榫头的连接，除了与压气机中所提要求相同外，还应特别注意到两个方面：一方面要允许榫头连接处受热后能自由膨胀，以减少热应力；另一方面榫头的传热性要好，使叶片上的热量容易散走。

现代航空燃气涡轮中，广泛使用枞树形榫头（见图 5-29），它的两侧带有对称分布的梯形齿，作为榫头的支承表面，在轮缘上相应地加工有同样型面的榫槽，在叶片离心力和弯曲力矩的作用下，榫齿承受剪切和弯曲，齿的工作表面承受挤压，榫头各截面承受拉伸（见图 5-30）。榫头上的齿数通常取决于叶片离心力的大小与榫齿的结构形式。值得注意的是，这种榫头连接是一种多齿形结构，各对榫齿上所受载荷是否均匀应取决于叶片榫头与轮盘榫槽间的相对变形，因此，各榫齿间刚性的相对分布、材料的物理性能（如线膨胀系数、高温下的塑形程度等）以及制造误差等都对各齿载荷的均匀性产生重要影响。榫头上榫齿一般用 2 ~ 6 对，榫齿不宜过多，否则不易保证各齿间负荷均匀。

在双级涡轮中，两级叶片榫头的齿数齿形及几何尺寸等应尽可能相同，以使用同一组刀具来加工两级叶片的榫头和盘上的榫槽，既简化了工艺装备，又降低了生产成本。

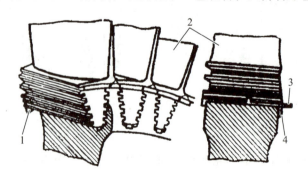

1—前固定凸边；2—工作叶片；3—锁片；4—弯曲状态下的锁片。

图 5-29　用枞树式榫头连接的涡轮工作叶片

124

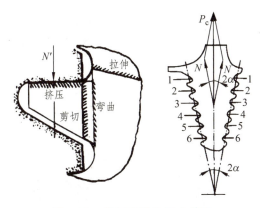

图 5-30 枞树式榫头受力情况

枞树形榫头具有以下优点：

（1）叶片榫头呈楔形，轮缘凸块呈倒楔形。从各截面承受拉伸应力的角度看，材料利用合理，因而这种榫头的重量最轻。

（2）榫头在轮缘所占的周向尺寸较小，因而在轮盘上可以安装较多的叶片。

（3）这种榫头有间隙地插入榫槽内，允许轮缘受热后能自由膨胀，因而减小了连接处的热应力。

（4）由于装配间隙的存在，低转速时叶片可以在榫槽内有一定的相互移动，起到一些振动阻尼作用，并可自动定心，减小了离心力所引起的附加弯矩。

（5）可以加大叶片榫头和轮盘榫槽非支承表面间的间隙，并通入冷却空气，对榫头和轮缘进行冷却；

（6）装拆及更换叶片方便。

枞树形榫头也存在着一些缺点：

（1）由于榫齿圆角半径小，应力集中现象严重，容易出现疲劳裂纹甚至折断等故障。

（2）叶片和轮盘的接触面积小，连接处热传导较差，使叶片上的热量不易散走。但如采用榫头装配间隙冷却方法后，此缺点就不明显。

（3）加工精度要求高，为了使各榫齿能均匀受力，必须提高齿距、角度等榫齿几何尺寸及位置精度。但由于榫齿处工作温度较高，榫头和榫槽产生塑性变形，由于加工误差所引起的应力分布不均匀问题将会得到一定的缓和。

为了改善上述缺点，近来一些发动机多采用齿数少圆角大的半圆形榫齿，如图 5-31（b）、（c）所示。这种榫齿不仅可以减少应力不均匀及应力集中问题，而且热接触面积也比常规榫齿大。在有些发动机中将每个叶片的榫头只做成常规榫头的一半，一对叶片合成一个榫头装在一个轮盘榫槽中，称为双榫根，如图 5-31（d）所示。工作时两个榫头的结合面 A 相互压紧，振动时该面上的摩擦力可以减振。

由于枞树形榫头的优点十分突出，所以在现代航空涡轮中普遍采用这种连接方式。

图 5-32 所示为叶片在轮盘上槽向固定的几种方法。图 5-32（a）所示为涡喷 5 发动机，它是靠榫头上的凸肩和锁片固定，防止叶片脱出，但在叶片上做凸肩会使榫头加工复杂化。涡喷 6 发动机第 1 级叶片在底部开槽，采用锁片固定，如图 5-32（b）所示；第 2 级叶片向前靠承力环上的篦齿环挡住，向后靠锁片固定，如图 5-32（c）所示。涡喷 7 发动机第 2 级叶片靠

槽底的两个锁片固定，如图 5-32（d）所示。J57 发动机采用一头带盲孔的长铆钉来固定，如图 5-32（e）所示。斯贝发动机采用锁板固定，如图 5-32（f）所示。这种锁紧方式被多种新型发动机采用，锁板不仅将叶片在轮盘中锁定，同时也阻挡了冷却空气向后的流动，强制冷却空气流向叶片中的冷却孔。

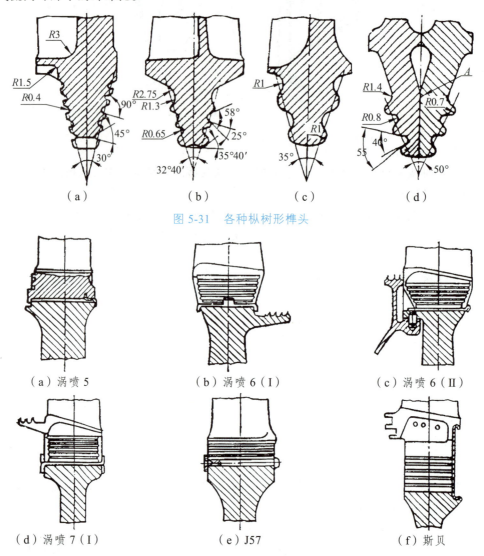

图 5-31　各种枞树形榫头

图 5-32　工作叶片槽向固定的几种方法

　　上述固定方式的特点：由于榫槽方向相对于旋转轴线均较平直，叶片离心力的槽向分力较小，所以槽向固定较为简单，广泛采用各种锁片和铆钉；二是利用槽向固定的结构，对冷却空气进行导流。

　　CFM56-3 发动机的高压涡轮如图 5-33 所示，工作叶片的槽向固定由前后保持环完成。前保持环和前空气封严做成一体结构，通过短螺栓与涡轮盘和涡轮前轴连接。这种设计既简化了结构，减轻了重量，又使拆装更加方便。后保持环通过短螺栓直接固定在涡轮盘上，更换叶片时只拆掉后保持环就可以单独更换涡轮叶片。

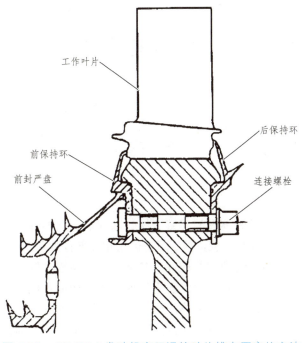

工作叶片

后保持环

前保持环

前封严盘

连接螺栓

图 5-33　CFM56-3 发动机高压涡轮叶片槽向固定的方法

　　用短螺栓将叶片前后保持环固定到轮盘的设计，是 GE 公司采用得较多的一种设计，在各型 CF6 发动机（见图 5-12 和图 5-13）中均采用了这一结构。由于这种设计在轮缘须开许多通过螺栓的小孔，使盘缘的应力集中大，承力面积减少，大大削弱了轮盘的强度；另外，两端外伸的螺栓头与螺帽，在高速旋转中还会产生扇风效应，使局部空气温度升高，对轮盘的工作不利。因此在 CFM56-5、CFM56-7 以及在 GE90 中，均不采用这种结构了。

　　CFM56-7B 发动机的高压涡轮如图 5-34 所示，工作叶片的槽向固定方法与 CFM56-3 发动机类似，只是后保持环去掉了螺栓连接结构，后保持环通过紧配合的方式安装在涡轮盘后的周向槽内。当涡轮叶片安装完成后，需要先给后保持环冷却让其收缩，然后用专用工具压紧在涡轮盘的周向槽内。待后保持环和轮盘温度平衡，保持环膨胀后，与轮盘的周向槽就形成了紧配合的连接方式。这种结构取消了短螺栓，减少了连接件的数量，避免了轮盘边缘打孔，改善了轮盘的受力情况，并且安装拆卸方便，叶片固定可靠。

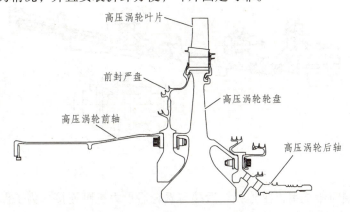

高压涡轮叶片

前封严盘

高压涡轮轮盘

高压涡轮前轴

高压涡轮后轴

图 5-34　CFM56-7B 发动机高压涡轮叶片槽向固定的方法

5.3 涡轮静子

涡轮静子由涡轮机匣、导向器及涡轮的支承与传力构件组成，是涡轮部分主要传力组件。由于"热"的作用，涡轮静子与压气机静子之间，存在着较大的差异，除了采用具有良好高温性能的材料，以保证零组件在高温下安全可靠地工作外，还要注意热应力、热变形、热定心以及热冲击、热疲劳等问题。下面分别对涡轮机匣和导向器的结构进行分析。

5.3.1 涡轮机匣

涡轮机匣通常是圆柱形或圆锥形的薄壁壳体，除固定导向器外，还借前后安装边分别与燃烧室及喷管连接，用于传递相邻部件的负荷，因此涡轮机匣是发动机承力系统的重要构件。其上作用有扭矩、轴向力、惯性力及内外压差，同时，有的机匣还直接或间接地构成了燃气

涡轮机匣

通道的壁面。因此在工作时，受力、受热产生的变形与转子的振动和偏摆，以及零组件的制造误差等都会对叶尖径向间隙有影响，所以间隙的取值非常困难。因此，对涡轮机匣的基本要求是：既要保证机匣有足够的刚性，又要减轻机匣的重量，并便于装拆；工作时，机匣相互间要能很好地定心；转子与静子之间能保持良好的同心度；尽可能减小涡轮叶尖径向间隙，以提高涡轮效率，但又要保证工作时转子与静子不致碰坏。

1. 整体式机匣

在压气机中为了装拆及检查方便，压气机的静子机匣多做成分半式。但在涡轮部件，由于机匣处于高温燃气中工作，冷热变化剧烈，若采用分半式机匣，由于刚性沿周向分布不均，工作中容易出现变形、翘曲等问题，不能保证机匣变形的均匀性，进而无法有效控制叶尖间隙。因此，现代航空燃气轮机涡轮机匣均做成整体式，为了便于装配，设计轴向分段整体机匣，如图 5-35 所示。近代发动机中采用单元体设计，一般将高、低压涡轮划分为两个单元体，因此涡轮机匣只要按高、低压沿轴向分为两段即可。

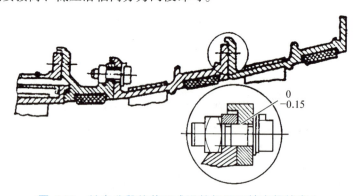

图 5-35　轴向分段的整环式涡轮机匣用精密螺栓定心

涡轮机匣前端与燃烧室机匣连接，后端与涡轮后承力机匣连接。为了保证转子和机匣的同心度，相互连接的机匣间，要有可靠的定心和定位，并且要求相配的机匣只有一个周向位

置可以相配。

一般多采用在安装边端面装入几个周向不等距的精密配合的销钉作为径向及周向的定位件，然后再用螺栓或螺钉拧紧，如图 5-36 所示。也可以将连接螺栓中的一部分做成精密螺栓以加强工作中定位的可靠性，如图 5-35 所示。为了装配和封严，安装边上一般带有圆柱形止口。连接螺栓的数目取决于连接刚性和密封的要求，一般螺栓间距与螺栓直径之比为 3~5，对密封要求高的地方则为 2.5 左右。

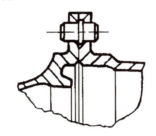

图 5-36　涡轮机匣用销钉定心

机匣安装边内外温差较大，为了减少安装边上的热应力，可以将各螺栓孔间的材料铣去一部分，如图 5-37 所示。这种结构还可有效减轻质量。

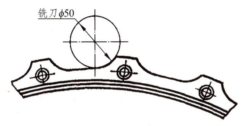

图 5-37　安装边的结构

2. 涡轮间隙控制

涡轮机匣与转子叶片叶尖之间的径向间隙对涡轮效率有很大的影响，进而对发动机的性能有很大影响。据估算一台先进的双级涡轮发动机，其径向间隙若增加 1 mm，涡轮效率降低约 2.5%，这将引起发动机耗油率增加约 2.6%。因此，应尽量减小径向间隙，但间隙太小又会使转子和机匣相碰产生事故。影响径向间隙的因素很多，其中主要因素如下：

（1）工作时由于离心力和热膨胀所引起的叶片和盘的伸长。

（2）工作时机匣受热膨胀及不均匀变形。

（3）高温工作带来的转子蠕变伸长，及机匣的蠕变收缩。

（4）转子和静子件的偏心度（由于加工误差、机匣刚性、支点径向间隙、转子质量造成转子下垂等引起）、轴向角偏转（叶片受轴向载荷后引起）及椭圆和翘曲变形（制造公差及机动飞行带来的机匣变形）。

（5）结构形式所带来的工作中径向间隙的变化，如果滚珠轴承远离涡轮，而涡轮又采用外径扩张式通道，则由于转、静子轴向变形量的不同而带来径向间隙的变化。

必须综合考虑上述各因素，尽量避免对径向间隙带来不利的影响。因而必须提高机匣刚性及均匀性，以保证与转子叶片变形的协调性；提高加工精度，以保证同心度；消除因转子轴向膨胀而引起径向间隙的变化等。

径向间隙还随着发动机的工作状态的变化而改变。特别是当发动机在过渡状态工作时，径向间隙值取决于转子对转速和温度变化的响应速度及静子机匣对温度变化的响应速度。图5-38所示为运输机发动机的涡轮机匣采用通常材料的情况下第一级涡轮的响应特性。由图可见，当发动机从慢车状态开始加速时，瞬间转速增大，离心负荷使叶片和盘的径向伸长量迅速加大，这时径向间隙最小。随着涡轮机匣迅速受热膨胀，它的径向膨胀量超过叶片和转子的径向变形量，径向间隙增大。当发动机转速稳定后，涡轮叶片等的温度逐渐升高，转子径向伸长量加大，径向间隙又逐渐减小。相反，当发动机减速时，由于离心负荷骤然下降，转子径向变形量下降，径向间隙瞬间加大。但紧接着涡轮机匣温度比转子温度下降得快，所以径向间隙逐渐减小，可能导致间隙为零，转子和机匣直接摩擦。当发动机稳定在慢车转速时，随着涡轮盘温度的慢慢下降，径向间隙又逐渐加大。

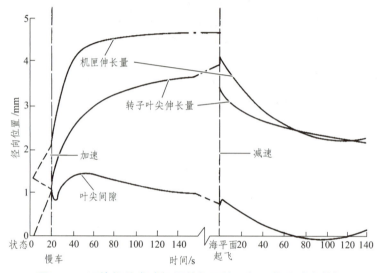

图 5-38　运输机的发动机涡轮机匣第一级涡轮的响应特性

如图5-39所示，在没有特殊冷却的机匣中，发动机工作状态改变时，径向间隙随之变化。假设在冷状态时装配间隙为 $\Delta 1$；起动时，机匣受热温度升高比轮盘快，膨胀也快，所以机匣间隙增大为 $\Delta 2$；随着转速的增高，工作叶片和盘都得到加热，并因离心力的影响，使径向间隙减小为 $\Delta 3$；当发动机停车时，机匣冷却比较快，因此径向间隙减小为最小值 $\Delta 4$。由此可知，涡轮冷状态的装配间隙 $\Delta 1$，应根据发动机停车时机匣与工作叶片不得相碰（即 $\Delta 4 > 0$）为条件来决定。图5-39表中的数据是某无冷却式机匣及冷却机匣时径向间隙的数值。由这些数据可以看出，稳定工作状态时，冷却式机匣的间隙（$\Delta 3 = 1.2$ mm）比无冷却式的（$\Delta 3 = 5$ mm）小得多。

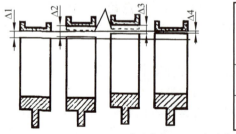

机匣形式	径向间隙/mm			
	$\Delta 1$	$\Delta 2$	$\Delta 3$	$\Delta 4$
无冷却机匣	2	7	5	0
有冷却机匣	2	3.2	1.2	0

$\Delta 1$—装配状态；$\Delta 2$—起动状态；$\Delta 3$—正常工作；$\Delta 4$—停车。

图 5-39　涡轮径向间隙变化图

发动机在最大状态和慢车状态时径向间隙都较大，但希望发动机在各稳定工作状态下能得到最小的间隙，以降低油耗。理想的响应特性应如图5-40所示，即无论何种工况，静子的热响应速度必须等于或慢于转子的热响应速度，而理想的最小间隙值最好为零。实际上发动机很难达到这种最佳匹配，所以希望能做到尽量减小最大和巡航状态的径向间隙，而在过渡状态不产生严重的摩擦。为此在结构上采取了一系列措施。

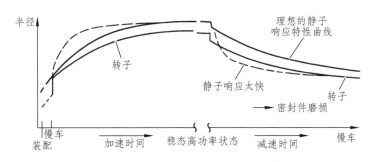

图 5-40　理想的转子和静子的响应特性

1）减小装配间隙

减小装配间隙后各工作状态的间隙也相应缩小，但这会造成在过渡状态下转子和静子间的互相摩擦。为避免摩擦所带来的严重后果，可以在机匣内壁装上易磨材料。图5-41所示为在涡轮机匣中嵌入一种柔软的封严块。这种封严块可保证当转子叶片与机匣的间隙减小到零，相互碰触时，仍能安全工作而不至于损坏叶片。嵌入块可以用石墨、镍、铁等粉末混合物压制烧结而成。

图 5-41　涡轮机匣中的易磨嵌入块

图5-42所示为易磨封严装置。它是利用不锈钢薄片钎焊而成的蜂窝形封严装置，由于这种装置具有蜂窝薄壁，即使转子与静子刮到一点也不要紧，因为它们之间的接触表面只有普通封严装置的1/10，所以允许无间隙装配，运转后的间隙值约为0.2 mm。此外，这种装置还有一个突出的优点就是漏气量对间隙的变化不敏感，这对叶尖径向间隙不够均匀或变化较大的结构来说显得格外重要。由图5-42中的曲线可以看出，蜂窝封严的漏气量随径向间隙的变化曲线（实线）明显比普通封严的（虚线）平缓。这意味着在图示实用的径向间隙范围内，蜂窝封严的漏气量较普通封严装置小得多。目前，随着涡轮前温度的提高，在有些发动机中，如在CF6发动机的高压涡轮蜂窝结构中，充填了由镍、铝混合物制成的具有微孔的材料，以提高其在小间隙时的封严效果。

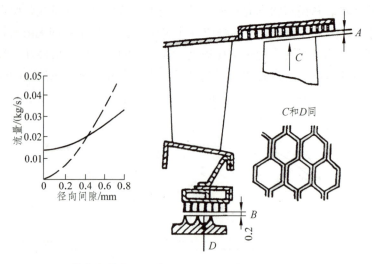

图 5-42   蜂窝密封简图（左图系漏气量随径向间隙变化曲线）

2）采用双层机匣

将机匣分为两层，中间通以燃烧室二股气流或某级压气机引来的空气，使涡轮外环外面不直接与空气接触。过渡状态时外环反应速度减慢，以控制机匣和转子之间的热响应匹配。这样还可以将机匣的受热件与受力件分开，让温度较低的外层机匣受力。有时与燃气直接接触的内层机匣沿圆周分成若干扇形段（又称涡轮衬段）。各段间周向留有一定的间隙，允许自由膨胀。衬段可以采用挂钩式直接或间接地连接在涡轮外机匣上，如图 5-43 所示；也可以与导向叶片铸为一体，再用螺栓或螺钉固定在外机匣上，如图 5-44 所示。为了防止高温氧化及减小温度梯度，还可以在衬段上加工很多小孔，引入空气冷却，如图 5-45 所示。

高压涡轮叶片工作时离心力很大，如果断裂极易打穿机匣，造成二次故障。采用双层或者三层涡轮机匣结构，既可以满足整体机匣的安装固定和间隙控制，又可以使机匣具有良好的包容性，防止被断裂的涡轮叶片击穿。

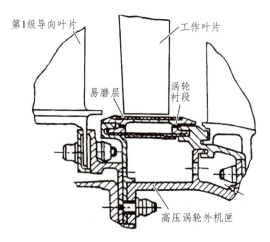

图 5-43   挂钩式连接衬段的双层机匣

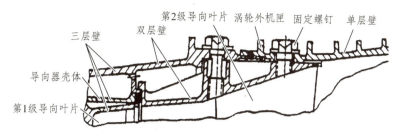

图 5-44　与导向叶片做成一体的涡轮衬段

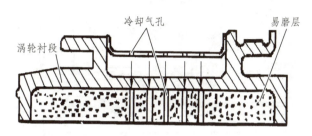

图 5-45　带冷却孔和易磨材料的涡轮衬段

3）主动间隙控制

前述利用机匣变形量来实现减小叶尖工作间隙的措施并不是由人为控制得到的，而是在发动机工作过程中，任其自然地进行变化。这种不随发动机工作状态进行调节，防止叶尖间隙变化过大的措施，称为被动间隙控制技术。

为了改善发动机的经济性，压气机的增压比越来越高。目前，大型民用涡扇发动机的总增压比已高达 50 左右，使高压压气机末级叶片与高压涡轮的叶片越来越短，有的已缩短至 20 ~ 30 mm，叶尖相对间隙变大。加上发动机工作状态的改变使叶尖间隙产生较大的变化，为此要求在发动机工作过程中，能够根据需要主动调整间隙，使叶尖间隙始终处于最佳状态，这种措施称为主动间隙控制技术。

主动间隙控制技术有两种调节方式。一是闭式回路，即感受间隙、调节间隙。但是目前在感受间隙方面存在着一些技术问题，难以实现。另一个是开式回路，即间隙按照预先给定的程序（如随工作状态或飞行状态变化）进行调节。调节的精度取决于预先给定的指令与具体结构措施。对于远航程民用发动机，巡航时燃油消耗约占总燃油消耗量的 90%左右，故在此状态下采用主动间隙控制技术收益尤为明显。

目前，主动间隙控制装置大多是气动式。图 5-46 所示为 CFM56-3 发动机采用的一种气动式管道冷却结构。它的高压涡轮机匣外面罩一个集气环形成集气室，根据控制径向间隙的要求，在不同的工作状态下引来不同温度的冷却空气。在慢车及起飞时，供给高压第 9 级后较热的空气，避免叶尖和机匣相碰；巡航状态下，供入高压第 5 级后的空气，以取得较小的径向间隙；爬升时则引入高压第 5 级和第 9 级后的混合气。

采用按飞行高度来调节时，当飞行高度达到一定值后，即接近巡航状态后，气压开关起作用，打开冷却空气开关，对机匣进行冷却，保证在巡航中有较小的叶尖间隙。图 5-47 所示为 JT9D-70/59 发动机的高压涡轮，通过环绕在机匣外面的几根导管向机匣喷射冷却空气，以控制机匣的胀缩。开始使用时导管为圆形截面喷射孔的排数较少，5 根导管上有 8 排孔，后来改用矩形截面的导管和多排孔（17排），并将冷空气喷向机匣上较为广泛的区域，从而使冷却空气量减少，冷却效果提高，巡航耗油率降低。JT9D发动机采用此技术后，巡航状态的燃油消耗率降低了约0.5%。

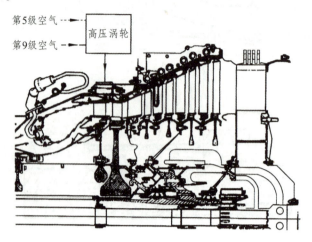

图 5-46　CFM56-3 发动机主动间隙控制

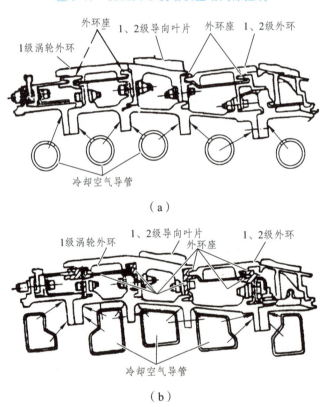

（a）

（b）

图 5-47　JT9D 发动机高压涡轮外冷却气管

类似的措施在现代民用航空发动机上（如 PW4000、V2500、leap 系列、GEnx 等）也得到了广泛的应用。图 5-48 所示为 PW4000 发动机涡轮机匣外采用的一种冷气管的结构。

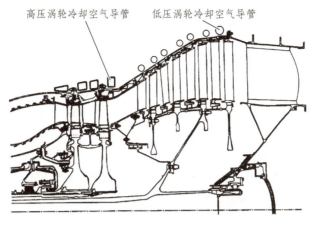

高压涡轮冷却空气导管　　低压涡轮冷却空气导管

图 5-48　PW4000 发动机涡轮机匣外采用的冷气管结构

但是，采用主动间隙控制，会增加冷却空气的消耗量，造成发动机推力下降。同时还会使发动机的结构复杂，重量增加，因此在追求高推重比的军用发动机中使用较少。

5.3.2　涡轮导向器

涡轮导向器

涡轮导向器是由导向器内、外环和一组导向叶片所组成。导向器两个相邻叶片间的通道是收敛形的，导向器的功用是使气流通过它时进行膨胀，将燃气的部分热能转变为动能，并使气流方向改变，以满足工作叶轮所要求的进口气流方向。

虽然涡轮导向器是静止部件，但工作条件却十分恶劣。导向叶片除受较大的气动力与不稳定的脉动负荷外，还处于高温燃气的包围之中，温度高，冷热变化大，温度不均匀情况很严重，尤其是第 1 级导向叶片，起动停车引起的热冲击和热疲劳现象往往成为导向叶片的主要故障之一。由于叶片前后缘较薄，热惯性较小，因而受热速度快，在导向叶片内产生很大的温度梯度，使前后缘产生很大的热应力，反复作用就会出现热疲劳（低周疲劳）裂纹。因此，必须在涡轮导向器的结构、选材、冷却和表面防护等方面采取措施。

由于结构特点的不同，下面分别讨论第 1 级导向器及后几级导向器。

1. 第 1 级涡轮导向器

第 1 级导向器紧接在燃烧室出口，它的内外环可以靠燃烧室内外机匣支承，一般呈双支点形式，有些发动机涡轮前轴承的力要通过此处传出，因此在结构上要很好地处理固定传力与允许零件自由膨胀之间的关系。为了减小热应力，导向叶片采用的连接方案通常有两端自由支承，一端固定、一端自由支承，以及由两片或更多片导向叶片固接在一起的叶片组，如图 5-49 所示。第 1 级导向器排气面积的大小，直接关系到经过发动机的空气流量。在双转子发动机中，排气面积的大小还对高、低压转子的转速差有较大的影响。因此，在装配第一级导向器时，要对排气面积进行测量和调整，以满足发动机的要求。

（a）两端自由支承

（b）一端固定，一端自由支承（一）

（c）一端固定，一端自由支承（二）

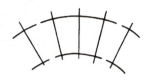

（d）两片或更多片导向叶片固接在一起

图 5-49　第 1 级涡轮导向叶片的固定形式

导向器排气面积是调整发动机流量的关键结构，在结构上应该具有可调功能。为了提高涡轮结构的可靠性，应尽量减少构件数。图 5-50 所示为 CF6 发动机的高压涡轮导向器结构。该发动机第 1 级导向器不传递轴承载荷，导向叶片一端用螺栓固定，另一端允许自由膨胀。在此结构中，导向叶片为精铸成的带有内外环的空心冷却叶片，每两片焊成一组，下部制成带孔的凸耳，靠螺栓与燃烧室内壳体相连，上部前端带安装边，夹在外封严圈内做轴向限位，后端带有凸块做角向限位并传扭。

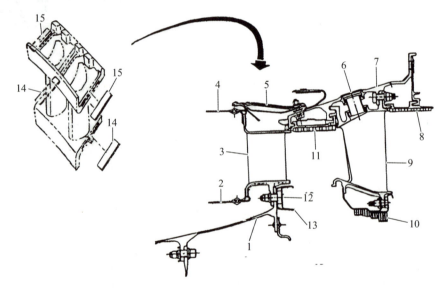

1—导向器内支承；2—内封严圈；3—第 1 级导向叶片；4—外封严圈；5—冷却气滤网；6—冷却气管；
7—导向器外环；8—第 2 级涡轮衬段；9—第 2 级导向叶片；10—级间封严装置；11—第 1 级涡轮衬段；
12—固定螺栓；13—空气挡板；14—内密封条；15—外密封条。

图 5-50　CF6 发动机高压涡轮导向器结构

导向器排气面积的调整是靠稍微弯曲导向叶片的尾缘或更换叶片组的办法来实现。导向叶片综合采用气膜、冲击及对流冷却，如图 5-51 所示，导向叶片内腔共分两室，分别装有前后芯。由高压压气机后引来的气流分别从叶片上下端引入，进入前芯的冷却气一部分从前缘小孔喷出对叶片前缘内表面进行冲击冷却；另一部分从前芯上的冷却空气孔喷至叶片内腔和前芯之间，然后由叶片上的前孔及鳃孔流出，在叶身前部表面形成气膜。进入后芯的冷却气，则由冷却空气孔喷至叶片内腔及后芯之间进行冷却，最后由叶盆处的尾缘缝流入主气流。为了防止冷却小孔被气流中的杂质堵塞，在导向器组件外面围着一圈空气滤网 5（见图 5-50），为防止燃气和冷却气互相窜漏，各导向叶片组的内外环接口处都装有薄的金属密封条。

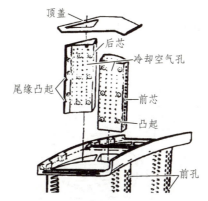

图 5-51　CF6 发动机高压涡轮第 1 级导向叶片

图 5-52 所示为斯贝发动机的高压涡轮第 1 级导向叶片。它是由 3 片叶片利用真空电子束焊接而成的叶片组。在焊接前，可以通过改变单叶叶型安装角来调整排气面积。这种叶片组共有 20 组，构成第 1 级涡轮导向器的环形通道。显然，这种结构具有良好的刚性。

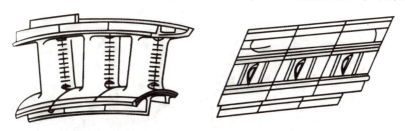

图 5-52　斯贝发动机高压涡轮导向器（三叶片组）

2. 第 2 级及以后各级涡轮导向器

第 2 级及其以后各级导向器都是位于两级工作轮之间，只能采用外环固定的悬臂结构，作用在导向叶片上的载荷，通过导叶传到外环。由于低压涡轮导叶都比较长，为了加强刚性，在叶片内端设计有内环，在工作时分段内环周向端面互相挤压，既形成气流内通道，减少气流损失，又增加叶片振动时的结构阻尼。低压涡轮导叶工作温度相对较低，所以一般不采用空心叶片通冷却空气的设计。

图 5-53 所示为斯贝 MK202 发动机高压涡轮结构，其中第 2 级导向器的级间封严装置自成一组件，固定在导向器叶片的内环上。在带有级间封严环的结构中，既要使封严环定心可靠，以保证与转子封严篦齿的同心度，又要不影响叶片受热后的自由伸长。因此，该设计采用了导叶内环后端凸边轴向定位，前端凸边和封严组件定心并传扭，并且内环与封严组件径向配合处留有间隙，允许叶片受热后自由伸长。

现代高涵道比涡扇发动机的低压涡轮导向器往往有很多级，为了保证大直径低压涡轮机匣的刚性和热变形的均匀性，减小热膨胀产生的附加热应力以及便于装配与分解，普遍采用"挂钩"式导向器与机匣之间的连接结构方式，如图 5-54 所示。

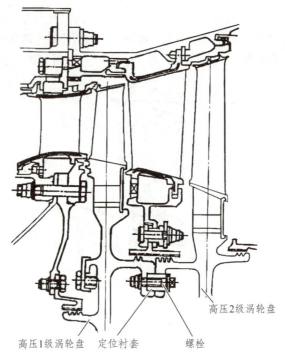

高压2级涡轮盘

高压1级涡轮盘　定位衬套　　螺栓

图 5-53　斯贝 MK202 发动机高压涡轮结构

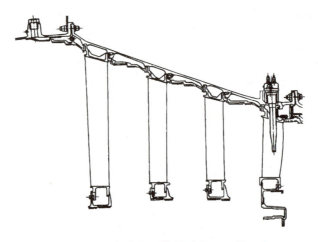

图 5-54　JT3D 发动机的挂钩式低压涡轮导向器

　　JT3D 发动机的涡轮第 2、3、4 级导向器采用了挂钩式结构，由导向叶片与整体式的导向器内支承组成。它们的导向叶片具有内外缘板（见图 5-54），外缘板借铣有缺口的前凸边插入涡轮机匣上带有销钉的环槽中，使导向叶片悬钩在机匣上，环槽中的销钉恰好卡在导向叶片前凸边的缺口处，起周向定位作用。它的后凸边嵌入涡轮机匣相应的环槽中以限制其轴向活动（第 5 级导向叶片由第 5 级涡轮外封气环限制其轴向活动）。导向叶片内缘板也带有前后凸边，并且在中间又有一凸齿。前后凸边用于限制内支承的轴向活动，中间的凸齿用于嵌入内支承外缘的齿槽中，不仅使内支承获得周向定位，而且由于凸齿与齿槽间存在径向间隙，因此，可使内支承获得热定心，叶片能够自由膨胀，从而使固定在内支承上的封严圈获得良好的同心度。

这种挂钩式导向器的结构具有以下优点：

（1）涡轮机匣既避免了开孔，又得到固定叶片用的环槽座的加强，这对涡轮机匣的强度、刚性均有利，同时省掉了紧固件，装拆方便，又可减轻重量。

（2）导向叶片固定可靠，由于气流的轴向力是向后的，促使导向叶片压紧在环槽内。

（3）导向叶片外缘板与涡轮机匣之间具有较大的间隙，它与涡轮封严环一起与涡轮机匣形成双层壁结构。

（4）导向叶片内端有内支承，从而提高了叶片的抗振刚性，减少了漏气损失，又保证了叶片的自由膨胀。

（5）利用机匣的扩散形结构，很好地解决了多级低压涡轮的装配和拆卸问题，改善了工艺性和维修性。

由于导向器内支承是整体式的，因此，这种结构只适合于整级导向器的装拆，对于个别导向叶片的更换稍有不便。此外，过长的导向叶片可能使挂钩处的环槽受力较大而出现开裂。尽管有这些缺点，但是挂钩式结构的优点突出，在现代涡扇发动机的低压涡轮中，已得到广泛应用。

5.3.3 涡轮承力框架

涡轮承力框架，是指从涡轮转子各轴承座到发动机外承力机匣之间的承力结构，在工作中承受着温度载荷、气动载荷和涡轮转子支点动载荷的综合作用，是燃气涡轮发动机承力结构系统中载荷环境最恶劣的结构之一。依据涡轮承力框架与不同转子的位置关系，可分为涡轮级间承力框架和涡轮后承力框架。

图 5-55 所示为 GE90-115B 发动机涡轮布局结构示意。涡轮级间机匣承力框架位于高、低压涡轮之间，用于支承高压转子后支点，承受高压转子的径向载荷。对于高涵道比涡扇发动机，由于低压转子转速较低，为增加低压涡轮的做功能力，只能加大低压涡轮叶尖直径，提高叶尖速度，这样就在高、低压涡轮之间形成较大的直径差，这使处于高温环境下的涡轮级间承力框架在保证热变形协调和支承刚度时具有相当大的难度。

在涡轮结构中，一般采用承力结构与气流通道构件分开的设计，即承力幅板穿过涡轮导向器空心叶片，并采用相应的冷却设计，以改善承力框架的工作环境。

涡轮后承力框架是发动机中直径尺寸较大的板壳结构组件。对于处于高温环境下的承力结构，大尺寸会引起结构的热变形。图 5-55 中 GE90 发动机低压涡轮后承力框架由整体焊接的承力幅板和内外承力机匣组件与锥壳构形的轴承座组成，用于支承低压涡轮后支点，承受低压转子的径向力。

现代航空燃气轮机涡轮后承力框架结构组件，大多采用焊接整体结构，以减小界面连接及其损伤的影响。图 5-56 所示为 CFM56-3 发动机的涡轮后承力框架，前端与低压涡轮机匣通过短螺检相连，后端与喷管相连。该承力框架外环做成 12 边的多边形，12 个支板分别与内承力环大致相切形成斜的支板，将低压转子后支点载荷传递给框架外环。切向支柱在高温情况下可以伸长，使得框架内环上有一定的角度变形。这样可以降低支柱在高温情况下的热应力。发动机的 5 号轴承通过轴承座固定于内承力环上，其外环上装有辅助安装节。

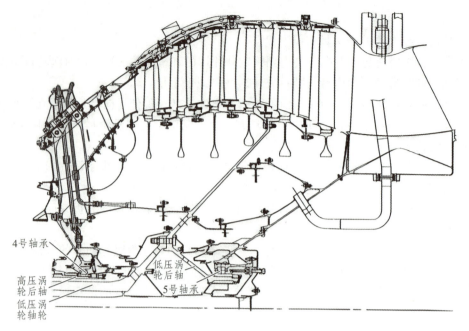

图 5-55　GE90-115B 发动机涡轮布局结构示意

4号轴承
高压涡轮后轴
低压涡轮轴轮
低压涡轮后轴
5号轴承

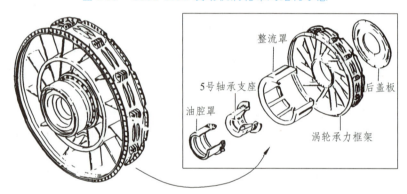

整流罩
5号轴承支座
油腔罩
后盖板
涡轮承力框架

图 5-56　CFM56-3 发动机涡轮后框架

5.4　涡轮部件的冷却

涡轮是发动机中热负荷和动力负荷最大的部件。近年来，涡轮进口燃气温度的逐年提高与高温材料性能的改进以及涡轮的有效冷却，特别是叶片内部空气冷却技术的迅速提高分不开。采用有效的冷却措施是发动机安全可靠工作的有力保证，也是降低高温材料成本的有效措施。据统计，涡轮前燃气温度平均每年升高大约 25 ℃，其中 15 ℃ 左右是依靠冷却技术的进步取得的。为了研究有效的冷却技术，必须了解涡轮零件的温度分布，以及与冷却措施间的关系。

涡轮部件的冷却

5.4.1 涡轮主要部件的温度分布

涡轮部件的工作温度及其分布是确定零件热应力大小、高温零件危险断面位置和安全系数、高温材料选用等的重要依据。有效的冷却技术可以降低零件的工作温度，而且能获得合理的温度分布。

1. 工作叶片的温度分布

不冷却的工作叶片靠热传导的方法将热传至轮盘。由于耐热材料导热系数较低[$\lambda = 17.5 \sim 26.8$ W/（m·℃）]，因此在粗略估算时，可以认为在叶片长度 2/3 的范围内温度是不变的，只有在靠近根部 1/3 的地方，温度按接近立方抛物线的规律变化，如图 5-57 所示。

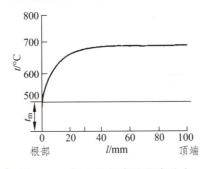

图 5-57　沿叶片长度的温度分布

应该指出，上述的温度分布是在燃气温度沿径向不变的条件下得出的。而在实际的发动机中，燃烧室出口的温度分布是考虑到涡轮工作叶片的强度要求，通过燃烧室设计来保证的。涡轮工作叶片在根部处应力最大，希望温度低些；在叶尖处叶型较薄，也希望温度低些，以提高叶尖部分的疲劳强度。

图 5-58 所示为实际发动机中测出的沿叶高的温度分布。可以看出，叶尖及叶根处温度较低温度的最大值通常出现在 50%～70%叶高处。当叶片采用空气冷却时，叶片的温度有明显的降低。

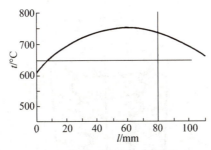

图 5-58　实际测出的温度沿高的变化

以上所述是发动机在某一稳定工作状态下叶片截面上的平均温度沿叶高的分布情况。事实上，在发动机处于过渡工作状态（如起动、停车、加减速等）时，各截面的温度分布也是极不均匀的。起动（加速）时，叶片的温度不断升高，其外表面由于和燃气接触而温升快，中心部分则慢，因此，叶片表面温度高，中心温度低，叶片表面受压，中心受拉。显然，叶片表面所受的压应力与叶片所受的离心拉伸应力相抵消一部分；而叶片中心部分所受的拉应力与离心拉伸应力一致，加大了应力。当进入巡航后，由于燃气温度稳定不变，叶片表面与中心部分温度逐渐趋于一致，热应力随之逐渐消失。当停车（减速）时，温度与应力的变化规律恰好与起动（加速）时相反，叶片表面温度低，中心温度高，叶片表面受拉，中心受压。每起动-停车一次，叶片内的热应力就交变一次，而且前后缘温度和应力变化都很大，因此最容易产生热疲劳裂纹。

2. 涡轮盘和叶片榫头的温度分布

燃气中的热量由工作叶片经过榫头传至涡轮盘，因此，涡轮盘边缘温度最高，中心温度最低。当燃气温度为 820～900 ℃时，轮缘温度为 500～650 ℃，而轮盘中心处的温度为 200～400 ℃，如图 5-59 所示。所以涡轮盘存在着较大的热应力。

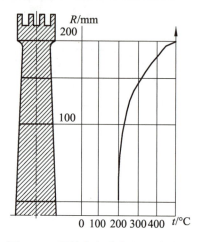

图 5-59　涡轮盘沿半径的温度变化

根据实际测量，枞树型榫头在径向吹冷风的情况下，榫头中的温降为 150～200 ℃，如图 5-60 所示。

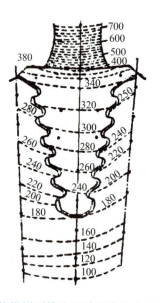

图 5-60　涡轮枞树型榫头区域温度分布（单位：℃）

5.4.2 涡轮部件的冷却方法

涡轮部件冷却的目的：

（1）提高涡轮前燃气温度，以提高发动机的性能。

（2）在涡轮前燃气温度给定的条件下，降低零件工作温度到允许的范围内，以保证这些零件具有必要的机械强度。

（3）使零件内的温度分布均匀，以减小热应力。

（4）提高零件工作表面的耐蚀性，如果将零件与燃气流隔开，可以避免对零件工作表面的侵蚀。

（5）有可能采用廉价的耐热材料。

1. 涡轮部件的空气冷却系统

整个涡轮是一个高温部件，由于各个零件的结构形状、工作条件不同，它们的冷却方式也各不相同。除了轴承部分采用滑油作为冷却介质外，其余都是采用空气作为冷却介质。冷却气流一般引自风扇的出口、压气机中间级、燃烧室的二股气流等处。图 5-61 所示为 PW4000 发动机的高压涡轮冷却系统，其中涡轮机匣冷却空气引自风扇出口，高压涡轮 1 级导向器、高压涡轮 1 级盘及工作叶片冷却空气引自 2 股气流，高压涡轮 2 级导向器冷却空气引自 12 级压气机出口，高压涡轮 2 级盘及工作叶片冷却空气的引入较为复杂，由 12 级压气机出口引出的气流及 15 级压气机出口经两组篦齿密封结构流出的气流混合形成，且该股气流也为高压涡轮前轴承腔提供冷却。

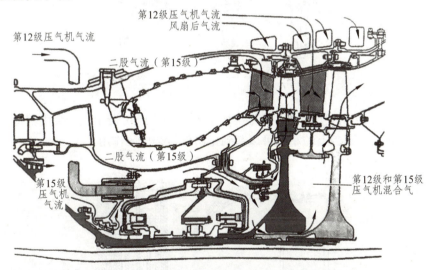

图 5-61 PW4000 发动机高压涡轮冷却系统

冷却气流量可根据计算及试验确定。根据现有中、小型发动机的情况，对于带冷却叶片的双级涡轮及带后轴承的单级涡轮，所用冷却气流量约为发动机总空气流量的 2%～4%。随着涡轮前温度的增加，冷却气流量不断增加，如 CF6 高涵道比发动机，涡轮冷却空气总量占内涵空气流量的 14.49%。目前，冷却空气用量已达到核心机总流量的 20%～25%。

2. 涡轮叶片的冷却

涡轮叶片是发动机冷却系统中最关键的零件之一。由于导向叶片转子叶片工作条件与位置的不同，冷却空气的引入也相应地有所不同。导向叶片冷却空气的引入较为方便，第 1 级导向叶片通常用燃烧室二股气流的空气来冷却，冷却空气可以由叶片一端或两端引入；第 2 级导向叶片的温度较低，如果需要冷却，冷却空气只能从顶部缘板处流入。涡轮转子叶片由于装在旋转的轮盘上，因此冷却空气的引入较为复杂。

涡轮叶片本身的冷却可以按冷却空气在叶片内部的流动状况与流出方式的不同而区分，通常有以下几种不同的方式。

1）对流冷却

在早期发动机中，叶片仅采用对流冷却，因此，需要冷却的叶片是空心的，在叶片内形成若干专门的通道。最简单的形式为叶身从根部至顶部有一些直孔通道，冷却空气从中间叶根引入，经过叶身，通过与壁面的热交换，将热量带走，再由顶部甩出，从而使叶片温度降低，达到冷却的目的。其冷却效果一般为 200 ~ 250 ℃。

叶身中的通气孔的形状可以是圆形、扁形或异形，如图 5-62 所示，因发动机不同而异。三种孔形中，异形孔换热面积最大，效果最好，扁形孔次之。

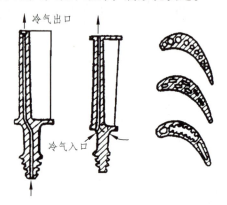

图 5-62　各种冷却型孔形的工作叶片

为了节省冷却气，可以使叶身内各孔互相连通。如图 5-63 所示，叶尖中部加顶盖，使冷却气主要从前后排出，顶盖上的小孔可以起到排出气体杂质的作用。

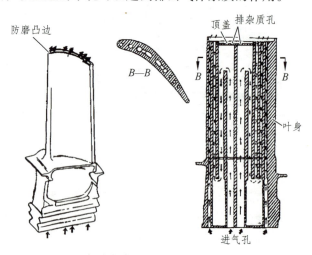

图 5-63　对流冷却的工作叶片（CF6-50）

2）冲击冷却

冲击冷却也叫作喷射式冷却，是使一股或多股冷却空气射流正对着的被冷却的表面，强化局部的换热能力，增强冷却效果。因此，它适用于局部高温区的强化冷却，如在叶片的前缘，冲击冷却首先得到了应用。从换热的原理来看，冲击冷却实质上仍属于对流冷却，主要是由于冷却空气的流动方向不同而另行命名的，所以采用冲击冷却时，总会伴随着一般的对流冷却。

图 5-64 所示的空心叶片装有导流片，导流片上开有小孔与缝隙，以便对准叶片内表面特别需要冷却的部位喷射冷却空气，加强冷却效果，随后冷却空气顺着叶片内壁面进行对流冷却，最后由叶片后缘排入燃气通道。

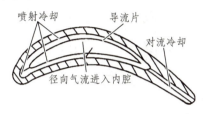

图 5-64　冲击冷却涡轮片

图 5-65 所示为 JT9D 第 1 级涡轮转子叶片的冷却结构。在叶片内部镶嵌有导流套，冷却空气从叶根引入，借导流套前缘孔对叶片前缘内壁进行喷射冷却，然后顺着叶片的导流套的间隙向后缘流出。由于叶片后缘较薄，设置有紊流柱，既加强了冷却效果，又不削弱强度。

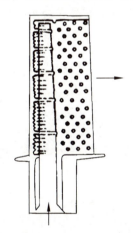

图 5-65　JT9D 发动机第 1 级涡轮转子叶片的冷却

3）气膜冷却

冷却空气由叶片端部进入叶片内腔，通过叶片壁面上开的大量小孔流出，在叶片表面形成一层气膜，将叶片与高温燃气分隔开，达到冷却叶片的目的，如图 5-66 所示。空气沿叶片表面流动，由于与燃气之间的导热及紊流混合而被加热，到一定距离后气膜对叶片的表面就失去保护作用，必须再开小孔来吹入新的冷却空气。

由于叶片外表面的静压分布很复杂，所以小孔直径与其位置的确定通常都由实验获得。气膜冷却效果比对流冷却要好，一般可使温度降低 400 ~ 600 ℃。但这种叶片因表面开的小孔太多，制造工艺复杂，叶片强度受到一定的影响。由于冷却空气在叶片内部有流动，尾缘缝存在对流换热，故气膜冷却也伴随着对流。值得注意的是，冷却用的气膜会影响叶片表面的流动损失，因此，气膜冷却孔在叶片上位置的分布是很重要的，通常设置在叶片压力面的居多。这样易于形成气膜，其附壁距离也较长，冷却面积较大。反之，在吸力面上易使冷气脱流，致使流动损失增大，尤其是靠近出气边的吸力面（叶背面），燃气流已接近或处于脱流状态，如果再吹入冷气很可能使脱流加剧，损失增大，故出气边气膜冷却都在压力面（即内凹面）或出气边缘。

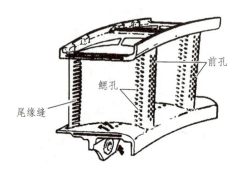

图 5-66　气膜冷却的涡轮导向叶片

4）发散冷却

发散冷却目前只在一些小型试验机的燃气涡轮中进行研究。发散式冷却叶片是用疏松多孔的材料制成外壁，用高温钎焊焊到叶身承力骨架上，如图 5-67 所示。骨架和叶片榫头由精密铸造制成。冷却空气从叶片内腔通过壁面的无数小孔渗出，一方面从壁面上带走热量，另一方面在叶片表面形成一层气膜，将叶片与燃气隔开，达到冷却的目的。

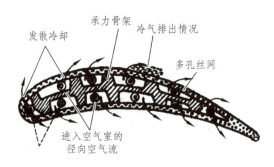

图 5-67　发散冷却的涡轮叶片

这种叶片冷却效果很好，可降温 500~800 ℃，但在应用中还存在许多技术问题，如多孔材料氧化后极易堵塞（小孔直径 0.05 mm 左右），材料的高温强度也是问题。因此，这种冷却虽经过了十余年的研究，但目前仍然没有进入实用阶段。如丝网编织叶片在 JT9D 发动机上试验过，涡轮前燃气温度达到 1 370 ℃，而叶身骨架温度只有 670 ℃，叶片表面温度为 870 ℃。

图 5-68 所示为不同冷却方式的冷却效率和冷却空气百分比的关系。从图中可以看出，采用先进冷却技术（如发散冷却）可以将冷却效果提高 1 倍以上，从而大大减少所需冷却空气量。但是先进的冷却方式都同复杂的结构相联系（如多通道/往返支板式），而这些复杂结构都需要先进的工艺才能实现，因此先进的工艺方法是实施先进冷却方式的关键。

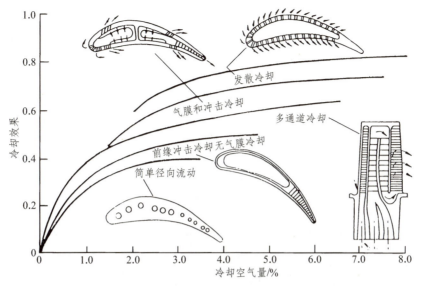

图 5-68　涡轮叶片冷却方法比较

在近代发动机中为了加强冷却效果，往往同时采用对流、冲击及气膜冷却形式。图 5-69 所示的叶片中，冷却气从榫头底部流入，前部采用对流冲击及气膜冷却，后部为对流冷却，然后气流由叶片尾缘及叶尖排出。这种类型的冷却叶片，前后缘高温区得到了重点冷却，叶片表面还有一层冷气薄膜，因而冷却效果较好。冷却气从尾缘排出，还可以吹除叶片后的尾迹涡流及叶尾附近的附面层，使涡轮性能得到改善。但这种类型的叶片，表面气膜冷却小孔孔径小（约 0.05 mm），又有一定的角度要求，因而需要高级的激光或电子束打孔技术，叶片内部构造十分复杂，要求具有较高的精铸技术，而且还要建立在具有高强度的材料的基础上。

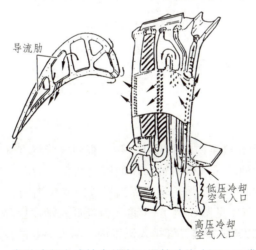

图 5-69　多种冷却方式结合的高压涡轮叶片（RB211 发动机）

由此可见，现代空气冷却叶片技术的发展，实际上是设计、工艺、材料技术综合发展的结果。为了进一步提高涡轮前燃气温度，人们还在研究热强度更高的新材料和新的冷却技术在发动机上的应用，如陶瓷材料。使用陶瓷材料，允许涡轮前燃气温度达到 2 000 K 左右，但其抗冲击性能差。

5.4.3　典型发动机涡轮部件的冷却

本节主要结合 CFM56 发动机涡轮部件冷却系统介绍涡轮部件的冷却。CFM56 发动机涡轮部件冷却系统的空气主要分 6 路，如图 5-70 所示。

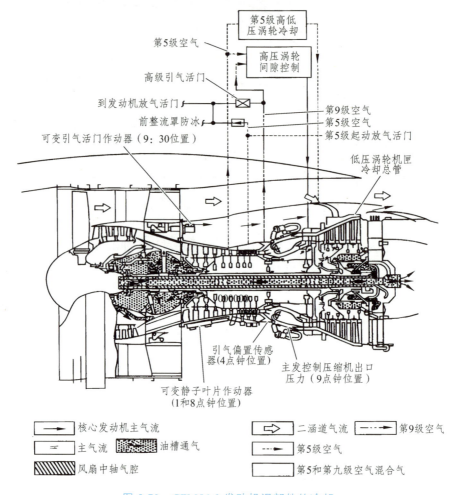

图 5-70　CFM56-3 发动机涡部件的冷却

第 1 路，在风扇后中介机匣内壁上开孔，用一根引气管将空气引至风扇后轴承及高压压气机前轴承之间，进行封油后，气体沿轴向在低压轴和高压轴内引气套之间向后流动，穿过高压涡轮后轴上的孔，在高、低压涡轮轴承周围形成冷气包围圈，并防止油腔漏油，最后由排气夹腔排入尾锥进入大气（见图 5-71）。少量气流经低压轴内段隔热筒上的小孔，进入轴承最外隔热层，最后由弯成 90°的外排气管排入尾锥内。漏入油腔的少量气体，由低压涡轮轴承后的油气分离器内孔进入轴内套管，然后排入尾锥进入大气。

第 2 路，在高压压气机进口导流叶片前缘根部沿圆周开孔，引气至高压前轴承后侧，进行封油后，气体经高压压气机前轴上的引气孔进入高压转子内腔，对高压压气机的后几级盘进行冷却，然后穿过高压涡轮后轴及低压涡轮轴上的引气孔，进入低压涡轮轴后腔，冷却低压涡轮轮盘鼓筒第 3、4 级盘。其中一部分气流，经盘鼓间连接螺栓处的槽，进入挡板与鼓间的通道，对轮缘连接螺栓进行重点冷却（见图 5-72）。这股气流最后大都流入主燃气流，少量由篦齿漏过的气流，和第一股气流的小部分混合，最后经弯成 90° 的外排气管排入尾锥。

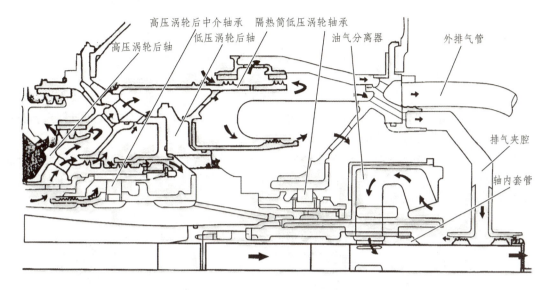

图 5-71　CFM56 发动机涡轮后支点冷却气路

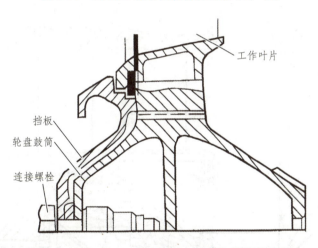

图 5-72　CFM56-3 发动机低压涡轮盘的轮缘冷却

第 3 路，从燃烧室后部中心引气口引来的二股气流，经过高压篦齿封严盘前的预旋喷嘴流过封严盘孔（见图 5-73），进入篦齿封严盘和高压盘间的空腔，然后顺着封严盘外缘到达盘缘，进入叶片中间叶根两侧，流入空心叶片内，冷却叶片后，从叶片的尖部、尾缘以及叶身上很多的气膜小孔进入主燃气流。进入叶片的冷却空气如带有杂质，将会堵塞叶片上的气膜小孔。冷却空气经预旋喷嘴流过封严盘孔时，借离心力的作用，可分离气流中含有的杂质，试验证明它可分离气流中 85% 的杂质。图 5-73 中放大图表示预旋喷嘴的结构。预旋喷嘴是一圈小型导向叶片，叶片间的通道呈收敛形，叶片后缘向轮盘旋转方向偏斜一个角度，角度的设计应保证进入篦齿封严盘孔的气流方向呈轴向，以减小气流的损失。此外由于喷出的气流在预旋喷嘴中膨胀降温，使冷却气流的温度也得到一定的降低（据称可降低温度 40~60 ℃），因而大大改善了冷却效果。类似的措施在很多发动机（如 RB211 等）中得到采用。燃烧室的二股气流还从高压第一级导向器的上、下两端进入导向叶片内，对叶片进行冷却，然后由叶片前后缘的冷却孔排入燃气流中。

第 4 路，根据发动机不同工况的要求，从高压压气机的第 5 级和第 9 级分别引气，用导管输送至涡轮机匣外的集气室，对高压涡轮机匣进行主动间隙控制。

第 5 路，由高压压气机的第 5 级后引来的空气对低压涡轮第 1 级导向器进行冷却。进入导向叶片的冷却空气，一部分从叶片上的小孔排入燃气，另一部分向中心流入低压涡轮轴前腔，冷却高压涡轮后侧及低压 1、2 级盘。和低压 3、4 级盘一样，也有冷气通过挡板与盘鼓之间的缝隙对轮缘进行重点冷却，最后排入主燃气流。

第 6 路，当外涵气流流过低压涡轮外部时，用一根引气管引入一股气流，然后流至环绕在低压涡轮机匣外的 6 根冷却管，管上开有很多小孔，空气从小孔中喷出，对低压涡轮机匣进行冷却，以减小径向间隙。

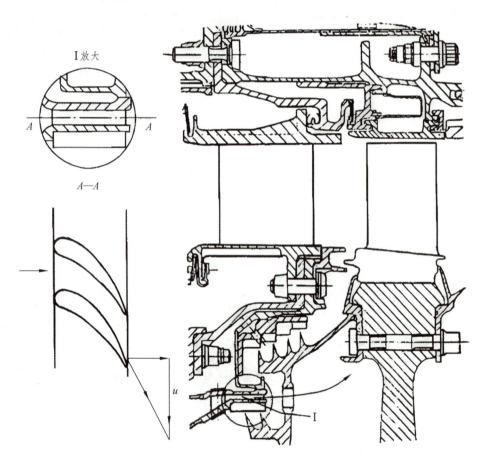

图 5-73　CFM56 发动机高压涡轮转子叶片冷却气路

由于冷却气路多，CFM56 发动机所用的冷却气流量较大，约占发动机总进气流量的 14%，为了节约冷却气流量，必须注意引气过程中的封严，所以增加了很多的密封装置及密封片，但使发动机结构复杂，重量加大。

5.5 对转涡轮技术

近年来，对转涡轮技术在提高涡轮发动机推重比、降低耗油率以及提高飞机的整机性能方面的作用越来越受到重视。在美国的综合高性能涡轮发动机技术（IHPTET）和先进经济可承受通用涡轮发动机（Versatile Afford Advanced Turbine Engine，VAATE）计划中，很多验证机都采用了对转涡轮技术方案。

5.5.1 对转涡轮的类型

对转涡轮指的是在涡轮中，有两个排列在同一轴线上相对逆向转动的转子，工质相继交替流过这些转子上的动叶栅而做功。为便于阐述，以及了解对转涡轮发展的脉络，将实用的对转涡轮分类如下：

（1）1+1 对转涡轮：1 级高压涡轮+与高压级反向旋转的 1 级低压涡轮，如图 5-74（a）所示。高压涡轮转子内的流动与常规涡轮相似，反力度与常规涡轮相当，为下游提供的预旋不足常规的一级低压涡轮功的需要。

（2）1+1/2 对转涡轮：1 级高压涡轮+与高压级反向旋转的 1 级无导叶低压涡轮，如图 5-74（b）所示。高压涡轮转子内的流动与常规涡轮有较大区别，反力度远大于常规涡轮，但一般小于 1.5，为下游提供的预旋满足常规一级低压涡轮功的需要，且高压涡轮转子需要来流预旋才能满足做功的需要。

（3）1/2+1/2 对转涡轮：1 级无导叶高压涡轮+与高压级反向旋转的 1 级无导叶低压涡轮，如图 5-74（c）所示。当高压涡轮反力度大于 1.5 时，高压涡轮导叶可能取消，即高压涡轮转子不需来流预旋即能满足本身做功需要，且其为下游提供足够预旋以满足低压涡轮功需要。

（5）1+1/2+N 对转涡轮：1 级高压涡轮+与高压级反向旋转的 1 级无导叶低压涡轮+与高压级反向旋转的 N 级低压涡轮，图 5-74（d）所示。该型对转涡轮的特点主要取决于低压涡轮第一级转子功：若该功远小于常规一级涡轮，其流动特点和设计思路类似于 1+1 型；若该功与常规一级涡轮相当，其流动特点和设计思路类似于 1+1/2 型。

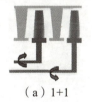   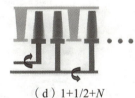

（a）1+1　　　　　（b）1+1/2　　　　（c）1/2+1/2　　　　　（d）1+1/2+N

图 5-74　对转涡轮的类型

5.5.2 对转涡轮技术的特点

（1）在气动性能上，高低压涡轮转子对转可使低压涡轮导叶的稠度减小，甚至可以取消导叶，从而减少了引发气动阻力的零件，提高了气动效率。

（2）在冷却设计上，低压涡轮导叶低稠度或者根本无低压涡轮导叶的结构设计大大减少了对转涡轮所需的冷气用量，从而提高了发动机的推力、降低了耗油率；从另一角度来说，如果继续保持原有的冷气用量，在发动机上采用对转涡轮技术还可以进一步提高涡轮进口燃气温度，从而可以提高发动机的功率、效率及推重比。

（3）在结构上，对转涡轮技术的采用进一步缩短了涡轮的轴向长度，减少了零件数，从而减轻了涡轮的重量，使涡轮的结构更为简化紧凑，提高了发动机的推重比。

（4）在提高飞机机动性能上，由于高低压涡轮转子对转使得飞机在飞行过程中作用于其上的陀螺力矩大幅成小甚至可以抵消，从而大大提高了飞机的机动性能、机身结构和飞行可靠性。

与1+1对转涡轮相比，1+1/2对转涡轮由于从根本上取消了低压涡轮第1级导向器，使得其在以上诸方面上的优势更为明显。这一系列优势为快速提高涡轮发动机乃至飞机性能提供了一条捷径。

图5-75所示为Trent系列发动机同向转动高/低压涡轮（Trent500/700/800）及反向转动高/中压涡轮（Trent900/1000）叶栅结构示意。从图中可以看出，高、中压涡轮采用了1+1对转涡轮技术，可以大幅减少了中压涡轮第1级导叶折转角及导向叶片数量，降低了整台发动机零件数及质量；而且由于燃气在叶栅流动过程中转弯较少，效率也高。先进的民用航空发动机GEnx就采用了1+1对转涡轮技术。

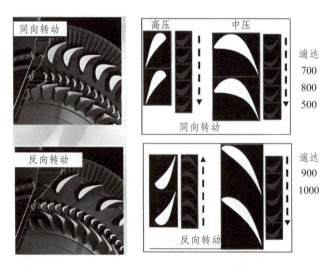

图5-75　Trent系列发动机同向转动与反向转动涡轮比较

5.6　涡轮部件的材料及表面防护

涡轮部件是在十分恶劣的条件下工作，大部分的涡轮零件在高温燃气的冲击下承受较大的热负荷、气动负荷振动负荷热冲击等，转子零件还承受很大的离心负荷。同时，具有极强化学活泼性的燃气对零件有腐蚀作用。因此，涡轮零件使用的材料在发展高性能、高温涡轮部件中占有特殊重要的地位。本节分别讨论各主要零件所使用的材料。

5.6.1 涡轮转子叶片

涡轮转子叶片不仅处于有腐蚀性的燃气包围中，而且还受高温和高应力的作用，因此，对材料有以下要求：

（1）在工作温度下，要求高的热强度，即要具有高的持久强度极限和蠕变极限。

（2）在高温下，有高的抗氧化及抗腐蚀的能力，即热安定性好。

（3）足够的塑性、好的抗热疲劳及机械疲劳性能。

（4）具有良好的物理性质，如导热性好、线膨胀系数小等。

（5）具有良好的工艺性。

在选择叶片材料时，首先考虑的是工作温度，而且常把它选得保守些，即工作温度比材料实际能承受的低一定数值，以保证有足够的寿命。目前，由于铸造耐热合金及精铸工艺的迅速发展，解决了一般耐热合金难于机械加工的问题。

当温度在 800 ℃ 以下时，可用镍基高温合金 GH32、GH33 等材料；在 800～850 ℃ 时，可用 GH37；在 850～900 ℃ 时可用锻造镍基合金 GH49。由于提高材料热强度的主要途径是增加合金元素，这势必给工艺性带来困难。目前，GH49 的铝、钛等合金元素含量已高达 5% 以上，其强化程度已使合金的塑性降低到变形加工最低要求的边缘，而铸造高温合金具有更高的热强度。我国自行研制的 K5、M17 等镍基铸造高温合金，在性能上已赶上和超过了锻造合金 GH49，可用到 950 ℃ 左右。M17 是在 IN100 合金的基础上发展起来的，它具有密度小（$\rho = 7.83 \ \mathrm{g/cm^3}$）、强度高、塑性好、组织稳定四大特点，其耐热强度很高，目前在我国应用较多。

我国自行研制的铁-镍基高温合金如 GH130、CH135、GH302 等，可以有效地代替一些镍基高温合金，如 GH33、GH37 等，用作涡轮零件的材料。例如，用 GH130 或 GH302 代替 GH37，则每吨可节约镍 300 kg。

涡轮部件的材料

定向凝固技术的应用是涡轮叶片材料的又一次变革。定向凝固叶片（又称定向结晶叶片）是使叶片上强度最大的方向与叶片受力最大的方向平行的一种叶片，比普通精铸叶片具有更高的断裂强度、更好的热疲劳强度、更好的塑性以及更小的裂纹扩展率。因此，它能更好地满足高温长寿命涡轮的要求。目前，已经使用的和正在制的定向组织叶片有以下几种：定向凝固的柱状晶叶片；定向凝固的单晶叶片；定向凝固的共晶叶片；定向再结晶的氧化物弥散强化合金；钨纤维增强的定向复合材料。其中，应用最广的是柱状晶叶片，从 1969 年首次在美国的 TF30 发动机上应用以来，已先后在 JT9D、PT6、TFE731 等发动机上使用。应用最成功的材料为 PWA1422，英国和苏联分别在 RB211 及 HK12 等发动机上采用了这种叶片。我国也已研制出 DZ3、DZ5、DZ22 等一批定向合金。单晶叶片通过特殊设备来制备，一个叶片就是一个晶。单晶叶片的疲劳寿命与普通叶片比，可提高 8 倍，蠕变强度也可提高 8 倍，抗氧化性能可提高 3 倍，如图 5-76 所示。单晶叶片目前也已在 JT9D-7R4、PW2037、PW40000 等发动机上得到应用，材料牌号为 PWA1480。经数百万飞行小时的实践，证明这种材料的叶片工作性能良好，并取得了明显的经济效益。如 JT9D-7 发动机涡轮前温度原为 1 204 ℃，采用了柱状晶叶片后，其涡轮进口温度提高到 1 315～1 350 ℃，而采用单晶叶片的 JT9D-R4H1 型的涡轮进口温度提高到了 1 471 ℃。根据研究表明，在现代航空发动机中，涡轮进口温度每提高 50 ℃，可使燃油消耗率下降约 5%，推力提高约 5%。

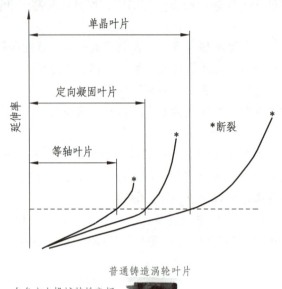

图 5-76　定向结晶叶片

高温陶瓷合金由于有耐高温（2 000 ℃ 左右）、抗腐蚀、抗磨损等特性，数十年来一直吸引着人们的注意力，近几年来其研发也取得了较大的进展。用碳化硅和氧化硅陶瓷所制成的涡轮叶片和导向叶片已经在一些小型燃气涡轮发动机上进行试验、试车，但仍存在一些重大的技术问题（如脆性等）需要研究解决。

叶片表面的防护，一般采用铝化物涂层使叶片外层形成 Al_2O_3，阻止氧向基体合金中扩散，借以提高叶片表面抗腐蚀和抗氧化的能力。但当燃气温度高于 1 000 ℃ 时，则要在铝涂料中添加 Cr、Si、Ta、Y 等元素，以防止铝化物涂层向基体合金扩散，损坏基体合金的机械性能。

叶片榫头与轮盘榫槽相互配合面一般涂 Cu-Ni-In 陶瓷涂层或镍加石墨涂层，可防止零件间互相胶黏，并可起到一定密封和减振的作用。

带冠叶片的叶冠摩擦面一般涂碳化钨或碳化铬陶瓷涂层，以抗磨损。涂层的喷涂工艺一般采用爆炸喷涂或等离子喷涂。

5.6.2　涡轮盘与涡轮轴

常用的涡轮盘材料有 GH34、GH33、CH36、CH132、GH135 以及 A-286、H481、3H-437、Inolor901、Waspaloy、Inconel718 等。近年来，很多发动机采用了粉末冶金热等静压制造的涡轮盘，不仅提高了强度及断裂性能，而且大大提高了材料的利用率（一般粉末冶金方法的材料利用率为 40% ~ 45%，而普通锻造仅有 5% ~ 10%），降低了零件的成本。有些发动机在轮盘非配合表面进行喷丸处理以提高疲劳强度并消除表面裂纹。

涡轮轴常用优质合金钢 40CrNiMoA 或 18CrNiWA、Incoloy901、Inconel718 等锻造制成。为了改善材料的性能，提高材料利用率，降低成本，目前，英国和美国也将热等静压技术用于轴类零件，如在 CFM56 等发动机上采用 Marage250 马氏体时效钢并进行热等静压处理。

5.6.3　涡轮导向叶片

涡轮导向叶片是涡轮部件中温度最高和承受热冲击最厉害的零件，但它不像转子叶片那样要承受巨大的离心力，因此，它对材料有以下要求：

（1）在高温下有高的抗氧化和抗热腐蚀的能力，由于它工作温度很高，这一要求尤为突出。

（2）具有良好的抗热疲劳与抗热冲击的性能，以及足够的耐热强度。

（3）具有良好的铸造工艺性，特别是铸造的流动性能好。

原则上，转子叶片所用材料中适合铸造的均可用于导向叶片，如 K3、M17 等。我国常用的导向叶片材料有 K10、K11、KI2、K1、K2、K3 等，其中 K10 为钴基合金，K11 为铁基合金，其余均为镍基合金。

目前，为了进一步提高涡轮转子叶片与导向叶片的高温性能，发展涂层技术已成为重要措施之一，它既能防止基体的氧化腐蚀，又能起到良好的隔热作用。

5.6.4　涡轮机匣和导向器内外环

由于高温燃气的冲刷，要求涡轮机匣和导向器内外环的材料具有较高的耐热性、抗腐蚀性、抗氧化性，并要求零件在工作温度下变形小。

根据工作温度与制造方法的不同，这些零件可采用 CH34、1Cr18Ni9TiA、22Cr11Ni25W 等耐热钢制成。

随着涡轮前燃气温度的提高，发展新型的涡轮结构材料势在必行。目前，主要方向是发展新型高温合金、高温复合材料及高温陶瓷材料。未来，金属基复合材料、陶瓷基复合材料和陶瓷，以及碳/碳复合材料将在发展高性能涡轮部件中占重要地位。

5.6.5　热障涂层技术

1. 涡轮叶片热障涂层技术概况

随着发动机性能需求的提高，涡轮前温度要求不断提升。为了保证长期可靠工作，涡轮叶片普遍由镍基单晶基体、热障涂层（Thermal Barrier Coatings，TBC）以及复杂气冷结构组成。热障涂层是一种有效的热防护手段，它在提高涡轮前温度和延长叶片使用寿命方面成效显著，已成为高性能发动机研制的关键技术之一。

热障涂层技术是指将具有高耐热性、高抗腐蚀性以及低热导率的陶瓷材料以涂层的形式覆盖在热端部件表面的一种热防护技术，能够在一定程度上阻止燃气温度向基体材料传递，降低基体的工作温度，从而保障以涡轮叶片为主的热端部件在高温环境下稳定运行，典型的热障涂层如图 5-77 所示。目前，热障涂层技术已经在现役的军用、民用涡扇发动机燃烧室、涡轮以及喷管等部件得到广泛应用。

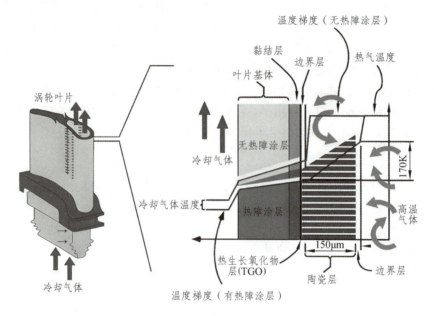

图 5-77　热障涂层典型结构

热障涂层结构形式主要包括双层材料结构、多层材料结构以及梯度材料结构 3 种，如图 5-78 所示。双层材料结构制备工艺成熟，是目前主流热障涂层材料结构，主要由金属黏结层和表面陶瓷涂层组成。其中，金属黏结层位于基体与陶瓷涂层之间，起到减小界面应力以及抗氧化的作用，防止陶瓷表面过早剥落，双层材料在高温环境下还会在陶瓷层与黏结层之间生成热生长氧化物（Termally Grown Oxide，TGO）层。TGO 对于双层材料结构一方面可以阻止氧气的进一步渗透，起抗氧化腐蚀作用；另一方面，TGO 破坏了涂层系统的力学相容性使陶瓷与金属界面，成为限制涂层使用寿命的最薄弱环节。

多层材料结构是为了提高涂层的抗腐蚀和抗氧化性能，同时缓解涂层内的热力不匹配，在双层结构的基础上增加了封阻层和隔热层。但由于多层材料结构界面应力更加复杂，制备工艺烦琐，目前大多还处于研究阶段。经研究发现，双陶瓷结构，即在典型热障涂层之上再添加一层热稳定性更高的陶瓷层，对热障涂层的寿命延长和使用温度的提高有着显著的效果，且其制备工艺相对简单，是目前最具有发展潜力的热障涂层结构。梯度结构是陶瓷层和黏结层的成分结构在基体上连续变化的一种结构，该结构在涂层力学性能改善和降低热膨胀系数不匹配问题上具有明显优势，但在制备技术上还存在诸多问题待解决。

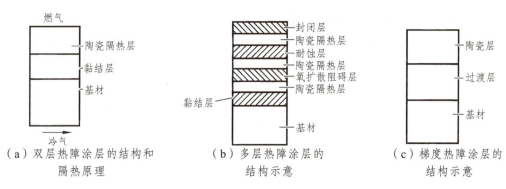

图 5-78　热障涂层结构形式

（a）双层热障涂层的结构和隔热原理　（b）多层热障涂层的结构示意　（c）梯度热障涂层的结构示意

2. 涡轮叶片热障涂层应用发展

热障涂层的研究起源于 20 世纪 40 年代末至 50 年代初，首次应用是在 20 世纪 60 年代。美国国家航空航天局（NASA）将热障涂层技术用于 X-15 高超声速飞机的火箭发动机上。同时 JT8D 发动机和 JT9D 发动机的燃烧室、涡轮以及其他热端部件也采用热障涂层工艺。

20 世纪 70 年代后期英国罗罗公司采用等离子喷涂工艺制备第一代热障涂层，并应用在 J75 发动机上。20 世纪 80 年代，美国普惠公司成功研发了第二代等离子体喷涂（PS）热障涂层 PWA264，该热障涂层首先在 JT9D 发动机的涡轮叶片上成功应用，之后在 PW2000、PW4000 和 V2500 等发动机的涡轮叶片上逐渐使用。20 世纪 80 年代末，普惠公司采用电子束物理气相沉积技术（EB-PVD）研制第三代热障涂层，其金属黏结层采用低压等离子喷涂（LPPS）技术制备。该涂层在 JT9D 和 PW2000 上成功得到验证，后陆续应用于 JT9D-7R4、V2500 等发动机上。20 世纪 90 年代初，美国 GE 公司成功采用大气等离子喷涂（APS）和 EB-PVD 热障涂层，分别用于 CF6-80 发动机的第二级涡轮导向叶片和第一级涡轮转子叶片，同时将 EB-PVD 陶瓷热障涂层应用于 CFM56-7 发动机的第一级涡轮导向叶片。在役发动机高压涡轮叶片热障涂层应用的主要材料及制备技术见表 5-1。从表中可见，欧美发达国家 MCrAlY 黏结层制备技术主要以低压等离子喷涂和超声速火焰喷涂为主，8YSZ 陶瓷层制备技术主要以 APS 和 EB-PVD 为主。

表 5-1　国外主要民用航空发动机涡轮叶片热障涂层应用情况

型号	部件	涂层	工艺
CF6-50	2 级导向叶片	MCrAlY/8YSZ	LPPS/APS
CF6-80	1 级转子叶片	PLAI/8YSZ	电镀+渗层/EB-PVD
CFM56-7	1 级导向叶片	铝化物/8YSZ	渗层/EB-PVD
PW2000	1 级转子叶片	MCrAlY/8YSZ	EB-PVD/EB-PVD

3. 涡轮叶片热障涂层材料分类

热障涂层的材料主要包括热障涂层表面的陶瓷材料和热障涂层的黏结层材料。

1）热障涂层表面陶瓷材料

热障涂层的陶瓷层主要起隔热作用，要求材料具有高熔点低密度、低热导率高热发射率、化学惰性和高相稳定性等重要物理化学特征，同时具有与基体材料相匹配的热膨胀系数。在高温燃气环境下还应该具有抗高温氧化和热腐蚀，以及具有较低烧结率和高抗热冲击能力。

目前，常用的热障涂层陶瓷材料是 6%～8%氧化钇（Y_2O_3）部分稳定氧化锆（ZrO_2），即 YSZ。

YSZ 是目前最成功、应用最广泛的热障涂层陶瓷材料之一，主要由基体材料 ZrO_2 和稳定剂 Y_2O_3 组成。ZrO_2 具有熔点高、导热系数低以及与金属材料有着相近的热膨胀系数等特点，且相比 Al_2O_3 和 $3Al_2O_3 \cdot 2SiO_2$，ZrO_2 有着更好的综合性能。但由于 ZrO_2 在 1 373 K 左右时会发生相变，引起 4%左右的体积变化，体积的变化会使得涂层内部应力增加，最终会引起涂层破裂而失效。因此，为了保证 ZrO_2 能够在相变温度区间稳定工作，需要在 ZrO_2 中添加金属氧化物 Y_2O_3 来控制相变的发生。研究表明，当 Y_2O_3 的质量分数占比在 6%～8%时，YSZ 具有高硬度、高熔点、低密度、低弹性模量、低热导率和高膨胀系数等特性，且具有较高的抗腐蚀性能和更好的相稳定性。YSZ 尽管是目前主流的热障涂层材料，但在使用温度高于 1 473 K 时容易发生相变和烧结，引起涂层产生裂纹或剥落，最终导致涂层失效。因此，在温度超过 1 473 K 以后，YSZ 热障涂层使用具有较大的局限性。

为了适应更高的使用温度，需要进一步开发新的热陈涂层材料。目前，开发耐更高温度具有更高隔热效果的新型陶瓷材料主要通过两种方式，一种对现有热障涂层材料 YSZ 进行改良和寻找新的具有潜力的热陈涂层材料。研究表明，在 ZrO_2 中掺杂两种以上的稀土氧化物可进一步降低其热导率和改善其高温相的稳定性，且提升热障涂层的热循环寿命，如 $ZrO_2(Y_2O_3)+HfO_2$、$ZrO_2(Y_2O_3)+Gd_2O_3$、$ZrO_2(Y_2O_3)+SiO_2$、$ZrO_2(Y_2O_3)+Sc_2O_3$ 等。除了在 YSZ 中增加稀土氧化物，有研究者还通过在 ZrO_2 中添加不同稀土氧化物来获得性能更好的涂层材料。

另一种方式是寻找耐超高温且高隔热的热障涂层陶瓷层材料。目前，研究发现具有潜力的材料包括钙钛矿结构化合物、烧绿石和萤石结构化合物、磁铅石型结构化合物等。钙钛矿结构化合物具有高熔点、低热导率以及高膨胀系数等特点，是热障涂层陶瓷的备选材料之一，典型的包括 $SrZrO_3$、$CaZrO_3$、$BaZrO_3$ 等。其中，$SrZrO_3$ 的熔点高达 2 650 ℃，且相比 YSZ 具有更高的热膨胀系数、更低的弹性模量和更好的韧性。烧绿石和萤石结构化合物（$A_2B_2O_7$）具有比 YSZ 更低的导热系数和高温下更好的相稳定而被广泛研究，但由于热膨胀系数较低且与黏结层和基体的匹配性不好等原因，导致目前还难以在工程中应用。石榴石型化合物则因具有高的相稳定性和极低的氧透过率而成为陶瓷材料的候选材料之一，如典型的石榴石型化合物 $Y_3Al_5O_{12}$ 直至熔点都不会发生相变，且其氧透过率比 ZrO_2 低 10 个数量级，可有效防止黏结层被氧化，但其热膨胀系数低以及制备困难是主要应用难点。磁铅石结构化合物因其具有高熔点、高膨胀系数低热导率、低烧结速率和良好的抗氧化腐蚀性等特点，是目前最有可能取代 YSZ 成为新的 TBC 材料。

2）热障涂层黏结层材料

黏结层是连接陶瓷层和基体的中间层，其主要作用是改善基体材料与陶瓷表面涂层热膨胀系数不匹配问题，同时也起到抗氧化腐蚀的作用。目前常用的黏结层主要有 MCrAlY 合金和 PtAl。

MCrAlY 合金的抗氧化机理是在高温环境下，黏结层表面首先形成 Al_2O_3 保护性氧化层，进一步阻止涂层的氧化，达到保护基体的目的。MCrAlY 中 M 是合金中的基体材料，主要指 Fe、Ni、Co 或 NiCo，其中除了 FeCrAlY 以外，其他 3 种合金都在热障涂层中使用过，且 NiCo 组合则兼具了 Co、Ni 的优点，有着较好的抗氧化腐蚀性能和较好的韧性。Cr 不仅可以保证涂层的抗腐蚀性能，还可以促进 Al_2O_3 的生成，Al 是生成 Al_2O_3 的主要元素。元素 Y 可以提

高 Al_2O_3 氧化层与基体的结合力，改善涂层的抗振性能，其含量一般低于 1%。同时，涂层中还可以通过添加 Re、Th、Si、Hf、Ta 等元素改善涂层的性能。但是，MCrAlY 黏结层在高温环境下生产的 Al_2O_3 氧化膜会不断增厚，同时还会在氧化膜和陶瓷层之间形成脆性氧化物，导致抗振性和寿命下降。

PtAl 具有优异的抗氧化性能和抗高温蠕变性能，其氧化层的黏附性相对较强，是未来大推力航空发动机热障涂层粘接层的主要材料。目前，在 GE 公司的 CFM56-7B、GE90 和 CEnx 发动机以及罗罗公司的 Trent1000、Trent900 发动机涡轮部件的转子叶片或导向叶片上，大多采用 PtAl 作为黏结层。

思考题

1. 简述航空燃气涡轮发动机中涡轮的作用。
2. 航空燃气涡轮发动机中，涡轮有哪两种基本类型？
3. 概括涡轮工作条件有哪"三高"。
4. 涡轮转子的连接结构有哪些形式？
5. 从截面叶形的厚薄、曲率、叶冠或凸台、榫头、材料、冷却等几方面看，涡轮工作叶片与压气机工作叶片的区别有哪些？
6. 涡轮工作叶片的叶冠有哪些功用，常见的叶冠形式有哪几种？
7. 简述枞树式榫头的优缺点。
8. 大多数发动机的涡轮机匣为什么采用整环形？
9. 为什么涡轮中要采用主动间隙控制？
10. 涡轮中受热最严重的零件是哪里？
11. 压气机转子设计相比涡轮转子设计，其特殊要求主要有哪些？
12. 什么是涡轮径向间隙？涡轮径向间隙对涡轮性能有什么影响？减小径向间隙的措施有哪些？
13. 涡轮机匣和压气机机匣相比的结构特点是什么？
14. 涡轮部件冷却的目的及对冷却气的要求是什么？在涡轮部件上采用的冷却、散热、原热措施有哪些？
15. 挂钩式涡轮导向器有哪些优点？
16. 涡轮转子叶片的温度分布规律及危险截面位置是什么？
17. 简述涡轮盘上温度的分布情况。
18. 涡轮盘冷却方式有哪两种？
19. 涡轮叶片的冷却方式有哪几种？
20. 对转涡轮的技术优势有哪些，有哪几种基本类型？
21. 涡轮部件的常用材料有哪些？
22. 涡轮叶片的热障涂层有哪些种类？

发动机的排气装置是指涡轮以后组织排气的构件。排气装置的组成和结构方案取决于发动机和飞机的类别及用途。排气装置包括尾喷管、反推力装置、消音装置等。尾喷管是燃气涡轮发动机必不可少的部件，其他的排气装置则是根据发动机和飞机的需要而设置的。

喷管安装在涡轮后面，也是燃气涡轮发动机的一个重要部件。喷管的功用是使燃气进一步膨胀，提高燃气的速度，并使燃气沿要求的方向排入大气，而产生需要的推力。

反推装置和矢量喷管是可以控制喷气流方向的装置。反推装置可使喷气速度产生一个向前的分量，而产生向后的推力（称为反推力），以缩短飞机的着落滑跑距离，或中止起飞时，使飞机快速减速。矢量喷管能使推力在一定方向改变，以提高飞机的机动性。

6.1　不可调节的收敛型喷管结构

喷管分为亚音速喷管和超音速喷管两种类型。亚音速喷管是收敛型的管道，而超音速喷管是先收敛再扩张型的管道。为满足在不同发动机状态下喷管的流量和膨胀比的要求，将亚音速喷管的出口面积，以及超音速喷管的最小面积（也称为喷管喉道面积）设计成可调。工作中，根据发动机的工作状态，由控制器自动控制。

目前，民用涡扇发动机和涡桨发动机的飞行速度都为亚音速，飞行中速度变化范围小，同时为了简化结构，降低制造成本，其喷管都采用固定（即喷管出口面积不可调）收敛型亚音速喷管。对涡轴发动机而言，其排气装置的目的不再是提高燃气排气速度，仅仅是保证将经涡轮膨胀做功后的燃气顺利地排出发动机，因此排气装置设计成扩张型通道。发动机工作时喷气流仅产生很小的残余推力。

亚音速及低超音速飞机用的不带加力燃烧室的涡喷发动机，以及涡轮后燃气焓降较小的涡桨发动机和涡扇发动机，都广泛采用不可调节的收敛型尾喷管。因为在飞行速度不大（$Ma \leqslant 1.5$）的情况下，燃气在收敛型尾喷管内由于不完全膨胀而损失的能量较小，所以采用这种简单的收敛型尾喷管是合适的。JT9D、PW4000、CFM56、RB211、GE90 等发动机都是采用这种尾喷管。

亚音速喷管一般包括排气锥（尾锥）、整流支板和喷口，如图 6-1 所示。

燃气从涡轮出来时，是经过一个环形通道流出的，并且有一定的旋转。为了降低涡流和摩擦损失，在涡轮出口装有尾锥。尾锥能使燃气从环形通道过渡到圆形通道，避免涡轮盘后的涡流损失。尾锥靠整流支板固定在排气管内，尾锥和排气管之间形成的通道为扩张形，使燃气的速度稍有下降，以减少流动摩擦损失。整流支板为叶形结构，其除了支承锥体外，还起整流作用，以保证燃气轴向排出。

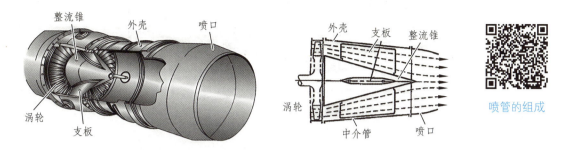

图 6-1　亚音速喷管的基本结构

有的涡扇发动机上，涡轮后面有一涡轮排气机匣。它主要包括内机匣和外机匣，内外机匣之间靠支板连接在一起。这些支板不但具有叶形结构，而且片数较多，起半级涡轮的作用。通常这些支板也是发动机转子轴承的支承，把转子的负荷传给机匣。支板一般是空心结构，一些测量排气压力或排气温度的探头装在其内，给轴承供油和回油等的一些管路也要穿过空心支板到达轴承腔。后整流锥向前安装在涡轮内机匣上，且较长，缩短了内涵通道的长度，使得整流锥伸出喷管之外，内涵道气流仍然是以环形截面流出。这样可以缩短内涵气流的流通路径，避免燃气通道面积的急剧变化，减少燃气的流动损失，提高内涵道燃气产生的推力，如图 6-2 所示。Leap 系列、GEnx、PW1100G、Trent XWB 等众多先进的高涵道比的涡扇发动机都采用了类似的结构。

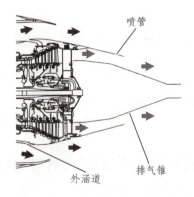

图 6-2　CFM56-3 发动机的尾喷管

涡轮风扇发动机的排气装置有两股气流，即外涵的"冷气流"和内涵的"热气流"。一般在较低涵道比的发动机中，可采用内外涵混合排气的方式，如图 6-3 所示。内外涵的气流经混合装置混合后，从同一喷口喷出。

高涵道比的涡扇发动机一般采用内外涵分开排气的方式，且内外涵道平行，如图 6-4（a）所示。相应的每个喷口的面积都经过严格设计，以达到最大喷气效率。但有的高涵道比涡扇发动机，也采用了内外涵混合排气的方式，如图 6-4（b）所示。

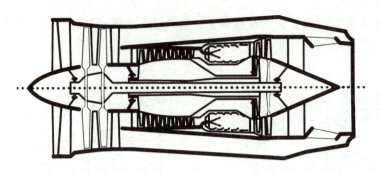

图 6-3　低涵道比混合排气涡扇发动机

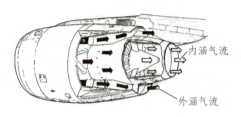

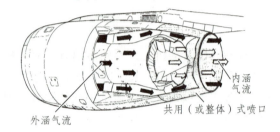

（a）分开排气　　　　　　　　　　　　　　（b）混合排气

图 6-4　高涵道比涡扇发动机的排气

　　罗罗公司在涡轮风扇发动机 RB211-535E4 上第一次采用了类似低涵道比涡扇发动机的共用式喷口[或整体式喷口，见图 6-4（b）]，即外涵冷气流由四周先流向中心，与由内涵（即核心机）流出的燃气掺混后，由喷口流出。共用尾喷管由两个同轴的收敛喷管组成，内外喷管靠支板连接在一起。内喷管前缘有安装边，共用尾喷管靠此安装边固定在涡轮排气机匣上。内喷管一般由高温合金制成，以承受核心机排出的高温燃气的温度。外喷管一般由轻质的材料（如钛合金）制成。

　　通常把内外涵道分开排气的叫作短外涵排气系统，而把内外涵混合排气的叫作长外涵排气系统。短外涵排气系统的外涵道短，所以整个推进系统的重量轻，吊舱的阻力小。而长外涵排气系统，由于外涵道加长了，所以整个推进装置的重量要增加，同时吊舱的阻力也大些。但这种排气装置也有它自己的好处：

　　（1）风扇效率会提高。采用混合排气喷管后，会使风扇的效率在巡航、爬升时均大于分开排气的喷管系统。

　　（2）提高推进效率。由于内外涵的掺混，使排气温度大大降低，从而减小了内涵燃气的热损失，提高了发动机效率。另外，混合还使排气速度降低，增加发动机的推进效率。

　　（3）降低耗油率。由于前面提到的效率提高了，所以使发动机在爬升和巡航时的耗油率下降。但这种效果相对来说在长航程的飞行中比较明显，而在短航程飞行中，由于重量的增加，这种优势就不明显了或抵不过重量增加所带来的缺点。

　　（4）降低噪声。排气速度的降低带来的另一个好处就是排气噪声低。对涡轮轴发动机而言，通常排气管起扩压作用，尤其是涡轮后带自由涡轮的涡轴发动机，排出的气流速度相当低。排气动能比较小，所以常常不被利用。

6.2　反推力装置

随着飞机飞行速度的增加，其降落时着陆速度也相应增大，尤其是民用飞机体积大、重量大，所以着陆时的惯性也大，这样滑跑距离就增长，尤其是在潮湿、结冰或被雪覆盖的跑道上，可能因飞机轮胎和跑道间的附着力损失而使机轮刹车的有效性降低。因此，现代民用飞机上多使用反推力装置。反推力装置在飞机着陆和中断起飞过程中使用，可产生附加的飞机制动力，迅速降低飞机在地面的滑跑速度，缩短滑跑距离（见图6-5）。

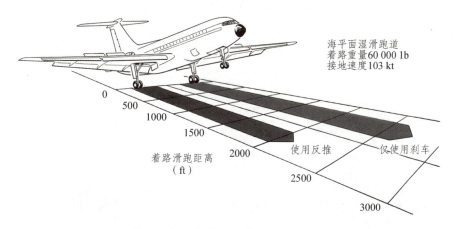

海平面湿滑跑道
着路重量60 000 lb
接地速度103 kt

0
500
1000
1500
着路滑跑距离（ft）
2000
使用反推
仅使用刹车
2500
3000

图6-5　使用反推和仅使用刹车的着陆滑行距离比较[1]

6.2.1　反推力装置的原理和工作要求

反推力装置是将排气系统的气流折转向斜前方（约45°）排出而产生反向推力，反推力的大小与折转的燃气流量、排气速度、折转角和飞行速度等有关。在涡喷和小涵道比涡扇发动机中，反推力装置一般安装在尾喷口之后。在现代高涵道比涡扇发动机中，由于发动机推力的3/4以上是由外涵气流产生的，因此将反推力装置装在外涵道上，工作时外涵道冷气流折向产生反向推力，内涵道的热气流仍然产生正推力，因此，发动机产生的反推力为两者之差。

目前，带反推力装置的发动机一般能在 1~2 s 的时间内完成正推力工作状态与反推力工作状态之间的相互转换，反推力量值可达该转速下正推力的 40% 左右。

民航机上反推力装置通常只有当飞机着陆后才能打开，一般在飞机起落架上装有触地开关，当飞机降到跑道后，触地开关才能打开操纵反推力装置的电路系统。当飞机由反推力装置和刹车装置共同作用下，速度迅速降低到一定值后，应立即关闭反推力装置，否则发动机会吸入折转向前的气流，造成压气机喘振。

6.2.2　反推力装置的类型

根据应用情况，反推力装置可分为内涵反推和外涵反推两大类，前者又称为热气流反推，

---

① 1 ft = 0.304 8 m，1 lb = 0.454 kg，1 kt = 1.852 km。

后者又称为冷气流反推。热气流反推力装置多用于老式低涵道比喷气发动机上，冷气流反推广泛应用于高涵道比的涡扇发动机中。

1. 内涵反推

常用的内涵反推（热气流反推）装置有蛤壳型门和戽斗门两种形式。

1）蛤壳型门式

蛤壳型门式反推装置位于尾喷管之前，由两扇蛤壳式反推力门、壳体、转向出口、出口叶栅和操纵结构组成（见图 6-6），常由高压压气机的引气气动操作。反推工作时由操纵机构将两扇蛤壳式反推力门向后转动，迫使气流折转，分别通过上下转向出口，从叶栅通道向斜前方排出，产生反推力。

反推原理和种类

在尾喷管折转气流的优点是气流压力高，易将气流分出，反推力大，但反推力要通过发动机上的零件来传递，需要相应加强发动机有关零件的强度。反推力装置处于高温下工作，需要有效地冷却。

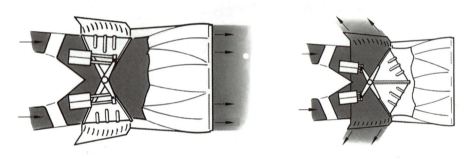

图 6-6　蛤壳门型反推力装置

2）戽斗门式

戽斗门式反推装置（见图 6-7 和图 6-8）通常由飞机液压系统操作，用伸缩式作动器作动。作动器装在燃烧室向后伸到喷管的一根导轨上，反推工作时，液压力把作动器向后推动，操纵两个戽斗门（半圆筒形）转到燃气流中，迫使气流向斜前方排出，产生反推力。

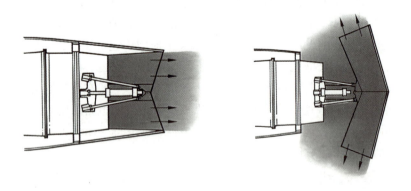

图 6-7　戽斗门式反推力装置

图 6-8　MD82 飞机的庌斗门式反推力装置

2. 外涵反推

外涵反推也称为冷气流反推，常用的冷气流反推力装置包括带有平移罩的格栅式反推和枢轴门式反推两种形式，冷气流反推广泛应用于高涵道比的涡扇发动机中。

1）格栅式反推

带有移动套筒的格栅式反推装置（见图 6-9）装在外涵道上，由两半反推器组成，每半反推都是 C 型涵道，通常为液压操纵或气动操纵，主要部件包括移动套筒、液压或气动作动筒、柔性转轴、格栅组件、阻流门、阻流门阻力杆、扭矩盒等。风扇排气通道由内套筒和移动套筒之间的通道形成，内套筒固定在风扇框架上，移动套筒可沿滑轨前后移动。在正推力状态，移动套筒处于收进位置，内套筒和移动套筒之间形成平滑的气流通道，风扇排气流过此环形通道向后高速排出机外，产生正推力。当使用反推时，移动套筒在反推作动筒作用下向后移动，同时带动阻力杆，逐渐将阻流门拉起。当移动套筒完全展开时，阻流门完全关闭，堵塞了外涵道向后的排气，同时格栅通道打开，风扇排气在格栅叶片的引导下，向斜前方喷气，产生反推力。

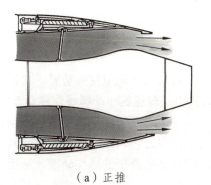

（a）正推　　　　　　　　　　　　　（b）反推

图 6-9　带移动套筒的格栅型反推力装置

2）枢轴门反推

枢轴门反推装置也是由两个 C 型涵道组成，它有 4 个大的阻流门（每个 C 型涵道上有 2 个），阻流门可在液压作动筒作用下打开和关闭。当反推收藏时阻流门与发动机整流罩齐平，风扇排气产生正推力；当阻流门打开时，把外涵道堵塞，使气流按阻流门的方向排出，产生反推力。图 6-10 所示为用于 A330 飞机 Trent700 发动机上的枢轴门反推装置。

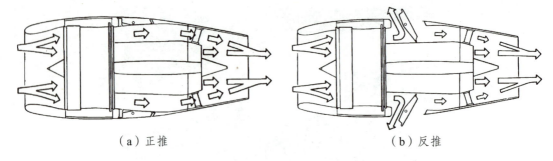

（a）正推   （b）反推

图 6-10　Trent700 发动机的枢轴门反推力装置

6.2.3　反推系统的子系统

典型的反推系统通常由以下分系统组成：操纵系统、作动系统、气流转向系统、指示系统。控制系统用于控制反推装置的收藏和展开。作动系统有气动或液压的部件，按控制系统信号移动气流转向机构。气流转向系统引导气流到产生安全反推力的最佳方向上。

1. 操纵系统

操纵系统的主要部件是驾驶舱的反推手柄，用来选择反推装置的放出和收起。拉反推手柄作动反推控制电门，用于开始反推操作和控制反推装置运动的方向。反推控制系统由空地信号逻辑保护，在飞行中不能展开反推。但在 B737 飞机，还用无线电高度表信号作为替代，其优点是当飞机接地前飞行高度低于 10 ft 时，反推能够展开。

反推操纵系统有油门互锁机构，此机构具有两个功能：（1）只有反推装置完全展开时才能增加反推功率；（2）保证只有反推装置完全收进之后，才能操纵推力杆增加正推力。

反推装置有自动再收上功能，即万一反推装置意外打开，控制系统能自动探测到，并能及时把反推装置收回且锁死。若意外打开，收不上来，发动机的功率应能自动从高功率减小到慢车功率。

2. 作动系统

反推装置的作动系统通常有气动式和液压式两种。

气压反推作动系统常用于蛤壳式反推装置和有移动套筒的格栅型反推装置。它们通常是供应发动机引气到空气马达，空气马达经驱动轴和齿轮箱用球螺旋作动器操作移动套筒。

通过液压作动大的阻流门。在枢轴门反推装置上，每个阻流门有单独的液压作动器；在有移动套筒的格栅式反推装置上，液压作动器更为复杂，因为它们必须同步工作。液压的反推作动系统通常有控制活门组件，接受控制系统来的信号供应液压油到作动器，从而展开或收藏反推装置。

所有反推装置必须有锁机构，确保在正推力状态时反推装置在安全收藏位不能随意移动。液压系统在作动器上有锁组件或分开的锁闩机构，当反推收藏时，锁闩机构的钩子固牢阻流门在收藏位；气动反推系统通常在空气马达有制动作为锁定组件。

3. 气流转向系统

气流转向系统引导气流到产生安全反推力的最佳方向上。常见的气流转向系统有蛤壳式、斗斗门式、旋转折流门式和带移动套筒的格栅式反推装置。图 6-11 和图 6-12 所示分别为带移动套筒的格栅式和枢轴门式气流转向系统。

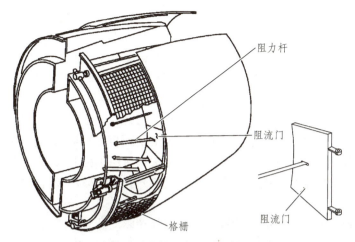

阻力杆

阻流门

阻流门

格栅

图 6-11　带移动套筒的格栅式气流转向系统

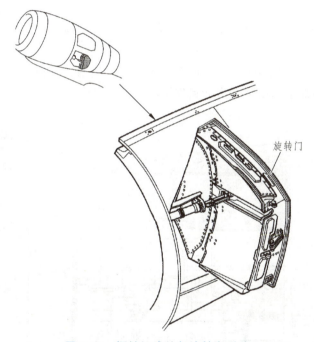

旋转门

图 6-12　枢轴门式的气流转向系统

　　在带移动套筒的格栅式反推装置中，反推整流罩有固定部分和可动部分，气流转向系统部件在反推整流罩中，主要由阻流门、格栅、内套筒和（可移动的）外套筒组成。阻流门连在固定的整流罩和移动套筒之间，当反推收藏时它们同风扇排气通道齐平，当反推展开时它们随移动套筒的运动而进入阻流位置。格栅叶片段用螺栓连接到反推整流罩的固定部分。左右发动机格栅的布局是不同的，当更换格栅时必须要确保其正确的布局。不正确的安装会导致暴露于排气中的结构件寿命降低。

6.2.4　气动式反推力装置

气动操作的反推系统主要部件包括引气供应管、控制活门、一个或两个气动驱动装置、齿轮箱、软驱动轴和球螺旋作动器（见图6-13）。引气来自高压压气机靠后的级，控制活门打开时，引气进入气动驱动装置空气马达。空气马达旋转经软驱动轴和齿轮箱操作球螺旋作动器。

涡扇发动机气动操作的反推有两种设计，一种是有一个中央气动驱动装置驱动两半反推；另一种是有两个气动驱动装置，每半反推由一个驱动装置驱动。

该反推系统的第一个部件是压力调节和切断活门，有三个功能：供应反推系统引气，调节空气压力为恒值，保护下游部件不超压。活门由反推杆经空地逻辑电路通过电磁线圈控制。空气供应管连到气动驱动装置。方向操纵活门（选择活门）控制反推装置向展开和收藏方向运动。电磁活门也由反推杆通电和断电，供给或断开到气动驱动装置方向控制活门的控制压力（见图6-13）。

气动驱动装置也称为中央驱动装置，典型的气动驱动装置有空气马达，方向和转速控制活门，内部制动，同球螺旋作动器连接的斜齿轮，上和下转动套，反馈机构和位置指示电门。气动驱动装置接受进口软管来的空气，操作它自己的球螺旋作动器并经软轴驱动在角齿轮箱上的球螺旋作动器。

方向控制活门控制空气马达转动方向，当压力调节和切断活门和方向操纵活门（选择活门）打开时，空气压力移动方向控制活门到展开位。空气转动马达齿轮，然后离开空气马达通过方向控制活门的另一侧到排气口。收藏反推时，空气马达在相反的方向上操作。方向操纵活门关闭，方向控制活门由弹簧力推到收藏位。

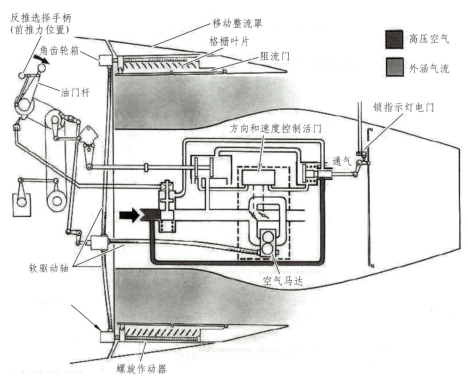

（a）正推力状态

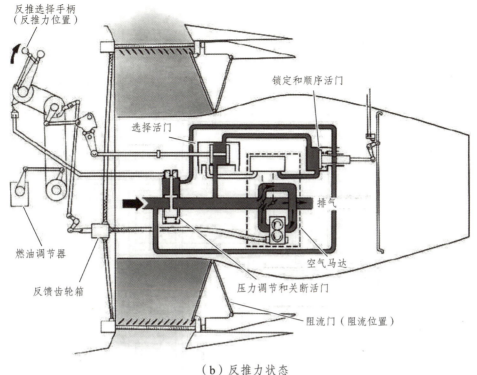

（b）反推力状态

图 6-13　气动式反推工作原理

整流罩移动开始运动快，接近终点时减慢最后停下来。空气马达的转速由反馈机构通过转速控制活门控制，反馈机构装在反推整流罩上。

气动操作的反推器由气动驱动装置的制动锁住。制动类型和制动方法是不同的，一些制动是由方向控制活门的反馈机构操作的，另一些是由分开的气动制动作动器实施的。

在反推装置有故障的飞机上，如果飞机欲签派，必须使反推器不工作。气动式反推装置不工作的方法有：第一种是保证反推系统没有引气操作空气马达，这可通过手动关闭和锁住压力调节和切断活门实现；第二种是中断到压力调节和切断活门或方向操纵活门电磁线圈的电源；第三种也是最有效的方法是机械地固定可动的反推部件到固定的反推整流罩上。

6.2.5　液压式反推力装置

液压作动的反推装置可用于不同的反推类型，如 B737-200 飞机的斗斗门型反推装置、B737-300 飞机的带移动套筒格栅型反推装置、A330 飞机的枢轴门型反推装置等均采用液压作动。液压式反推装置的控制过程与发动机采用机械式还是电子式反推力操纵系统有关。

1. 机械式反推力操纵系统的工作

在采用机械式推力操纵系统的发动机上，反推力系统主要包括油门杆和反推手柄、液压控制组件、方向控制活门、操纵钢索、操纵毂轮和反馈系统，如图 6-14 所示。反推装置的收、放由油门杆和反推手柄控制。油门杆和反推手柄是互锁的，只有油门杆在前推慢车位，才能拉起反推手柄，在其他位置时，反推手柄被锁死。当拉起反推手柄后，油门杆就被锁定在慢车位。

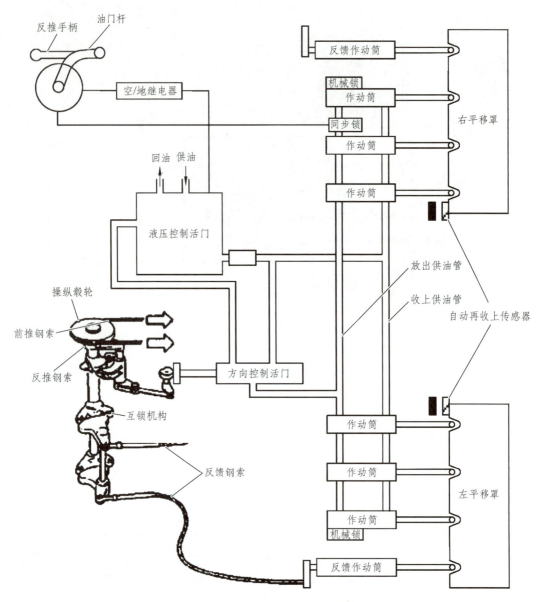

图 6-14　机械式反推操纵简图

　　油门杆在前推慢车位时，当拉起反推手柄，反推控制电门被作动，油门组件发出电信号到达同步锁和液压控制组件，同时反推手柄带动油门操纵系统的毂轮转动，毂轮通过机械连接作动方向控制活门，毂轮还通过钢索到达发动机的燃油控制组件以控制发动机的功率大小。反推展开控制的具体过程如下：同步锁先被打开，允许软轴转动。之后液压控制组件内的隔离活门通电打开，允许来自飞机的液压油进入反推系统。液压油分两路，一路到达收上供油管，即液压油先到达作动筒的收上端，这样有利于带锁作动筒上的机械锁开锁；另一路到达方向控制活门，此时方向控制活门被机械连接作动到"放出"位，液压油被送到放出供油管，液压力先把带锁作动筒的机械锁打开，然后到达每个作动筒的放出端。此时，作动筒的放出端和收上端都通高压油，因为柱塞放出端的面积比收上端的面积大，所以作动筒伸出，使气流转向机构展开。反推展开到一定距离时，锁接近电门给出开锁信号，并在驾驶舱给出开锁指示。当反推装置继续放出到一定位置时，反馈作动筒的接近电门发出信号，使反推开锁显示变为反推完全展开显示。反馈作动筒还通过反馈钢索把反推装置的位置反馈到油门操纵互锁机构，防止反推完全展开之前增加发动机功率。

收起反推时，把反推手柄收回，则油门操纵毂轮通过连接机构改变方向控制活门的位置，使作动筒的放出端通回油，而收上端仍然通高压油。作动筒缩回，把反推装置收上。当平移罩完全收上后，作动筒机械锁锁死。液压控制组件内的隔离活门断电关闭，切断飞机与反推系统之间的液压联系。

反推装置有自动再收上功能。在正常飞行过程中，反推装置靠机械锁保持在收上位，作动筒的收上、放出端都通回油。万一反推装置意外放出，自动再收上传感器感受到平移罩远离后，会发信号给液压控制组件，使隔离电磁活门通电，隔离活门打开，把压力油送往作动筒的收上端，使反推装置收上来。若反推装置收不上来，继续放出，则反馈钢索带动互锁机构，通过互锁机构把油门推回到小功率位置。

2. 电子式反推力操纵系统的工作

在 FADEC 控制的发动机上，反推装置的工作完全由发动机电子控制器（EEC）来控制，这包括反推装置的放出和收上的控制、反推力大小的控制以及反推装置的自动再收上、自动再放出等安全保护功能的控制。图 6-15 所示为空客 320 飞机上的 V2500 发动机的反推控制系统。反推装置每侧的"C"涵道上有两个作动筒，其中一个带机械锁和人工开锁手柄，开锁时有锁接近电门开锁信号传给 EEC。这 4 根作动筒靠软轴连接在一起，起到同步的作用。反推装置的控制是靠电信号来完成的，从驾驶舱的油门杆到反推装置，没有机械（操纵钢索）连接，完全是电传操纵。

典型发动机反推的
组成和工作

当油门杆在前推慢车位时，提起反推手柄，并向后拉油门杆，则电信号到达同步锁（或独立锁系统）使其解锁，电信号同时到达 EEC 和 EIU（发动机界面组件）。EEC 检查飞机是否落地、发动机是否在慢车功率，若满足条件，后向液压控制组件内的隔离活门供电，同时 EEC 使反推准许电门闭合从为方向控制活门供电。反推展开控制的具体过程如下：液压控制组件内的隔离活门通电打开，允许来自飞机的液压油进入反推系统。液压油分两路，一路到达收上供油管，即液压油先到达作动筒的收上端，这样有利于带锁作动筒上的机械锁开锁；另一路到达方向控制活门，此时方向控制活门被 EEC 通电作动到"放出"位，液压油被送到放出供油管，液压力先把带锁作动筒的机械锁打开，然后到达每个作动筒的放出端。此时，作动筒的放出端和收上端都通高压油，因为柱塞放出端的面积比收上端的面积大，所以作动筒伸出，使气流转向机构展开。

开锁信号由接近电门传给 EEC（或 ECU）。EEC 在 ECAM 的 EPR 表上给开锁指示（琥珀色 REV）。在反推装置放出过程中，LVDT（或 RVT）不断把平移罩（或枢轴门）的位置反馈给 EEC。当反推装置放出到一定位置后，ECAM 上的反推装置开锁指示转换为反推装置完全放出的指示（绿色 REV），此时 EEC 允许发动机的功率增加。

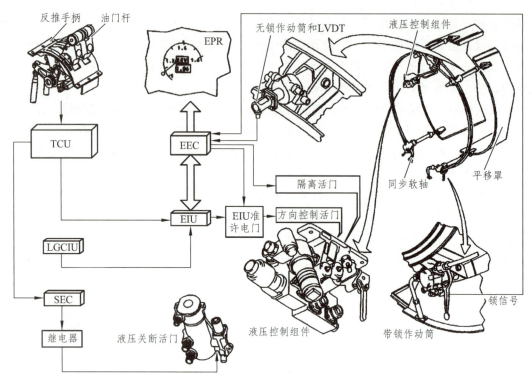

图 6-15　V2500 发动机的反推系统

在发动机前推力工作状态时，若反推装置意外开锁并放出，则 EEC 给液压控制组件内的隔离活门通电，允许来自飞机的液压油到达作动筒的收上端，把反推装置收回。若反推装置不能收回，继续放出，则 EEC 自动把发动机的功率减小到慢车。

在发动机反推力工作状态时，若 EEC 感受到反推装置意外收回，则 EEC 给隔离活门断电，使反推装置与飞机的液压系统隔离，这样反推装置靠气动负荷保持在放出位。若不能保持在放出位，继续收回，则 EEC 自动把发动机的功率减小到慢车。

使液压作动的反推装置不工作有两种方法，一是机械地锁住可动的反推部件，二是断开到反推作动器的液压供应。例如，关闭反推控制活门组件上手动操作的切断活门，使反推系统液压地不工作。A320 飞机可以在每个阻流门插入锁螺栓和锁定板来使反推不工作；在 B737飞机上固定的反推整流罩和移动套筒之间安装不作动销，可以机械地使反推装置不工作。同时安装红色指示销指示出反推不工作。

6.3　噪声的抑制

虽然长期以来飞机噪声对居住在机场附近的居民影响很大，但它成为主要问题却是在 20世纪 50 年代喷气式飞机的使用以后。特别是到了 20 世纪 60 年代，在大城市机场附近产生了无法接受的噪声。现在，机场条例和发动机的适航取证都强烈约束飞机的最大噪声水平，这也使燃气涡轮发动机的噪声抑制成为最重要的研究领域之一。喷气飞机安装消声装置，在重量、推力和燃料消耗上都要付出相当大的代价。

6.3.1 噪声源

噪声是由速度和频率都不稳定的气流产生的。喷气发动机的噪声源主要有 4 个：风扇/压气机、燃烧、涡轮和排气流。噪声可分为内部噪声和外部噪声两大类。内部噪声主要是风扇、压气机和涡轮工作时产生的，可在气流通道内采用声学处理方法衰减；外部噪声是高速排气流与周围大气混合时，由于大的速度差而产生强烈的湍流，一部分能量以声能形式辐射产生。可以通过增大涵道比和降低喷流速度的方式降低其噪声。

压气机和涡轮的噪声主要由于各级转子叶片和静子叶片的压力场和紊流尾流的相互作用下产生的，可分为两种截然不同的噪声：离散声调和宽频噪声。离散的声调是由于叶片尾流有规则地流过下游各级引起的，每一级都会产生一系列基波和谐波。尾流的强度主要取决于各级转子叶片和静子叶片之间的距离。如果距离短，压力场的相互作用就强烈，这导致较强的声调。在高涵道比发动机中，风扇叶片尾流流过下游静子叶片便产生这种声调，但由于速度较低和转子叶片和静子叶片之间的距离较大，因而强度较低。宽频噪声是由每个叶片与流过其表面的空气的相互作用产生的，即使在气流平稳时也是如此。流过叶片上的气流的紊流增大了宽频噪声的强度，也能产生几种声调。

但是发动机的噪声最主要的是高速排出的气流与周围空气的紊流混合所产生的排气噪声。因为现代发动机的燃气从尾喷管射出的速度高达 500 ~ 550 m/s，在大流量比的涡扇发动机中，由外涵风扇排出的大量气流与外界空气的速度差也很大，两者混合时将引起速度和压力的强烈波动，从而产生声波。而且，两者混合时引起的强烈紊流，其相互位移的剪力会大大增加气流的涡流和音响，在排气口附近产生小涡流引起高频噪声，在排气流后部大的涡流产生低频噪声，如图 6-16 所示。如果能减少排气流和大气之间的速度差和紊流位移的剪力，则可降低排气噪声。因此，燃气涡轮发动机的消音问题主要是降低排气噪声。实验指出，噪声强度与排气速度的 8 次方成正比。由此可知，降低排气的速度是最有效的消声办法。而且，不能随便降低排出气流的速度，否则将会影响整台发动机的性能。

噪声的产生及抑制

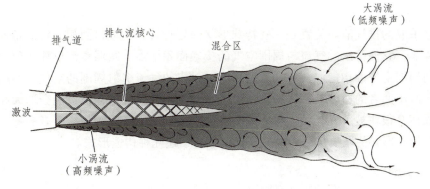

图 6-16　喷气流产生噪声

图 6-17 给出了低涵道比涡扇发动机与高涵道比涡扇发动机各部件声源强度变化的对比。可以看出对于当代大型高涵道比涡扇发动机而言，排气噪声已经降低到与风扇噪声相当的量

级。对于涡轮喷气发动机和低涵道比发动机而言，噪声的主要来源是尾喷气流。而对于高涵道比涡扇，由于发动机涵道比越大，喷气速度越低，因此噪声的主要来源是风扇和涡轮。图6-18 所示为不同类型发动机噪声强度级的比较。

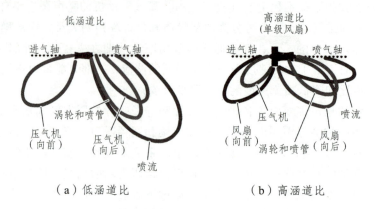

（a）低涵道比　　　　　　　　　　（b）高涵道比

图 6-17　低涵道比和高涵道比涡扇发动机的噪声源

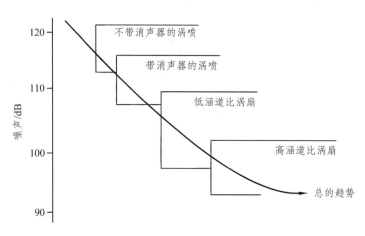

图 6-18　不同类型发动机噪声强度级的比较

6.3.2　降低噪声的方法

现在常采取的排气消声装置是一些特殊形状的尾喷管，在喷口面积一定的条件下，增大了喷口的周长。它使排出的气流与周围空气的接触面积增加，减弱紊流位移的剪力，加速排出的气流与周围空气的均匀混合，同时利用高速排出的气流引射周围的空气，使周围空气的流速增大，减小两者的速度差。这种方法可以有效减小低频噪声，但可能会增大高频噪声。不过高频噪声会很快被大气吸收，有些频率已超出人的听觉范围，传给听者的噪声仍然大大减弱。这种特殊形状的尾喷管称为消声喷管，它有下述几种构造形式。

1. 波纹式尾喷管

此种消声喷管的外壁开有若干个沿圆周均布的半椭圆形孔，各孔相应地焊一个同样的波形罩。罩子出口均在喷口截面，这样形成具有特殊出口截面的收敛形尾喷管。燃气喷出时，引射周围的空气通过波形罩，提高了周围空气的流速，增大了燃气与周围空气的接触面积，加速燃气与周围空气的混合，能达到降低排气噪声的目的。另一方面消音器变低频振动为高频振动，降低了人对喷气噪声的感觉程度。但是消声器会使发动机重量增加，推力减小，同时发动机外部阻力增大。图 6-19 所示为发动机的波纹式消音喷管，它有 6 个波形罩。

图 6-19　普通喷管（上）和波纹式消声喷管（下）

2. 星形尾喷管

星形尾喷管由一组沿流路为特殊形状的通道构成，如图 6-20 所示。尾喷管通道从圆形截面，逐渐收敛成星形或花瓣形。在此特殊形状的通道中置有隔板，使燃气排出时的扰动增加，增强消声效果。图 6-21 所示为 Sam146 发动机内涵道采用的星形消声喷管。这种消声喷管的消声效果比波纹式好一点，但是结构复杂，加工困难。有的发动机采用星形喷管时，具有中心尾锥体，而在喷口中央设有一股单独的燃气流，其消声效果要好一点。

图 6-20　星形尾喷管

图 6-21　Sam146 发动机的内涵道星形消声喷管

3. 内外涵道排气混合器

有些大涵道比涡扇发动机采用内外涵道排气混合器来消声。如 A340 飞机上的 CFM56-5 发动机为长外涵道排气装置，内外涵道排气混合排气，就采用了内外涵道排气混合器。内外涵道排气混合器可以在发动机内完成内外涵道热的高速气流与冷的低速气流的混合过程，降低排气气流的最高速度，达到降低噪声的目的。

图 6-22 所示为 12 瓣机械式内、外涵道排气混合器。混合器使外涵排气向内涵流动，内涵燃气向外涵流动，并利用回转形通道使内外涵排气速度的混合过程加快。JT8D 发动机采用的就是这种类型的混合器。

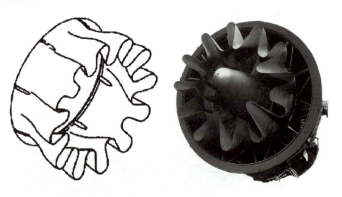

图 6-22　花瓣式内、外涵道排气混合器

图 6-23 所示为 CFM56-7C 发动机的排气系统，其采用了花瓣式混合器。在罗罗公司的 AE3007 发动机和普惠公司的 PW500、PW600 发动机上也都采用了类似的混合器。而罗罗公司的大型涡轮风扇发动机上广泛采用的是共用尾喷管。通过共用尾喷管把内外涵道连接在一起，使内外涵道的气流在共用尾喷管内混合后，再从同一喷口排出。共用尾喷管由两个同轴的收敛喷管组成，内外喷管靠支板连接在一起（见图 6-24）。内喷管前缘有安装边，共用尾喷管靠此安装边固定在涡轮排气机匣上。内喷管一般由高温合金制成，以承受核心机排出的高温燃气的温度。外喷管一般由轻质的材料（如铁合金）制成。

V2500、Trent 700 等发动机也是将内外涵道气流混合后再排出，虽然这样可以增加推力，但是混合器造成的推力损失较大，也会导致短舱重量，阻力增加，所以大尺寸发动机不太适合。

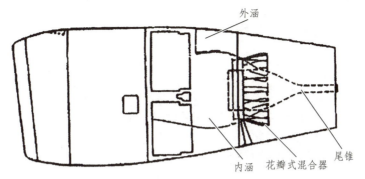

外涵

内涵　花瓣式混合器　尾锥

图 6-23　CFM56-7C 发动机的花瓣式混合器

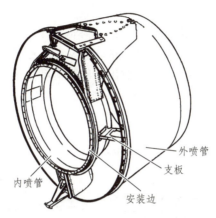

外喷管

支板

内喷管

安装边

图 6-24　罗罗公司的共用尾喷管

4. 锯齿形喷管

现代大型民用涡扇发动机，普遍采用分开排气的方式，在内外涵道均可采用锯齿形（Chevron）喷管来降低噪声，如图 6-25 和图 6-26 所示。实验研究表明，使用锯齿形喷管能同时降低喷流混合噪声和激波相关噪声。锯齿型喷口的作用类似涡流发生器，当这些锯齿浸入在整个高速流中时，在喷口后缘产生轴向涡，并引入剪切层内，加快了流体的动量交换过程，从而改变了整个掺混的过程，减少了低频噪声，且增加了内外涵之间的掺混作用，降低了核心区的长度。这样不但对下游方向喷流噪声有一定的降噪作用，并且加工工艺简单，不会引起发动机重量的增加，不会显著增加高频噪声，且锯齿型喷口推力损失很小。

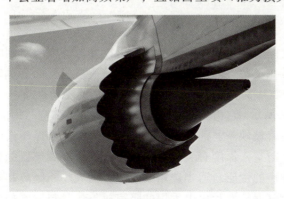

图 6-25　GEnx 发动机外涵道锯齿形喷管

图 6-26　CF34-10 发动机内涵道锯齿形喷管

5. 利用吸声材料

大涵道比涡扇发动机的降噪措施主要是设法降低风扇叶片的噪声。JT9D、CF6、RB211 发动机均采用无进口导流叶片的单级风扇，并且使风扇叶片与出口整流叶片之间有足够长的距离，以减小尾流产生的噪声。CF6 发动机出口的整流叶片不仅间距大，而且向后倾斜，并合理选择风扇叶片与整流叶片的数目，以减小轴向与切向干扰噪声。图 6-27 所示为 RB211 发动机的各种消声结构。

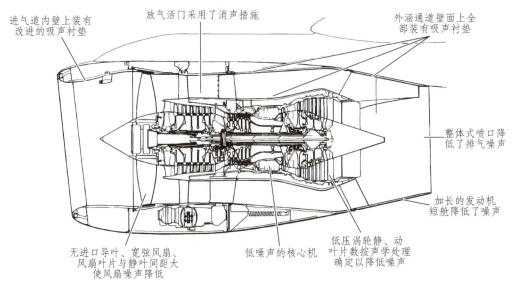

图 6-27　RB211 发动机的降噪措施

通过减少发动机内部向外传播的噪声能量，可以降低外部感受到的发动机噪声水平。现代民用涡扇发动机通常在发动机内壁面中，如进气整流罩内壁面、风扇机匣内壁面和尾喷管内壁面安装吸声材料，将声能转变成热，从而有效地降低发动机噪声。

吸声衬垫如图 6-28 所示。它由胶接在一起的多孔蒙皮，蜂窝结构的夹心层以及底层组成。蒙皮上的小孔对声波起着黏性减弱的作用。蜂窝的空穴能对噪声频谱中的某些音调进行调谐使之衰减，调谐的频率与空穴深度有关，空穴深度大，衰减频率低的音调。因此，可以根据发动机各部分通道内噪声的性质，适当选用蒙皮小孔的大小、距离和蜂窝空穴深度，使外传的噪声降低很多。在燃气涡轮发动机上采用的吸声衬垫的材料主要分为两类，一类是用于低温区的轻型复合材料，另一类是用于高温区的纤维-金属材料。吸音材料由一多孔金属或复合材料面板组成，由底板上的蜂窝状结构支撑，底板再粘贴到涵道或机匣的母体金属上去。在RB211 发动机的进气道，风扇通道及尾喷管的壁面上，装有 22 m^2 的吸声衬垫，使其外传噪声降低约 10 dB。但安装吸声衬垫后，增大了气流阻力，使发动机的耗油率增加约 0.5%。

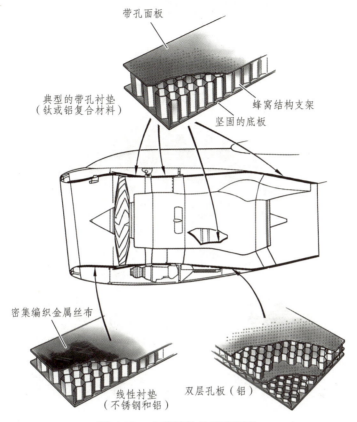

带孔面板

典型的带孔衬垫
（钛或铝复合材料）

蜂窝结构支架

坚固的底板

密集编织金属丝布

线性衬垫
（不锈钢和铝）

双层孔板（铝）

图 6-28　夹芯结构的吸声衬垫

6. 改进发动机内部设计

对于发动机的内部噪声，可以应用声学处理对发动机内部进行设计，降低噪声。主要措施有：采用无进口导流叶片的单级风扇；加大风扇转子叶片与其整流叶片之间的距离；合理选择转子叶片与静子叶片数目。

通过以上措施，目前民用喷气发动机的噪声的总体水平已经从早期的 120 dB 逐步地降低到 100 dB 以下。

思考题

1. 排气装置一般包括哪些部件？
2. 简单叙述尾喷管的功用。
3. 简要论述尾喷管的分类及应用。
4. 短外涵排气系统、长外涵排气系统在结构上有什么区别？长外涵设计有何优点？

5. 简要论述反推装置的作用。
6. 目前民用涡扇发动机的常用反推力装置有哪些类型？
7. 航空发动机的噪声源有哪些？
8. 不同类型的发动机噪声有何特点？
9. 目前民用涡扇发动机常见的消声措施有哪些？

前面章节分析了航空发动机各主要部件的结构，本章将分析发动机的总体结构，包括作用于主要零部件的负荷、转子的支承方案、支承结构以及静子承力系统等。对发动机总体结构的基本要求是：发动机各大部件承受负荷的方式和传递负荷的路线合理；在保证零部件刚度、强度满足要求的条件下，尺寸小、质量轻，同时要考虑发动机各大部件装拆、维修方便。

7.1 发动机受力分析

发动机工作时，作用在各零部件上的负荷按其性质可以分为以下三类。

（1）气体力：气流在发动机内部流动时，作用在各个零件表面上的压力和速度不同，因此与气体相接触的这些零、组件上作用有气体力或气体力矩。

（2）惯性力：惯性力是指当物体有加速度时，物体具有的惯性会使物体有保持原有运动状态的倾向。对航空发动机而言，惯性力表现在，当转子零件旋转时，产生离心惯性力；当飞机直线加速或减速、曲线飞行时，作用在发动机的零、组件上有惯性力和惯性力矩。

（3）热应力：在发动机工作时，由于各零件受热不均匀或者材料不同（线膨胀系数不同），当热膨胀受到约束时会产生热应力。

发动机上的这些负荷有的在零件或组合件内自身平衡而不向外传，如轮盘热应力在盘内平衡。有的负荷要传给相邻的部件，如飞机飞行时转子的惯性力和惯性力矩都要通过支承传出；尾喷管上的气体力要传给涡轮机匣。这时不仅要注意零件本身的受力，还要注意力的传递路线和作用点，传力路线所经过的零件均有力的作用。

本节主要分析外传的零、组件上的气体力及其力矩。

7.1.1 发动机零、组件上的气体轴向力

在发动机气流通道表面上作用有气体力。除通道外，与气体相接触的表面上也都作用有气体力。作用在发动机机匣外表面上的气体轴向力算在飞机的阻力中，由飞机的气动力计算考虑。此处只考虑作用在发动机机用内部的气体轴向力。因此，在分析发动机的零件或组合件上的气体力时，必须分别计算出在组合件或零件的各个表面上的气体力，最后再算出总的气体力。轴向力取推力方向为正。

1. 作用在进气装置上的气体轴向力

在如图 7-1 所示的进气装置上，应用动量方程可以求得其内表面上的气体轴向力，由气体

动力学可以得到气体流过进气装置时气体作用于内表面上的轴向力 F 为

$$F = q_{m2}v_2 - q_{m1}v_1 + p_2A_2 - p_1A_1 \tag{7-1}$$

其方向向前。

式中　q_{m1}、q_{m2}——进气装置进、出口处气体的质量流量；

　　　v_1、v_2——进气装置进、出口处气体的流动速度；

　　　p_1、p_2——进气装置进、出口处气体的静压；

　　　A_1、A_2——进气装置进、出口处的横截面积。

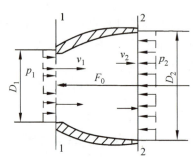

气体轴向力的计算

图 7-1　进气装置上的气体力计算

2. 作用在叶轮上的气体轴向力

作用在轴流式压气机和涡轮转子上的轴向力的计算方法相同，下面以单级涡轮转子为例，讨论其计算方法。计算时不仅包括气流通道（即叶片前后）上所作用的气体力，还包括轮盘前后两侧各部分气体压力所产生的气体力。为此应按具体结构分成若干部分，然后再计算转子的总轴向力。

图 7-2 所示为涡轮转子，可分为 4 部分计算气体的总轴向力。

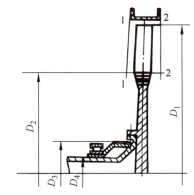

图 7-2　涡轮转子上气流轴向力的计算

1）叶片上的轴向力 F_1

根据动量方程有

$$F_1 = Q_{m2}C_{2u} - q_{m1}C_{1u} + p_2A_2 - p_1A_1 \tag{7-2}$$

式中　p_1, p_2, A_1, A_2, C_{1a}, C_{2a}——涡轮进、出口截面（1—1，2—2）平均半径处气流的静压、面积和轴向速度。

2）盘前在直径 D_3 到 D_2 之间圆环面上的轴向力 F_2

$$F_2 = \pi/4 \, (D_2^2 - D_3^3) \, p_a \qquad (7\text{-}3)$$

式中　p_a——盘前冷却气体的平均静压。

3）盘前在直径 D_4 到 D_3 之间环面上的轴向力 F_3

$$F_3 = \pi/4 (D_3^2 - D_4^3) p_b \qquad (7\text{-}4)$$

式中　p_b——该环腔的气体平均静压。

4）盘后端面上的轴向力 F_4

$$F_4 = \pi/4 \, (D_2^2 p_c) \qquad (7\text{-}5)$$

式中　p_c——盘后冷却气体的平均静压。

因此，单级涡轮转子的总气体轴向力为

$$F = F_1 - F_2 - F_3 + F_4 \qquad (7\text{-}6)$$

F 一般为负值，表示与推力方向相反，即作用力方向向后。

单级轴流式压气机转子上的轴向力的计算方法也和上述方法相同，作用力的方向向前。多级涡轮或者多级压气机转子的气体轴向力应是各单级转子气体轴向力的总和。

3. 发动机各部件上气体轴向力的分布及转子轴向力的卸荷

根据上述计算方法，可以计算出各组合件上的气体轴向力的大小和方向。各组合件上气体轴向力的代数和，就是发动机的推力。

图 7-3 给出了 AM3 涡轮喷气发动机在地面标准工作状态时各组合件上轴向力的分布情况。可以看出，作用于压气机和涡轮转子上的

发动机转子
轴向力的卸荷

轴向力都很大。如果这两个转子都单独通过各自的滚珠轴承来承受轴向负荷，则将分别承受 52 000 daN 向前的轴向力及 23 100 daN 向后的轴向力。而每个滚珠轴承一般可承受 10～20 kN 的轴向力，因此，每个转子都要采用数十个轴承，这不仅使发动机重量增加，在结构上也是难以实现的。为此，在现代大、中型航空燃气涡轮发动机中，必须采取各种措施以减小作用于滚珠轴承上的轴向力，即减小整台发动机转子的轴向力。

经常采用的减小转子轴向力的方法（或称卸荷措施）有以下三种：

（1）将压气机转子与涡轮转子做成刚性连接或用可以传递轴向力的联轴器连接。

这样，两个转子彼此方向相反的轴向力就可在转子内抵消一部分。例如，上述发动机若将两转子连接起来，则发动机转子的轴向力减小为 52 000 - 23 100 = 28 900 daN。显然，比分别支承两个转子的情况大有改善，但轴向力数值仍然太大，而且可以看出，主要原因是由于压气机转子的轴向力太大，所以还必须继续采取措施减小压气机转子向前的轴向力。

（2）在轴流式压气机最末级轮盘的后方采用封气装置限制高压气流漏入盘后空腔，并将此腔通过机匣上的定径孔与大气相通，这样就减小了作用在末级盘上的气体压力，从而减小了作用于转子上的向前的轴向力。图 7-3 中将 B 腔通大气，使盘后空腔的气体压力降至 130～160 kPa，则压气机转子的轴向力可由 52 000 daN 降到 29 000 daN。

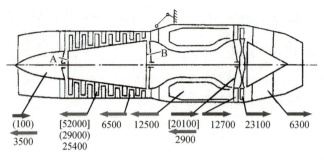

图 7-3　AM3 发动机各部件上的气体轴向力（单位：daN）

注：方括号的数字表示未采取卸荷措施时的气体轴向力；圆括号内的数字表示 A 腔中未通高压空气，B 腔通大气时的气体轴向力；无括号内的数字表示 B 腔通大气、A 腔通高压气时的气体轴向力。

（3）将压气机后级或出口级的高压气体引到压气机转子第一级轮盘前腔，使作用于第一级轮盘前端面上向后的气体压力增大，从而减小作用于转子上向前的轴向力。如图 7-3 所示，当从第 5 级压气机引气到 A 腔时，作用于压气机转子上向前的轴向力即由 29 000 daN 降到 25 400 daN。

A 腔通高压气体与 B 腔通大气均是减小转子轴向力的措施，因此常称此二腔为卸荷腔，并分别称 A、B 腔为前后卸荷腔。

当同时采用上述三种减小轴向力的方法时，图 7-3 中所示的 AM3 发动机转子的轴向力仅为 2 300 daN，只要用两个滚珠轴承即可承受。

发动机的气流参数随着工作状态而改变，作用在各组合件上的气体轴向力也随着飞机飞行状态和发动机的工作状态而改变，而且在整个飞行范围内数值变化很大。因此，在采用卸荷措施时，不仅要考虑设计状态的转子轴向力应满足的要求，还要使各个工作状态的轴向力都能符合要求，既不使轴向力过大，超出滚珠轴承所能承受的范围，又不使轴向力太小或改变方向，以致引起轴承的冲击或滑蹭损伤。

图 7-4 所示为一大型、大流量比的涡轮风扇发动机在标准状态下转子轴向力的分布图。由图可见，低压转子的滚珠轴承承受着很大的向后的轴向力（－94 304 N）。这是因为风扇所消耗的功率很大，造成低压涡轮的膨胀比很大，而风扇前、后的增压比却并不很大的缘故。所以，风扇后的滚珠轴承不仅要尺寸大，而且强度也要好。高压转子滚珠轴承的轴向力则和常规发动机一样是向前的，而且比低压轴承小得多（24 466 N）。

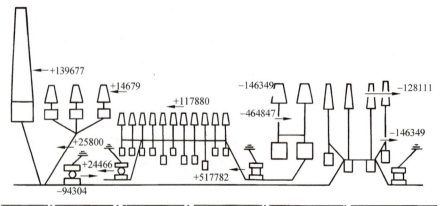

图 7-4　大型涡轮风扇发动机在标准状态下转子轴向力的分布（单位：N）

7.1.2　发动机零、组件上的气动力扭矩

气流在发动机通道内流动时，并不总是沿轴向的。如当气流流过压气机静子叶片或涡轮静子叶片时，气流的方向沿周向就有变化，因此对发动机轴线的动量矩有变化。这一现象说明静子叶片有力矩（扭矩）作用于气流。

例如在涡轮静子叶栅（见图7-5）中，根据气体动量矩方程，作用于气流的扭矩为

$$M'_1 = q_{mg}(c_{1um}r_{1m} - c_{0um} - r_{0m}) \qquad (7\text{-}7)$$

式中　c_{1um}、c_{0um}、r_{1m}、r_{0m}——$\mathrm{I}-\mathrm{I}'$、$0-0'$两个截面周向分速的平均值和平均半径；

　　　　q_{mg}——燃气质量流量。

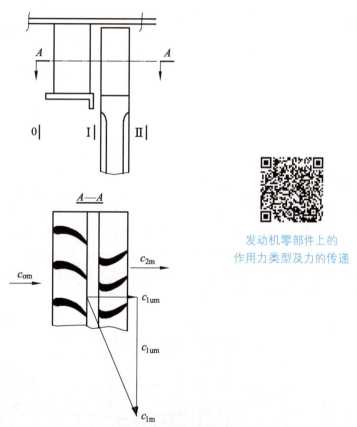

发动机零部件上的
作用力类型及力的传递

图 7-5　涡轮静子上气体力扭矩的计算简图

由于轴向进气，则 $c_{0um} = 0$，因此 $M'_1 = q_{mg}c_{1um}r_{1m}$，根据反作用原理，气流给静子叶片的扭矩应为 $M_{TS} = -M'_1$，即

$$M_{TS} = -q_{mg}c_{1um}r_{1m} \qquad (7\text{-}8)$$

同理，在涡轮转子叶片中，给气流的扭矩为 $M'_2 = q_{mg}(c_{2um}r_{2m} - c_{1um}r_{1m})$，由于涡轮出口截面气流的方向一般接近轴向，可认为 $c_{2um} \approx 0$，因此 $M'_2 = -q_{mg}c_{1um}r_{1m}$。

根据反作用原理，气流给转子叶片的扭矩为 $M_{TR} = -M'_2$，即

$$M_{TR} = q_{mg}c_{1um}r_{1m} \qquad (7\text{-}9)$$

比较式（7-8）、式（7-9），可得

$$M_{TS} = -M_{TR} \tag{7-10}$$

从式（7-10）可知：涡轮静子叶片与转子叶片所承受的扭矩大小相等、方向相反。

按照同样的道理，分析作用于轴流式压气机的扭矩。压气机进口气流是轴向的，经过各级转子叶片及静子叶片，气流的方向来回折转，至压气机的出口也是接近轴向的。从整个压气机来看，进口气流速度 $c_{1u} \approx 0$，出口气流速度 $c_{2u} \approx 0$，因此气流在压气机内的流动中无动量矩的变化，即作用于压气机的总扭矩等于零。也就是说作用于各级静子叶片扭矩的总和与作用于各级转子叶片的扭矩总和大小相等、方向相反，即

$$M_{CS} = -M_{CR} \tag{7-11}$$

在涡喷发动机中，涡轮转子带动压气机转子工作。如果略去机械损失，不计传动附件的扭矩那么在发动机稳定工作状态下，涡轮转子的扭矩大约等于压气机转子的反扭矩，即

$$M_{CR} = -M_{TR} \tag{7-12}$$

比较式（7-10）~式（7-12），可得

$$M_{CS} = -M_{TS} \tag{7-13}$$

从式（7-13）可以看出，涡轮机匣的扭矩经过燃烧室机匣与压气机机匣的扭矩相平衡，因此传递到飞机上的总扭矩接近于零。但在结构设计时，要注意处于传力路线中的各段机匣的扭矩并不等于零，因此机匣是重要的承扭构件。应根据各段机匣作用的扭矩大小，保证它们的强度和刚性。作用于 AM3 发动机主要构件的扭矩数值如图 7-6 所示。在涡桨发动机中，涡轮转子发出的扭矩等于压气机转子及螺桨扭矩之和，因此涡轮静子上的扭矩不再等于压气机静子的扭矩，发动机机匣上承受的总扭矩也不再为零，剩余的扭矩通过安装节传递到飞机上，其数值大约等于螺旋桨的扭矩。

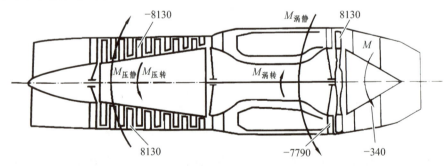

图 7-6　AM3 发动机主要构件的数值（单位：daN·m）

7.2　轴承和转子支承方案

在燃气涡轮发动机中，压气机（或风扇）转子与涡轮转子和连接这些转子的零、组件组成了发动机的转子。转子通过安装在支承结构中的轴承支承在发动机机匣上，转子上所受的

各种负荷（如气体轴向力、重力、惯性力及惯性力矩等）都由轴承传给支承结构承受并传到发动机机匣上，最后由机匣上的安装节传到飞机构件上。

7.2.1　航空燃气涡轮发动机的轴承

1. 轴承的类型

根据摩擦力的性质，轴承可以分为滑动轴承和滚动轴承，如图 7-7 所示。滑动轴承是在滑动摩擦下工作的轴承，工作平稳、可靠、噪声小，但启动摩擦较大。滑动轴承一般用在低速重载工况下，或维护保养及加注润滑油困难的运转部位。滚动轴承摩擦系数小，轴向尺寸小，需要用的滑油量小，低温下易于启动，且能在短时间内无滑油的条件下工作，因此航空燃气涡轮发动机主轴承使用滚动轴承。

（a）滑动轴承　　　　　　　　　　　（b）滚动轴承

图 7-7　轴承的类型

滚动轴承由内圈、外圈、一组滚动体（滚珠或滚棒）和保持架组成。内圈通常装在轴上与轴紧配合，并与轴一起旋转。内圈外表面上有供滚珠或滚棒滚动的沟槽称内沟或内滚道。外圈通常安装在轴承座或机械壳体上，与轴承座孔过渡配合，起支撑滚动体的作用。外圈内表面上也有供滚珠或滚棒滚动的沟槽，称外沟或外滚道。滚动体在内圈和外圈的滚道之间滚动，滚动体的大小和数量决定着轴承的承载能力，保持架把轴承的滚动体均匀地相互隔开，以避免碰撞和摩擦，并使每个滚动体均匀和轮流地承受相等的载荷。有些轴承是外圈旋转，内圈固定起支撑作用。

滚动轴承的分类方法很多。按照滚动体种类的不同，可分为滚珠轴承和滚棒轴承。滚棒轴承又可分为圆柱滚棒轴承、圆锥滚棒轴承和滚针轴承等，如图 7-8 所示。

（a）滚珠轴承　　　　　（b）圆柱滚棒轴承　　　　　（c）圆锥滚棒轴承

图 7-8　滚动轴承的类型

按照承受载荷的方向不同，轴承可分为向心型轴承和推力型轴承两大类。向心轴承只能承受径向载荷，有的向心轴承在承受径向载荷的同时，还能承受不大的轴向载荷，而推力轴承只能用来承受轴向载荷。向心球轴承和推力球轴承的结构如图 7-9 所示。

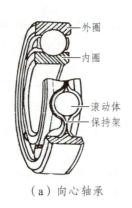
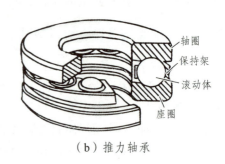

（a）向心轴承　　　　　　　　　　　（b）推力轴承

图 7-9　向心轴承与推力轴承

2. 航空燃气涡轮发动机主轴承

装于发动机转子上的轴承，一般称为发动机主轴承，以与附件传动中采用的轴承相区别。航空发动机主轴来采用滚棒轴承与止推的滚珠轴承。前者仅承受径向载荷；后者可承受径向载荷与轴向载荷。

发动机主轴承工作于高转速、高且变化的工作温度、负荷变化很大的条件下，工作条件比较恶劣。一般采用 DN（D 轴承内径，mm；N 轴承转速，r/min）值来代表轴承速度特性。当 DN 值大于（$0.8 \sim 1.0$）$\times 10^6$ 时，为高速轴承。一般地面机械所使用的轴承，绝大部分均低于此值。航空燃气涡轮发动机主轴承，除初期曾有过 DN 值低于 1.0×10^6 外，大多数均大于 1.0×10^6。

DN 值大，滚子的离心力将会很大，使滚子与外环滚道间的接触应力加大，摩擦热量增大，轴承温度升高；保持架不平衡产生的离心力也大，这是造成轴承振动的原因。因此，对于大 DN 值的轴承，要很好地解决轴承材料的强度、冷却润滑等问题，并要提高轴承的制造精度与平衡精度。对轴承工作时产生的热量，均采用供入滑油的方法来带走热量，使轴承在能承受的温度下工作，供入的滑油也对轴承进行润滑，防止轴承表面的摩擦磨损与锈蚀。滑油供入轴承的方法有两种：侧向喷射与环下供油。前者是利用喷嘴将滑油喷向保持架与内环间的缝隙处，对于环境温度稍低处的轴承，可用单喷嘴由一侧喷入，对于环境温度较高处的轴承，则可用多喷嘴由两侧同时喷入。环下供油是将滑油供到轴承内环内，利用转子高速旋转的离心力，通过内环上的径向孔，由内环与保持架间的缝隙中甩出，流过滚子及外环，带走轴承内部的热量，这种供油方式，多用在高 DN 值下工作的轴承。

工作过的滑油应及时由回油泵抽回油箱，而不能让高速旋转的轴承浸泡在滑油中。因为轴承浸泡在滑油中，不仅增加了扰动阻力及滑油温度，而且也会由于扰动产生大量的气泡对滑油散热不利。

轴承工作时，不仅轴承各元件间相互摩擦产生热量，而且高温环境也会使轴承温度升高。例如，燃气的高温会由涡轮叶片经轮盘、轴而传到涡轮轴承内环上，还会由涡轮导向器、辐板、轴承座而传到轴承外环上。轴承工作温度过高，会使轴承材料退火降低硬度而失效，因此应该采取措施减少高温部件对轴承加温的影响。一般 GCrl5 轴承钢制出的轴承，工作温度在 200 ℃ 以下，GCrl5SiMn 制造的轴承，工作温度可达 230 ℃，工作温度接近或超过 300 ℃ 则需采用热硬性较高的高速工具钢如 M50 等来制造轴承。对于常用的 GCrl5 等轴承钢可采用真空多次重熔的方法消除钢中杂质以提高轴承寿命，如在采用二次或三次真空重熔后，轴承的疲劳寿命与在空气中熔炼方法相比，可分别提高一倍和三倍。

作用于发动机主轴承的负荷不应过大，也不能过小。过大的负荷会引起轴承磨损甚至损坏，过小的负荷会引起轴承打滑而出现滑蹭损伤。而作用于主轴承的负荷却因工作状态的改变而发生变化，所以应充分考虑在飞行包线内各种飞行条件下，各主轴承均不应出现较长时间的过大或过小负荷。

冷却、润滑轴承的滑油不应漏入气流通道中。一方面滑油向气流通道的泄漏，不仅会大大增加滑油消耗量，也会造成滑油蒸气进入客舱带来危害（客舱需引用压气机后级空气）。另一方面，高温气体也不应向轴承腔泄漏，对轴承加温。因此轴承的工作腔应与气流通道通过封严装置隔开，被封严装置与气流通道隔开的轴承工作腔一般称为轴承油腔。为保证油腔的滑油不外漏，轴承油腔均应与大气相通（通过滑油系统的通气系统）。一个轴承油腔内可以只装一个支点的轴承，也可以装两个或三个支点的轴承。例如，RB199 发动机的低、中、高压涡轮三个轴承共用一个轴承油腔；PW2037、PW4000、V2500 等发动机的 1、2 号支点（低压转子前两支点）与 3 号支点（高压转子前支点）三个轴承共用一个轴承油腔。

7.2.2　转子支承方案

发动机中，转子采用几个支承结构（简称支点）、支点形式、安排在何处，都是转子支承方案要解决的重要问题。转子支承方案对发动机的总体性能有较大影响，在发动机总体设计时，应从性能、重量、可靠性、结构复杂程度、性能衰退率等多方面考虑。在转子支承方案的设计时，不仅应保证转子的横向刚性和可靠地承受转子的负荷，还应使发动机的结构简单装拆方便。为表示转子支点数目形式和位置，常用两条横线和三个数字表示，如 a-b-c。前、后两条横线分别代表压气机转子和涡轮转子，两条横线前后及中间的数字表示支点的个数。

图 7-10 所示发动机转子支承方案为 1-3-0。表示压气机转子前有一个支点，压气机与涡轮转子间有三个支点，涡轮转子后无支点，整个转子共支承于 4 个支点上。在研究转子支承方案时，均将复杂的转子简化成能表现其特点的转子支承方案简图，在简图中小圆圈表示滚珠轴承，小方块表示滚棒轴承。

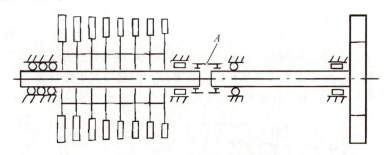

图 7-10　1-3-0 转子支承方案

1. 单转子发动机的支承方案

1）4 支点支承方案

图 7-10 所示的是早期单转子涡轮喷气发动机转子的 1-3-0 四支点支承方案。它是基于简单的工作机理设计的，即压气机转子和涡轮转子分别用两个支点支承，且各有自己的承受轴

向负荷的支点（止推支点），两转子间采用浮动套齿 A 传递扭矩。压气机转子前、后各有一个支点，止推支点置于前端。由于压气机向前的气体轴向力较大，止推支点处用一个滚珠轴承承受不了，故采用了并列的三个滚珠轴承。涡轮转子的涡轮盘悬臂地支承在两个支点上，由于邻近涡轮盘处的温度较高，因此将仅承受径向负荷的滚棒轴承置于此处，而将承受轴向负荷和径向负荷的滚珠轴承置于涡轮轴的前端，涡轮向后的负荷较小，所以只用了一个滚珠轴承。在这种支承方案中，涡轮转子和压气机转子间的联轴器仅传递扭矩，考虑到两个转子的 4 个支点很难保证同心，因此采用了浮动套齿的联轴器结构。所谓浮动套齿联轴器是指在涡轮前端、压气机后轴上分别装有带外套齿的衬套，如图 7-11 所示，它们均以一定的齿隙与连接两轴的、带内套齿的套齿衬套（称为浮动套齿衬套）啮合，通过相互啮合的套齿传递扭矩。当两个转子不同心时，由于有较大的啮合间隙，联轴器可以偏摆倾斜一定的角度。

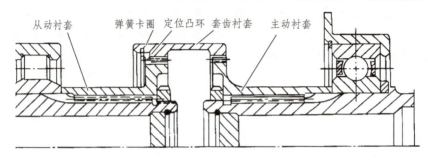

图 7-11　浮动套齿联轴器

这种支承方案从结构设计到装拆等方面均较方便，但是，压气机、涡轮转子轴向负荷分别有各自的滚珠轴承承受的结构，在空气流量与压气机增压比稍大一些的发动机中，由于两个转子，特别是压气机转子的气体轴向负荷很大而根本无法采用，它只是在早期苏联生产的部分小型发动机中用过。

图 7-12 所示为 1-3-0 支承方案，就是为了克服压气机转子需要多个滚珠轴承的缺点而采用的一种修正的支承方案。在这个方案中，用于连接压气机与涡轮转子的联轴器不仅传递扭矩而且传递轴向负荷。因此，4 个支点中仅需 1 个止推支点来传递 2 个转子轴向负荷之差，此支点置于压气机后。由于 2 个转子共有 4 个支点，很难做到 4 个支点同心。为此，联轴器除了要传递轴向负荷、扭矩外，还要在 2 转子轴心不同轴时（即不同心时）也能适应，联轴器需做成柔性的。所以，除套齿间留有较大的齿隙外，中心螺杆做得细而长，用螺杆的变形来适应两转子的不同心。这个支承方案虽比前一方案好，但它的支点数目多（4 个）。因此，除 J47 发动机采用过外，以后未被其他发动机采用。

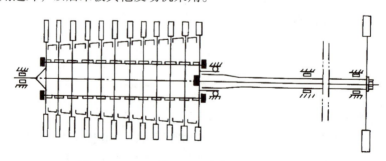

图 7-12　1-3-0 转子支承方案（J47 发动机）

2）三支点支承方案

在很多单转子发动机和双转子发动机的低压转子中，采用了三支点支承方案。图7-13所示为WP6发动机支承方案，是典型的三支点支承方案。在该方案中，压气机转子前、后各有一个支点，涡轮盘前有1个支点，称为1-2-0支承方案，涡轮轴前端通过联轴器与压气机转子连接。在此，联轴器不仅传递扭矩、轴向力，而且也作为涡轮转子的前支点（即传递径向力）。当涡轮支点与前面两个支点不同心时（主要是工作时后支承结构可能发生的变形造成的），要求联轴器能正常地工作，即二轴线间允许有一个偏斜角。因此，联轴器做成铰接形式，不承受弯矩。这种支承方案，不仅只有1个支点承受较小的轴向负荷，而且每个转子均支承在2个支点上，刚性较好，所以得到了广泛应用。

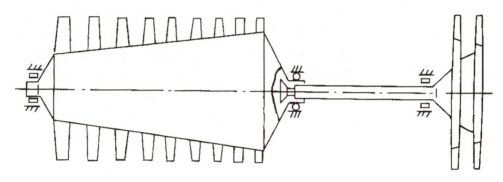

图7-13   1-2-0三支点支承方案（WP6发动机）

当涡轮级数较多时，为了改善涡轮转子悬臂状态，可以采用如图7-14所示的1-1-1支承方案。在三支点支承方案中，3个支点很难做到同心，因此在早期的发动机中，涡轮与压气机转子间的联轴器采用柔性联轴器，而采用三支点支承方案的先进大涵道比涡扇发动机低压转子，风扇（及低压压气机）轴与涡轮轴的连接采用套齿联轴器（见图7-11）。

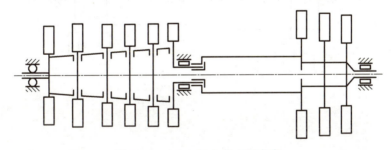

图7-14   1-1-1三支点支承方案

3）两支点支承方案

在发动机转子刚性足够的条件下（压气机级数少，燃烧室周向尺寸短、转子跨度小且轴足够粗），可以只需要支承在2个支点上，形成二支点支承方案，这样可以简化结构，减少承力构件，减轻重量。图7-15~图7-18都是在单转子中采用的二支点支承方案。支点位置可以根据需要和可能布置。在图7-15、图7-18的1-0-1支承方案中，压气机涡轮转子均无悬臂结构，整个转子纵向刚性较好，但支点间距离较大。对于推力大、涡轮前燃气总温不高、增压比低的单转子燃气涡轮发动机，可采用图7-16所示的1-1-0式的两支点支承方案。这种支取方案不但有较大的空间可以加大鼓轴直径，还可以保证转子的横向刚性。对于由单级离心式压气机与单级涡轮组成的转子，可采用图 7-17 所示的 0-2-0 支承方案。在图 7-16、图 7-17 所示的 1-1-0 与 0-2-0 支承方案中，2 个支点距离较近，转子处于悬臂状态；另外，为了安装轴承，处于压气机与涡轮间轴的直径也会受到限制。如果空气流量较大，为了获得好的刚性，可采用如图 7-18 所示的 1-0-1 支承方案。

　　转子支点的不同配置可以组成不同的转子承力系统。转子支点的配置方式取决于转子的横向刚性以及作用在转子上的负荷。现以两支点支承方案为例进行分析，两支点的支承方案一般采用 1-1-0 式的两支点支承（见图 7-16）。如果压气机的轴向尺寸很短，且具重心接近支点时，其支点的配置可以采用 0-2-0 式的支承方案（见图 7-17）。这时压气机转子与涡轮转子均处于悬臂状态。这种方案只有在两个转子悬臂的弯曲力矩不大，对转子不会造成较大的挠曲变形时才能应用。图 7-17 所示为一级单面进气离心式压气机的发动机转子支承方案，由于压气机重心接近支点，所以可采用这种支承方案。在这种方案中虽然轴的直径受轴承尺寸的限制而不能加大，但由于两个支点距离较短而保证了转子的刚性。如果压气机与涡轮转子级数较多，两个转子的轴向尺寸都很长，转子悬臂的弯曲力矩太大，就不能采用 0-2-0 或 1-1-0 式的支承方案，只能采用 1-0-1 式的支承方案。这时，由于涡轮前及压气机后均无支承，因而不再受轴承尺寸的约束，可采用大直径的鼓轴，并用刚性连接，以加强转子的刚性。但由于涡轮后支点处于高温燃气包围之中，冷却润滑的管路均需通过高温区域，在支承结构中必须增加隔热和散热措施，因而结构比较复杂。

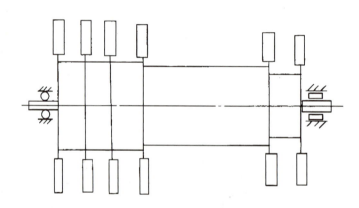

图 7-15　1-0-1 两支点支承方案（一）

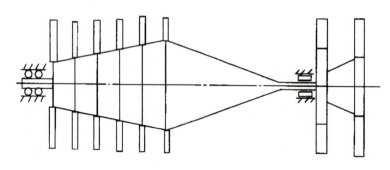

图 7-16　1-1-0 两支点支承方案

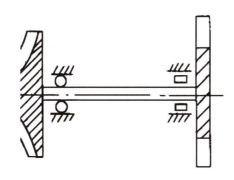

图 7-17 0-2-0 两支点支承方案

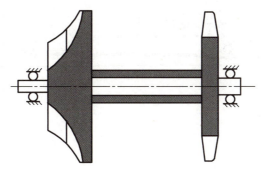

图 7-18 1-0-1 两支点支承方案（二）

2. 双转子发动机的支承方案

双转子燃气涡轮发动机与单转子相比，首先是转子数目多，支承数目多，而且低压转子要由高压转子中心穿过结构复杂。但原则上可以将发动机的各转子（低、高压转子）分割出来，每个转子按前述方法，分别进行处理。其次是有些支点不直接支承在承力机匣上，而是支承在另一个转子上，通过另一转子的支点将负荷外传。由于这个支点是介于两个转子间的，所以称为中介支点。中介支点中的轴承则称为中介轴承。在多数发动机中，采用中介支点可使发动机长度缩小，承力机匣数目减少。但是中介轴承的润滑和冷却较为困难，轴承工作条件较差，而且装拆也比较复杂。

双转子发动机的支承方案的确定，需要根据气流通道设计、高低压转子结构形式和长度以及支承框架设计等诸多约束条件综合评定。虽然各种不同的支承方案各有千秋，但由于航空发动机结构设计的复杂性，各设计公司均根据以往的经验，对结构的整体支承方案重视其继承性。在各类支承方案中最主要的区别就是是否采用中介轴承。

1）无中介轴承的支承方案

美国普惠公司在其发展的涡扇发动机中，主要采用的是不带中介轴承的支承方案。图 7-19 所示为 JT9D 发动机的支承方案。这是 1962 年开始研制的高涵道比涡扇发动机。发动机长度较大，由风扇前安装边到涡轮后轴承机匣后安装边的长度为 3.38 m，这么长的发动机转子支承方案却采用了较简单的形式：低高压转子各支承在两个支点上，低压转子为 0-1-1 方案，高压转子为 1-1-0 方案。4 个支点支承于 3 个承力机匣上，无中介支点，因而结构简单，但却有近 3 m 长的低压轴，加工较困难。另外，在使用过程中发现低压转子支点距离太远，转子刚性相对较差，易于变形而造成转子与机匣相碰，使发动机性能衰退变快。因此，在 1982 年年底，着手发展 PW4000 发动机时，在低压转子上，增加了一个支点，即在风扇后滚珠轴承后面，增加了一个滚棒轴承，即低压转子为 0-2-1 方案。这样很好地解决了低压转子刚度不足的问题，而整体的支承方案与 20 年前没有变化，如图 7-20 所示。普惠公司在 V2500 发动机上，也采用了这种支承方案。

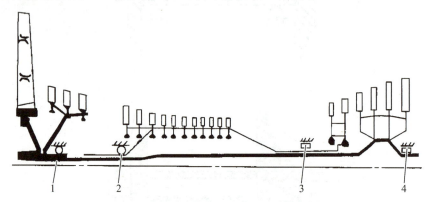

图 7-19　JT9D 发动机转子支承方案简图

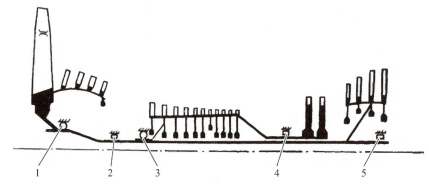

图 7-20　PW4000 发动机转子支承方案简图

对于现代双转子涡扇发动机低压轴，虽然轴较为细长（要穿过高压抽），支点间的跨度也较大，但是由于加工精度的不断提高以及转子系统动力设计水平的提高，目前大多数涡扇发动机的低压转子采用三支点支承，并用刚性联轴器连接（见图 7-20）。

在现代双转子（或三转子）燃气涡轮发动机的高压转子支承方案中，虽然转子级数较多，长度较大，但由于通过特殊结构设计（如框架结构）或采用焊接工艺，增大了轴的弯曲刚性，加之弹性支承技术的应用，高压轴的结构可以满足二支点刚性转子的动力学设计要求，因此常采用 1-1-0 或 1-0-1 二支点支承方案。

1-1-0 二支点支承方案是普惠公司核心机一直使用的传统方案（见图 7-19、图 7-20），具有高低压转子间无耦合振动的特点。由于将涡轮后支点放在涡轮前，缩短了高压轴的长度，给低压转子提供了一定的设计裕度。此外，为了尽量减小低压轴系在工作状态下的变形，普惠公司在支承结构和轴系动力优化方面进行了深入研究，试验证明，此支承方案对具有两级高压涡轮的发动机具有良好的振动特性。

GE 公司 20 世纪 90 年代研制的 GE90 和 21 世纪初研制的 GEnx 都是大推力涡扇发动机，其高压转子均采用了 1-0-1 二支点支承方案，但高压涡轮支承结构设计中，均未采用 GE 公司的传统设计（中介支点），而采用了高低压涡轮间的承力框架，如图 7-21 所示。这是因为 GE90 和 GEnx 高低压涡轮间距很大，如果仍采用中介支点，一方面中介支点距 5 号支点（低压涡轮后支点）远，使得高低压转子间耦合振动影响加大，这对高压转子工作极为不利（一般中介支点应尽可能靠近 5 号支点）。另一方面，由于高低压涡轮间存在较长的过渡段，即扩张机匣（由于高低压涡轮径向尺寸变化较大，为保证气流的损失最小不得已而为之），因此采用了高低压涡轮间的级间承力框架。即将承力支板穿过空心的导流叶片，将高压转子后支点负荷外传。这种支承结构由于没有高压涡轮前轴承的限制，涡轮轴直径加大，提高了转子的刚性，但高压转子的 1-0-1 支承方案增加了支点间的跨度。为保证在这种大跨度两支点支承方案下，高压转子轴系具有良好的抗弯曲变形能力，在轴的结构尺寸和连接结构的设计上，GE 公司都进行了深入细致的研究，有力地保证了这种支承方案可靠使用。

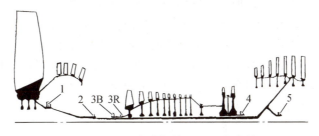

图 7-21　GE90 发动机转子支承方案简图

2）带中介轴承的支承方案

中介支承位于两个套在一起的轴之间，轴承的内、外环分别随内外转子旋转，其工作转速是两个转子的转速差，其结构上的特殊问题是如何解决轴承的润滑。

由于中介轴承使两个转子间产生了机械连接，其主要影响是将两个转子的振动相互耦合，在使用中介轴承时应注意尽量减小转子之间的动力学影响。在结构设计中，一般只用于高压转子具有单级高压涡轮的发动机中。应用中介抽承时，位置应尽量靠近低压涡轮后支点，并且要采取局部加强低压涡轮轴刚性的结构措施，以降低转子间的耦合振动和振动变形。

美国 GE 公司设计的绝大多数具有单级高压涡轮的发动机，如 CFM56、F110 以及 PW 公司的 F119 均采用此类型支承方案。此外，法国 SNECMA 公司的 M88，俄罗斯的 AL-31F 等军用发动机也采用了中介轴承支承高压转子的方案。

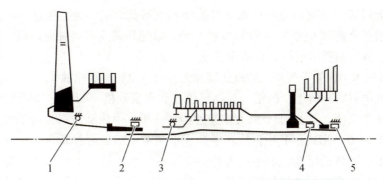

图 7-22　CFM56 发动机转子支承方案简图

图 7-22 所示为 CFM56 发动机的支承方案。CFM56 发动机为高涵道比的涡轮风扇发动机，

它的 2 个转子支承于 5 个支点上，通过两个承力构件将轴承负荷外传，是承力构件最少的发动机。它的低压转子为 0-2-1 支承方案，高压转子为 1-0-1 支承方案，承力构件少的原因在于将高压涡轮后轴通过中介支点（4 号轴承）支承于低压涡轮轴上。这种将大直径的高压转子支承于直径较小的低压轴上，会因低压转子的振动、变形（与高压转子相比，相对容易变形些）而影响高压转子的工作。为此，低压转子虽然采用了三支点支承方案，但涡轮轴与风扇轴间的连接却采用了刚性联轴器，提高了对加工精度的要求。

3. 三转子支承方案

在发动机转子结构中，采用三转子结构方案，可以使每个转子最大限度地在各自最佳的转速下工作，低、中、高压气机和涡轮的效率高，各转子的级数少，因此转子较短，刚性好，而且发动机的起动和加速性好，但发动机结构复杂，转子的支承、传力、润滑较困难。一般多采用级间承力框架，以便满足多支点、减小耦合振动和负荷外传的要求。

苏联在 20 世纪 70 年代研制的三转子、高增压比、高涵道比涡扇发动机 D-36，低压、中压和高压转子分别采用 0-1-1、1-1-0 和 1-0-1 支承方案，如图 7-23 所示。该发动机在转子系统设计中为了避免转子间的振动耦合，没有采用中介轴承，广泛采用级间承力机匣的"挑担"式结构承力，一共在风扇与中压压气机之间、中压与高压压气机之间及高压与中压涡轮之间设计了 3 个级间承力机匣和涡轮后承力机匣组成的承力系统。

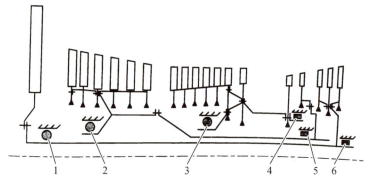

图 7-23　D-36 发动机转子支承方案简图

在 D-36 发动机结构设计中，为了使用级间机匣，在中压和高压压气机转子中不得不采用悬臂结构，这会对转子系统动力特性和整机振动产生不良影响。为克服这一不足，将中、高压压气机的前轴承分别深入到 3、4 级轮盘盘心处，以缩短两支点间轴向距离，同时在支承结构上多处采用了挤压油膜阻尼器，以减少振动。

这种涡轮级间承力框架不仅使发动机长度加大，而且也影响涡轮的效率，一般最好不采用。

RB211 是英国罗罗公司生产的第一款高涵道比涡扇发动机，采用了三转子结构，如图 7-24 所示。它共有 8 个支点，通过 4 个承力框架外传。低压、中压高压三个转子的支承方案分别为 0-2-1、1-2-0、1-0-1 形式。其中低压转子的止推轴承（即 3 号轴承）为中介支点，用于提高低压转子的刚性和将低压轴上的轴向力传到中压压气机后轴上。在整体布局中，三个转子的止推轴承集中在一个中压和高压压气机间的中介机匣支承上，使传力路线最短。由于转子数目多，为减少承力框架，只得在高压与中压涡轮之间采用涡轮级间承力构件，以承受 6、7 号轴承的负荷。

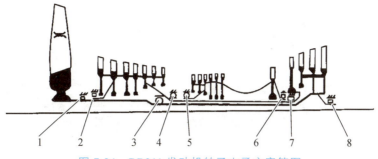

图 7-24　RB211 发动机转子支承方案简图

三转子发动机面临着比双转子发动机更加突出的振动问题，大量使用挤压油膜轴承阻尼器，RB211 发动机中 5 个滚棒轴承全部使用了挤压油膜阻尼器。Trent900、Trent1000 两种大涵道比三转子发动机均采用了与 RB211 相同的支承方案。

4. 止推支点在转子中的位置

转子上的止推支点除承受转子的轴向负荷、径向负荷外，还决定了转子相对于机匣的轴向位置，因此每个转子只能有一个止推支点。由于止推支点的负荷较大，所以一般应置于温度较低的地方。例如，在二支点的转子上，止推支点应是转子的前支点，最好置于压气机之后。这种安排，不仅可使轴承在较低的温度环境下工作，也使转子相对机匣的轴向膨胀分配在压气机与涡轮两端，使两端的轴向错移量减小。如果将止推支点置于压气机前，则在工作时末级涡轮转子与静子间会有较大的轴向错移量。涡轮盘前、后环境温度较高，止推支点最好不设在该处。

5. 涡轴/涡桨发动机转子支承方案

相对其他类型燃气涡轮发动机，涡轴/涡桨发动机可分为定轴式（单轴式）和自由涡轮式两种构型。目前，常用的是自由涡轮式涡轴/涡桨发动机，其功率由动力涡轮（自由涡轮）独立输出，功率输出轴与燃气发生器转子无机械连接，有利于发动机的功率调节与起动控制。

单转子加自由涡轮的构型是涡轴/涡桨上常用的类型，如 PT6A 系列、M602 等涡桨发动机，MTR390、T700 等涡轴发动机。对于单转子自由涡轮构型的涡轴/涡桨发动机，其燃气发生器转子的支点支承方案与涡喷/涡扇发动机转子基本相同。通常情况下，中小型涡轴/涡桨发动机燃气发生器的压气机级数较少，转子轴向长度较短，由于转子的刚性足够，因此大多数情况采用两点支承，压气机转子与涡轮转子刚性连接，常用 1-1-0 或 1-0-1 支承方案。而当涡轮级数较多时，为了不使涡轮转子外悬过长，也采用 1-1-1 的三支点支承方案。当采用三支点支承时，由于三个支点的同轴度不易保证，因此大多数发动机中，涡轮与压气机转子间的联轴器采用柔性联轴器。但也有将联轴器做成刚性结构，这就要求提高支承系统零件的加工精度，以保证支点之间的同轴度，进而保证转子与静子之间的间隙控制以及转子的振动特性。

美国 GE 公司的 T700 涡轴发动机采用单转子自由涡轮构型，发动机燃气发生器转子采用 1-1-0 支承方案（见图 7-25），转子前支点（推力球轴承）布置在前压气机前端，支承在进气机匣上，通过进气机匣传递转子的轴向及径向载荷，转子后支点布置在涡轮前，该方案使两支点间的距离近，有利于控制转子的弯曲变形，同时有利于减小燃气涡轮与动力涡轮之间的轴向距离，降低损失，但由于两级涡轮转子呈悬臂状态，这对涡轮转静子间隙控制提出了更高要求。

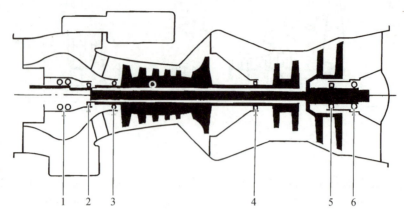

图 7-25　T700 发动机转子支承简图

　　T700 发动机的功率输出方式为前输出，动力转子与输出轴之间采用轴向浮动式花键连接，因此动力转子和输出轴各自采用独立支承系统，动力转子采用 0-2 的支承方案（见图 7-25），输出轴采用双排球轴承支承。动力转子通过布置在涡轮后的两个支点支承，为保证涡轮转子的径向刚度，控制转子变形，涡轮盘与轴之间设计成 C 形结构，转子支承布置在涡轮盘腔中，以缩短转子轴向长度，同时保证轴承更好的工作环境。由于动力转子需穿过高压转子，轴较细长，属于典型的柔性转子，因此发动机装配前需对动力转子进行高速动平衡，保证转子的挠度符合要求。

　　对于单转子功率后输出的涡轴/涡桨发动机，动力转子的支承相对较简单，由于动力转子较短，是典型的刚性转子，通常为两个支点，主要采用 0-2 和 1-1 支承形式，如普惠的 PT6A 发动机动力转子采用 0-2 支承方式（见图 7-26），法国透博梅卡公司 Makila 系列涡轴发动机采用 1-1 支承方式，两级动力涡轮前、后各安排一个支点，前支点采用滚棒轴承，后支点采用球轴承，传递动力转子的轴向及径向载荷。功率后输出构型由于转子支承系统处于排气部位，不利于滑油系统的设计，因此对于功率后输出的发动机，通常采用侧向排气。

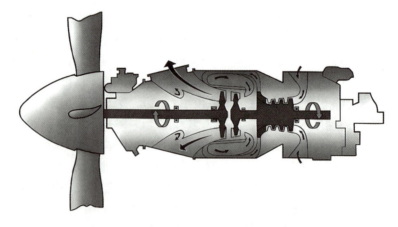

图 7-26　PT6A 发动机转子支承简图

7.3 联轴器

联轴器是将压气机转子轴和涡轮转子轴连接成一体的组合件。联轴器传递的负荷取决于转子支承方案，一般需要能传递扭矩、轴向力和径向力。

在图 7-10 所示的单转子涡轮喷气发动机转子的 1-3-0 四支点支承方案中，有自己的止推支点的压气机转子、涡轮转子，其联轴器仅传递扭矩。在只有一个止推支点的四支点支承方案中，联轴器不仅要传递扭矩，而且还要传递轴向力。在大多数的三支点支承方案中，联轴器不仅要传递扭矩和轴向力，而且还要作为涡轮转子的前支点，既要承受径向力，并且在压气机、涡轮两个转子轴线不同心时，仍能保证正常的工作。

联轴器分为刚性联轴器和柔性联轴器两大类。图 7-10、图 7-12、图 7-13 三种支承方案中的联轴器，均允许涡轮转子相对压气机转子轴线有一定的偏斜角，即两个转子间可以有相对的偏斜，这种联轴器称为"柔性联轴器"，在现代发动机中使用的较少。在两支点支承方案中，联轴器仅传递扭矩和轴向力，且将涡轮轴和压气机轴刚性地连成一体，也就是用安装边、短螺栓或套齿、螺母将两根轴刚性连接，这种联轴器称为"刚性联轴器"。

现代先进航空发动机多采用刚性联轴器。其结构形式主要包括：套齿式刚性联轴器、法兰连接刚性联轴器、圆弧端齿刚性联轴器。

1. 套齿式刚性联轴器

套齿式刚性联轴器一般是由套齿传扭，前后两个圆柱面定心，由大螺母轴向拉紧以传递轴向力。JT9D、PW2037、PW4000（见图 7-20）、V2500 等发动机上，高压涡轮与高压压气机轴间采用了套齿式刚性联轴器，两轴间的定心靠套齿两侧的两圆柱面以小紧度的配合来达到。

对于现代双转子涡扇发动机的低压轴，虽然轴较细（要穿过高压轴），支点间的跨度也较大，但是由于加工精度的不断提高以及转子系统动力学设计水平的提高，目前大多涡扇发动机的低压转子采用三支点支承并用刚性联轴器连接。如 PW4000 发动机低压转子采用 0-2-1 三支点支承方案，图 7-27 所示为其低压涡轮轴与风扇轴连接的联轴器，由 A、B 两个圆柱面定心，套齿传递扭矩，大螺母轴向拉紧传递涡轮轴与风扇轴的轴向力。

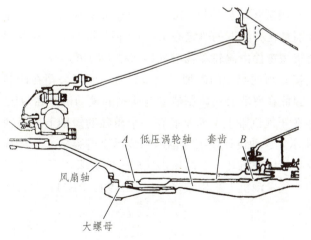

刚性联轴器

图 7-27　PW4000 发动机低压转子联轴器

此外，在现代涡扇发动机中，当高压转子后端通过中介轴承支承于低压转子上时，为了避免低压转子工作不稳定对高压转子造成的影响，在低压转子三支点的支承方案中，低压涡轮转子与风扇转子间普遍采用套齿式刚性联轴器，如 CFM56 系列发动机等。

2. 法兰连接刚性联轴器

RB211、CFM56 等发动机的高压转子，压气机后轴与涡轮轴间采用了安装边（法兰）连接的刚性联轴器，通过圆柱面定心、短螺栓连接传力。图 7-28 所示为 CFM56 发动机高压转子联轴器的结构。压气机后轴与涡轮轴分别与封严盘的前后端面接触，用轴的外圆面与封严盘的凸缘配合定心，三者之间用短螺栓连接。为便于安装，螺栓先固定于压气机后轴上，当涡轮转子装上后，从涡轮盘孔心处用工具将自锁螺母拧到各螺栓上即可。

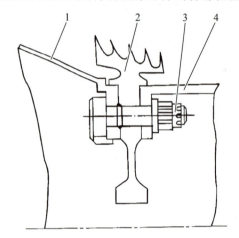

1—压气机后轴；2—封严盘；3—自锁螺母；4—涡轮轴。

图 7-28　CFM56 发动机的高压转子联轴器

3. 圆弧端齿刚性联轴器

RB199 发动机高压转子采用了圆弧端齿联轴器，如图 7-29 所示。在压气机后轴的后端面上与涡轮轴前端面上分别铣出带弧形的端面齿，用短螺栓将相互啮合的端齿连接起来，成为刚性很好的联轴器。利用圆弧端齿传扭、定心，螺栓传递轴向力。圆弧端齿联轴器传递扭矩大，能自动定心（特别是在高温下的热定心），为了便于装拆，在压气机后轴上先固定有自锁螺母，装配时，只需将短螺栓由涡轮盘孔心处伸入拧上即可。

使用圆弧端齿连接必须拥有专门的加工设备，这是罗罗公司在研制三转子发动机期间发展的一项重要技术。因此在罗罗公司研制或参与研制的发动机（如 RB211、RB199 等）中，滚珠轴承不直接安装在压气机轴上，而是装在一个单独的短轴上，短轴与压气机轴用圆弧端齿连接，如图 7-30 所示。这种设计使滚珠轴承的装拆变得容易。在 RB199 发动机中，在 3 个转子的滚珠轴承处及高压压气机转子与高压涡轮转子间共采用了 4 个圆弧端齿联轴器。圆弧端齿联轴器在欧洲的一些发动机上采用较多，如 RB199、RB211、Trent 系列等发动机。

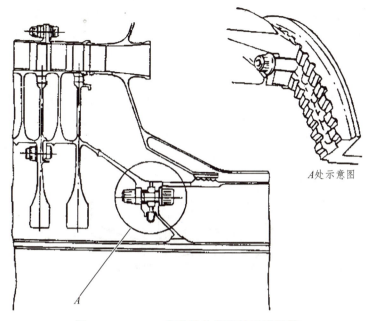

A处示意图

图 7-29　RB199 发动机的高压转子联轴器

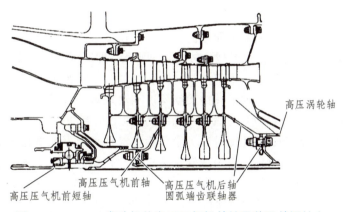

高压涡轮轴

高压压气机前短轴
高压压气机前轴
高压压气机后轴
圆弧端齿联轴器

图 7-30　RB199 发动机的高压压气机前轴承装于前短轴上

7.4　支承结构

发动机的转子通过支承结构支承于发动机承力构件上，并将转子的各种负荷传递到承力机匣上。支承结构包括轴承、对轴承进行冷却与润滑的滑油供入及回油结构、防止滑油漏入气流通道以及防止高温气体漏入轴承腔室的封严装置等。

7.4.1　轴承支承结构

1. 内（或外）环分半轴承支承结构

轴承内（或外）环做成两半分开的，可以使内外环滚道的槽做得深些，装的滚珠数目可以多些，这样，能承受较大的轴向负荷。图 7-31 所示为 PW4000 发动机风扇后主轴承结构，为提高该轴承能承受的负荷，采用内环呈两半结构，以增加滚珠数和滚道的深度。在润滑方面，喷油嘴 6 将滑油喷到风扇轴 4 后端下面，通过沟槽甩入环下供油槽 5 中，再由分半式、内环 2 间甩到滚珠上，为提高油腔的封严效果，装有锥面挡油环 3。此外，该轴承外环 7 带有安装边与承力框架直接相连，简化了结构，但轴承需要专门定制，加大了工艺难度和制造成本。

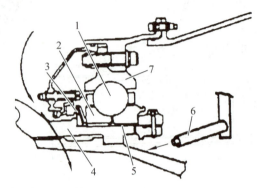

1—滚珠轴承；2—分半式内环；3—挡油环；4—风扇轴；5—供油槽；6—喷油嘴；7—轴承外环。

图 7-31　PW4000 发动机风扇后主轴承结构

2. 滚珠与滚棒轴承并用支承结构

发动机主轴承中，滚珠轴承除承受径向负荷外，还要承受很大的转子轴向负荷，因此所有发动机中的滚珠轴承选用的直径系列均较滚棒轴承大，即同样的轴承内径，轴承外径较大，即使这样，在某些发动机中滚珠轴承仍然是故障较多的构件。为了加强承载能力，航空发动机中通常会采用滚棒轴承与滚珠轴承并用的结构。在滚珠轴承旁增加一滚棒轴承后，还能限制高压转子的回转运动，能保持高压压气机与高压涡轮工作叶片与机匣间有较均匀的叶尖间隙。

在一个支点处滚珠滚棒轴承并用时，一定要确保滚珠轴承不承受径向力，可以将滚珠轴承外环与轴承座设计成间院配合或将滚珠轴承装于刚性较弱的弹性支座中，而承受径向力的滚子轴承则支承于刚性较强的支座中。GE 公司的 CF6、CFM56-5/7、GE90 等发动机均采用了这种设计。普惠公司及罗罗公司的发动机尚未采用这种设计。

GE90 发动机的高压转子采用的是 1-0-1 支承方案高压转子用两个支点、3 个轴承支承；高压压气机前支点采用滚珠、滚棒双轴承并列结构（见图 7-32），滚珠轴承装在折返式弹性支座中，滚棒轴承装在相对刚性较大的支座上。通过弹性支承降低滚珠支承的径向支承刚度，使得在工作过程中该滚珠轴承不承受径向载荷，只承受轴向载荷。而滚棒轴承安装部的径向载荷在其外环处装有挤压油膜阻尼器用于控制轴的径向振动。由于独特的支承结构设计使滚珠滚棒轴承分别承受轴向载荷和径向载荷，从而提高了轴承的使用寿命和可靠性。

7.4.2　弹性支座

转子的轴承不直接固定到机匣上，而是通过一个刚性小、具有较大弹性的支座固定到机匣上，这个刚性小的支座，一般称为弹性支座。在发动机上，采用弹性支座主要是用来减少转子的支承刚性降低转子的临界转速（或共振转速），使发动机常用的工作转速大于临界转速。另外，弹性支座本身的弹性变形还会吸收一部分振动能量，也起到减小振动的作用。

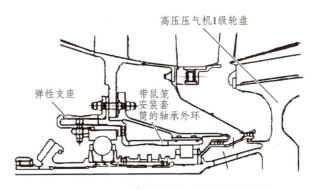

高压压气机1级轮盘

弹性支座

带鼠笼
安装套
筒的轴承外环

图 7-32　GE90 发动机的高压压气机前支点

采用弹性支座后，发动机常用工作转速大于临界转速，因此发动机起动后加速到常用工作转速时，必定要越过临界转速，这时转子的振幅将会很大。为此，除要求使转子快速越过临界转速外，还要采取限制振幅过大的限幅器。

常用的弹性支座有鼠笼式与拉杆式两种。

1. 鼠笼式弹性支座

鼠笼式弹性支座用改变开槽的宽度及幅条数来改变支承刚性。图 7-33 和图 7-34 为斯贝发动机高压涡轮前轴承采用的鼠笼式弹性支座，轴承座装于鼠笼式弹性支座中，弹性支座利用前安装边与燃烧室内机匣相连。弹性支座的衬筒上开有 24 条长度为 52 mm 的宽槽，形成 24 条近似圆截面（约为 $\phi 6$ mm）的圆杆，使整个支座类似鼠笼，故称鼠笼式弹性支座。在弹性支座后端的外圆上，套装有限制振幅的限幅环（见图 7-34），两者间留有 0.076 ~ 0.127 mm 的间隙，也即当转子挠度在限幅环处大于 0.076 ~ 0.127 mm 时，弹性支座即被限幅环约束，挠度不再加大。GE90 发动机高压压气机前支点（见图 7-32）也采用了鼠笼式弹性支座。

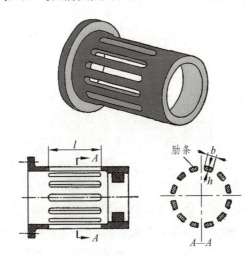

肋条

l

A

A

b

h

$A—A$

图 7-33　斯贝发动机鼠笼式弹性支座

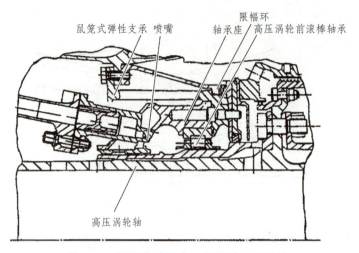

图 7-34　斯贝发动机高压涡轮前支点结构

2. 拉杆式弹性支座

拉杆式弹性支座后者可用改变拉杆直径、长度与拉杆数来改变其支承刚性。图 7-35 中示出了 V2500 等发动机高压压气机前支点采用的弹性支座，它是典型的折返式拉杆弹性支座，弹性支座是由向后伸的承力锥体、多根长螺杆与安装轴承的轴承座组成。螺杆在后端插焊于承力锥体中，前端用螺母将轴承座拧紧在一起，组成一整体的弹性支座，用承力锥体的前安装边固定于机匣上，机匣的内圆作为限幅环，中间通以滑油形成挤压油膜。为避免滑油大量外泄，轴承座两侧均装有封严涨圈。因此，这种支座是带挤压油膜的折返式拉杆弹性支座，类似这种结构已用于 PW2037、PW4000 等发动机中。

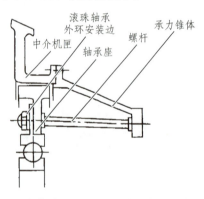

图 7-35　V2500 发动机高压转子前支点的拉杆式弹性支座

7.4.3　挤压油膜阻尼器

发动机工作时，转子的振动会通过支承结构传给机匣。因此，原则上可以在轴承与支承结构间设置减振器，减少外传振动负荷与振幅，降低发动机振动。挤压油膜阻尼减振器，就是将轴承外环以一定间隙装入固定在机匣上的轴承套筒中，在间隙中通以润滑系统中的压力滑油形成油膜，如图 7-36 所示。轴承的外传负荷通过油膜后再外传至机匣，其工作原理可以看成是一般的液压减振器或缓冲器。轴承在转子不平衡力作用下，外环向不平衡力作用的方向移动并挤压油膜，在液体动力作用下，外环的移动受到阻碍，同时滑油吸收了外环运动的大部分振动能量，从而使传到机匣的振动值大大降低。由于这种减振措施效果好、结构简单，在发动机中被广泛采用。

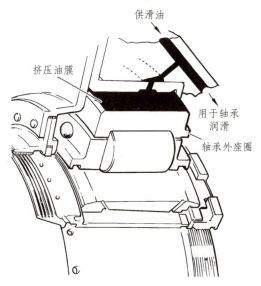

图 7-36　典型的挤压油膜阻尼器

图 7-37 所示为 JT8D 发动机的 1 号滚棒轴承上采用的挤压油膜阻尼器减振结构，轴承外环以一定的间隙装入轴承减振器座内，在此环形缝隙内通入发动机润滑系统的压力滑油形成油膜，为防止滑油从油膜两端大量泄漏，两端有封严涨圈，即在轴承外环的两端各开有一矩形槽，槽中装入涨圈，涨圈外环面与轴承衬套在内径圆柱面紧紧相贴，形成封严环。在 JT8D 发动机的 1 号和 6 号轴承采用了挤压油膜后，发动机在各种工作状态下的振动幅值有明显降低。由于滑油吸收了外环振动的能量，滑油温度有所增加，轴承外环的温度也有所增高。

在有的发动机中，用"O"形胶圈装于轴承外环的槽中，起封严作用。图 7-38 所示的 RB211 发动机滚棒轴承挤压油膜阻尼器没有采用涨圈或"O"形胶圈封严，而是用轴承两端面的挡油板来封严的，它是用控制挡油板与轴承外环端面间的间隙来防止滑油的大量外泄。由图可以看出，挡油板与轴承外环端面间留有 0.0127～0.0379 mm 间隙。RB211 发动机各滚棒轴承均采用了挤压油膜减振结构，这种结构可以使发动机的振幅降低 60%以上。

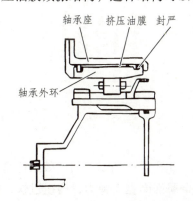

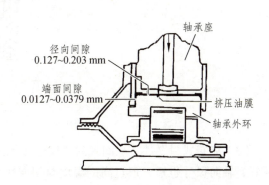

图 7-37　JT8D 发动机的挤压油膜阻尼器　　　　图 7-38　RB211 发动机的挤压油膜阻尼器

在实际的发动机中，往往将弹性支座与挤压油膜阻尼器相结合，以达到较好的减振效果。图 7-32 所示的 GE90 发动机的高压压气机前支点，采用了笼式弹性支座与挤压油膜阻尼器相结合的方式；图 7-35 所示的 V2500 发动机高压转子前支承点结构，采用了拉杆式弹性支座和挤压油膜阻尼器相结合的方式。此类结构在 GE90、PW2037、PW4000、V2500 等现代涡扇发动机上得到了广泛的应用。

7.4.4　封严装置

封严装置的功用是防止滑油从发动机轴承腔漏出，控制冷却空气流和防止主气流的燃气进入封严腔。

在燃气涡轮发动机上使用多种封严方法，常用的有篦齿式、涨圈式、石墨式及浮动环式。后又发展了一种金属刷环式的封严装置，用于 V2500 发动机中。其中，篦齿式封严装置属于非接触式的，其余几种均属于接触式的，后者封严效果较好，但工作中有一定的磨损量。

（1）篦齿式封严装置。这种封严件广泛用来挡住轴承腔中的滑油，它用作控制内部空气流的限流装置。篦齿式封严装置在轴上做有封严齿，如图 7-39 所示，与其对应的静子封严环上敷有一层滑石粉涂层，以减少封严间隙。通常封严齿可以是直齿或斜齿，如图 7-39 所示。

（a）直封严齿　　　　　　　　　　（b）斜封严齿

图 7-39　各种形状的篦齿封严

轴承油腔的压力低于腔外压力，外腔中压力较高的空气通过篦齿与封严环间的间隙向内逸流、阻止滑油外逸。它属于非接触式的封严装置

（2）浮动环封严装置。它是一个金属环，自由地套在轴上，与轴间的间隙为 0.03～0.10 mm 浮动环的安装槽座是由两件组合起来的。环在其中有 0.06～0.15 mm 的轴向间隙，如图 7-40 所示。在油腔外、内压差的作用下，浮动环紧贴在槽座的端面上，形成了径向间隙式与端面接触式的混合封严装置。这种封严装置较篦齿封严的封严效果好，长度小，且无沿径向磨损，但高温会使滑油结焦，导致环形件卡在机匣中，因此这种环形封严件不适用于高温区。

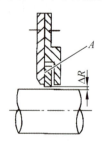

图 7-40　浮动环式封严装置

（3）涨圈式封严件。涨圈式封严属于接触式封严，如图 7-41 所示。封严效果比篦齿式的要好，轴向尺寸也短，但过高的温度与切向速度会使金属涨圈丧失弹力，磨损过快，影响封严效果。

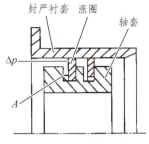

图 7-41　涨圈式封严装置

（4）液压封严件。这种方法常常用于两个旋转件之间来封严轴承腔。液压封严件由一个封严齿浸在一个滑油环带中形成，这个滑油环带是由离心力形成的。

（5）石墨封严装置。它含有一个静止的石墨环构件，不断地与旋转轴的套环相摩擦，使用几个弹簧使石墨与套环保持接触，依靠良好的接触，不允许滑油或空气漏过。

（6）刷式封严装置。它有一个由许多细钢丝制成的刷组成的静止环，不断与旋转轴相接触，与硬的陶瓷涂层相摩擦，其优点是可以承受径向摩擦而不增加渗漏。

几种典型的封严装置如图 7-42 所示。

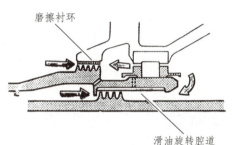

（a）液体和摩擦衬环篦齿式封严件

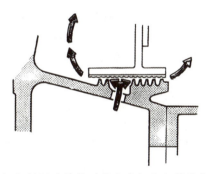

（b）级间连接槽（篦齿式）空气封严件

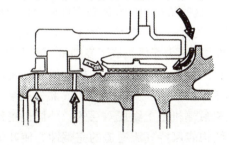

（c）螺纹式（篦齿式）滑油封严件

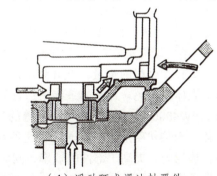

（d）浮动环式滑油封严件

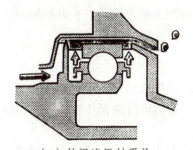

（e）轴间液压封严件

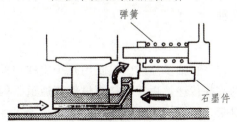

（f）石墨封严件

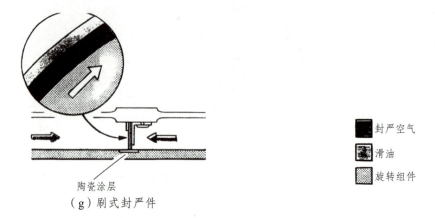

陶瓷涂层

（g）刷式封严件

封严空气

滑油

旋转组件

图 7-42　几种典型的封严装置

不同的滑油封严装置有不同的使用条件，如篦齿式封严装置，由于篦齿尖端与衬套存在间隙，因而工作不受转速和温度的限制，但封严效果不如接触式封严装置，轴向尺寸也较大，并且要求轴承机匣外部的空气压力必须大于内部的压力，否则会使大量的滑油外溢，起不到封严效果。涨圈封严受到工作温度和切向速度的限制。浮动环封严的工作温度与切线速度比涨圈封严要高一些，但封严效果要差一些。石墨封严装置可在高温、高压差、高转速下工作，密封效果好，但结构复杂，如温度过高，会使加载弹簧失去弹力，石墨封严装置也将失去封严作用。

7.5　静子承力系统

发动机工作时，在转子与静子上作用有多种负荷。这些负荷中，有的在零件或组件中抵消或部分抵消，有的则无法抵消而向外传出。这些传出的负荷通过一些承力框架、承力壳体（承力机匣）传给发动机安装节。承受和传递负荷的承力框架、承力壳体组成了发动机的承力系统。

为了减轻发动机的重量，充分利用发动机外机匣的材料，大部分发动机的所有外机匣均作为承力壳体，即包含在承力系统中；有的发动机将全部机匣（如 RB211）或部分机匣（如CFM56、PW4000、PW2037、V2500 等的高压压气机后端机匣）做成双层的，外层机匣作为承力壳体，内层机匣形成气流通道。这种双层机匣结构能保持气流通道的完整性，使叶尖间隙容易保持均匀，提高了部件的效率，同时可减缓发动机性能衰退的趋势。

将转子支点的负荷通过气流通道传至外机匣的构件称为承力框架。承力框架的结构有以下几种。

1. 利用铸造或焊接机匣传力

将安装轴承座的内机匣用几个支柱与外机匣铸成或焊接成整体，负荷通过置于气流通道内的支柱传递。由于支柱穿过气流通道，因此只适用于发动机冷端部件，即压气机前后的进气机匣、扩压机匣或中介机匣。

图 7-43 所示为 WP6 发动机压气机进气机匣，它由内外壳体与 4 个承力支柱用镁合金铸成

一体。支柱做成空心的，一方面可以减少质量，另一方面也可作为滑油与附件传动杆的通道。为了减小支柱的流体阻力，支柱前固定有流线型整流支板，内壳的前端也固定有整流罩，整流罩与整流支板内还通有热空气，用以防冰。

斯贝、JT3D、JT9D 等发动机燃烧室的扩压机匣采用板料制作支板，并与内外壳体焊接成一体，形成焊接的承力框架。在 V2500、PW4000、CFM56 等发动机上，燃烧室的扩压器做成叶册式（有 20～24 个叶片），扩压器与燃烧室内外机匣用 Inconel718 合金铸成一体（见图 7-44），作为传递负荷的承力框架。

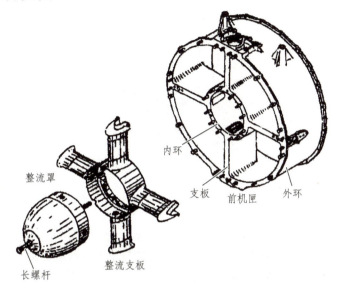

图 7-43　WP6 发动机压气机进气机匣

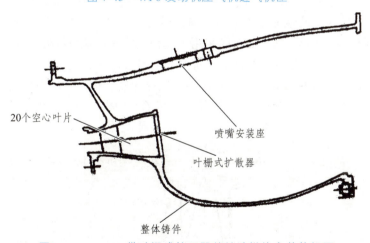

图 7-44　V2500 带叶栅式扩压器的铸造燃烧室整体机匣

2. 利用静子叶片传力

在涡喷 6、涡喷 7、涡喷 8 发动机中，压气机后轴承的负荷是通过末级整流叶片外传的，如图 7-45 所示。整流叶片的顶端具有带螺纹的轴颈，轴颈插入外机匣的孔中用螺母拧住，叶片底部具有供安装用的凸耳，用螺栓与反力的内机匣相连，形成了通过叶片传递负荷的承力框架。这种承力框架结构简单，还可缩短发动机长度，但它只适于增压比小的发动机。在涡喷 7、涡喷 13、涡喷 15 等发动机中，利用压气机第 1 级整流叶片传力（叶片外端焊在机匣上，内端用螺栓与轴承座相连），斯贝、JT3D 等发动机则利用压气机进口导流叶片传力（叶片焊在内、外机匣上），它们都是利用静子叶片组成的承力框架。

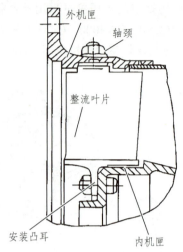

图 7-45　由静子叶片组成的承力框架

3. 利用涡轮导向器传力

在一些发动机中，利用涡轮导向器作为承力框架。此时，不能直接利用导向叶片作为承力件，需用装在叶片内的承力件传力，使燃气不直接与承力件接触。RB199 低压涡轮第 1 级导向器（见图 7-46）利用装于叶片内的承力构件传力，由于高压、中压及两级低压涡轮转子的负荷及低压转子的轴向负荷均通过它传出，所以承力构件做得较大，导流叶片也做得较大较厚，这不仅对低压涡轮的性能带来不利影响，还增加了发动机的长度。例如，在 CF6-6、CF6-50 发动机系列中，在高、低压涡轮间采用了这种涡轮间的承力框架，而 CF6-80 发动机取消了这个承力框架，不仅使发动机性能有所提高，而且发动机长度也缩短了。在 RB211 发动机中，采用了类似于 RB199 发动机低压涡轮第 1 级导向器结构，它的中压涡轮导向器作为承力框架。这是因为 RB199 和 RB211 发动机都是三转子发动机，为了减少支承框架，又要尽量避免转子间的耦合振动，结构限制不得已而采取的一种设计。

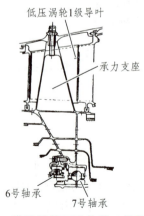

图 7-46　RB199 发动机低压涡轮第 1 级导向器承力框架

4．利用涡轮级间支承框架传力

级间支承框架传力在风扇和压气机之间的使用较为普遍，但在涡轮级间承力框架却用得较少。这是因为在两级涡轮之间，建立承力框架会使涡轮的效率受到一定影响，对于涡轮级间机匣的选择应从气动性能和结构效率多方面加以考虑。

图 7-47 所示为 CF6-50 发动机高、低压涡轮级间承力框架结构，8 根传力支板切向与轴承座相连，传力支板外套有空心的导流叶片将高温燃气与支板隔开。CF6-50 发动机的涡轮气流通道设计中，由于低压涡轮采用等外径设计，使得高低压涡轮气流通道径向尺寸差距较大，为减小气动损失，增加了轴向距离，为级间机匣提供了可用空间。由图 7-47 可见，此承力框架较长，相当于三级低压涡轮的长度，因而不仅使发动机长度加大，而且增加了流过此部件的气流阻力，降低了涡轮效率。因此，后来发展 CF6-80 系列时（见图 7-48），为了提高涡轮效率，低压涡轮采用等内径设计，缩短了涡轮级间轴向距离，取消了涡轮级间承力机匣，而采用在高压涡轮前设置 1 个支点，由高压压气机后扩压器叶片作为承力框架。后来的小推力民用涡扇发动机 CFM56，转子系统总体支承方案中，使用中介轴承将单级高压涡轮转子支承于低压涡轮轴上，从而减少一个承力框架。

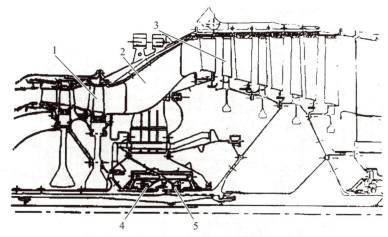

1—高压涡轮；2—级间承力框架；3—低压涡轮；4—高压涡轮后轴承；5—低压涡轮前轴承。

图 7-47　CF6-50 发动机高低压涡轮级间承力框架结构

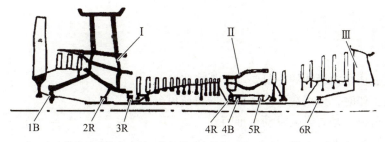

Ⅰ—中介机匣承力框架；Ⅱ—扩压器承力框架；Ⅲ—低压涡轮后承力框架。

图 7-48　CF6-80 发动机转子支承方案

5．涡轮后承力框架

当涡轮转子有后支点时，采用涡轮后轴承机匣，将轴承负荷外传。由于此时须通过内温燃气传出负荷，所以一般也需将承力件与燃气隔开。

在高涵道比涡扇发动机中，低压涡轮出口燃气温度较低，其涡轮后轴承机匣的承力支板可直接穿过燃气流，形成整体的焊接结构，如CFM56（见图7-22）、PW2037、PW4000、V2500等发动机中均采用了这种结构。图7-31所示为PW4000发动机低压涡轮后轴承机匣结构，它的承力支板还做成一定的叶形，以调整气流方向。此类设计在 GE90、Trent1000 等现代发动机中广泛采用。

图7-49 所示为 RB211 三转子高涵道比涡扇发动机的转子与承力系统，它的承力系统中包括了前述的几种承力框架。RB211 三个转子共有 8 个支点，采用 4 个承力框架传力。它们由中压压气机进口导流叶片，中、高压压气机间中介机匣（铸造机匣），高、中压涡轮间的中压涡轮导向器内的承力构件以及低压涡轮后轴承机匣构成传力系统。核心机的机匣做成双层的，其负荷在前端由风扇出口整流叶片及整流叶片后位于水平位置上的两个 A 型框架（图中未示出）传至装于风扇机匣上的发动机主安装节，在后端通过装于涡轮后轴承机匣上的辅助安装节传至飞机。

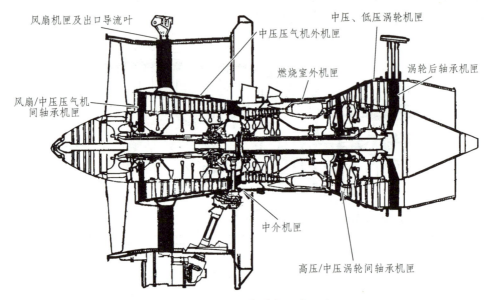

图 7-49　RB211 发动机承力系统

思考题

1. 发动机总体结构设计的主要要求包括哪些？
2. 发动机工作时，作用在各零部件上的负荷可分为哪几种？
3. 采用减荷措施是否影响发动机推力？
4. 轴承有哪些类型？
5. 如何用符号表示转子的支承方案？
6. 什么是中介支点？
7. 转子上的止推支点的作用是什么？一般应置于什么位置？
8. 在单转子的支承方案中，止推轴承有几个？为什么？

9. 分析 CFM56 发动机转子系统支承方案。

10. 分析 RB211 发动机转子系统支承方案。

11. 分析 PT6A 涡桨发动机转子系统支承方案。

12. 简述联轴器的作用及主要分类。

13. 联轴器传递的载荷主要有哪些？

14. 刚性联轴器有哪些种类？

15. 简述航空发动机采用滚棒轴承与滚珠轴承并用结构的原因。

16. 涡轮附近支承结构特点是什么？

17. 简述挤压油膜阻尼器的原理。

18. 弹性支座主要分为哪几类？

19. 承力框架的结构有哪几种？

第 8 章 附件传动装置

发动机工作时，附件传动装置将转子的功率和转速传递给燃油、滑油等附件系统；起动时，附件传动装置将起动机功率传递给发动机。本章主要介绍典型发动机附件传动装置的功用、组成及安装位置等。此外，本章也将对部分机型上使用的双速传动装置和恒速传动装置作简单介绍。

8.1 附件传动装置的组成和功用

8.1.1 附件传动装置的功用

在航空燃气涡轮发动机上，不仅有压气机、燃烧室、涡轮、尾喷管等主要部件，而且还有一些保证发动机正常工作的附属系统，如起动系统、燃油系统、滑油系统等。在这些系统中，有一些附件如滑油泵、燃油泵、液压泵、发电机等，有一定的转速、转向和功率的要求，需要由发动机来驱动。另外，由于这些附件大部分只能装在发动机机匣外面，因此需要通过一些齿轮系和传动轴将发动机的功率按照一定的转速和转向传给各附件。将发动机转子的功率、转速传输到附件并驱动附件以一定的转速和转向工作的齿轮系及传动轴的组合体，就称为附件传动装置，如图 8-1 所示。

附件传动装置工作的可靠性，无论是对发动机还是飞机都是极为重要的，因此附件传动装置的结构，必须保证在飞行包线范围内可靠工作，并保证所有附件的转速、转向和需用功率，以及具有较小的外廓尺寸和重量、更换和维护容易等特点。

在现代航空发动机上，传动发动机附件的功率约占涡轮功率的 0.2% ~ 0.5%，传动飞机附件的功率约占涡轮功率的 0.3% ~ 0.6%，一台大型航空发动机附件传动所消耗的功率可达 300 ~ 370 kW（400 ~ 500 hp），附件及其传动装置的重量约占发动机重量的 15% ~ 20%。

8.1.2 附件传动装置的组成

附件传动装置一般由内部齿轮箱（进口齿轮箱）、转换齿轮箱（角齿轮箱或称中间齿轮箱）和外部齿轮箱（附件齿轮箱）三部分组成，如图 8-2 所示。

附件传动装置的组成

有的发动机附件齿轮箱是直接由径向驱动轴驱动的，没有转换齿轮箱，如 AE3007 发动机的附件齿轮箱，如图 8-3 所示。

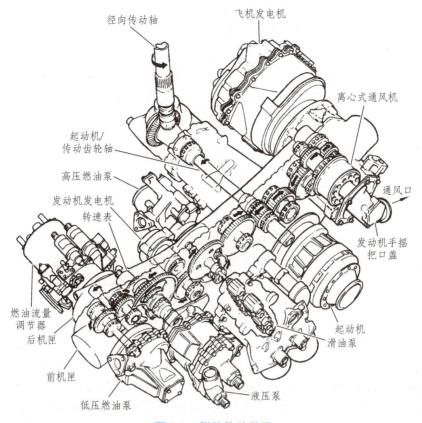

径向传动轴　　　　飞机发电机

起动机/
传动齿轮轴

离心式通风机

高压燃油泵

发动机发电机
转速表

通风口

燃油流量
调节器
后机匣

发动机手摇
把口盖

起动机
滑油泵

前机匣

低压燃油泵　　　　液压泵

图 8-1　附件传动装置

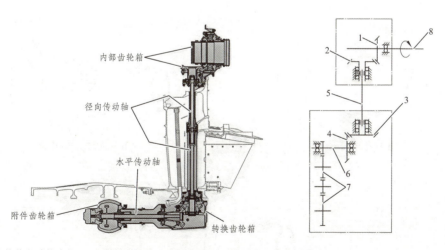

内部齿轮箱

径向传动轴

水平传动轴

附件齿轮箱

转换齿轮箱

1—内部齿轮箱主动锥齿轮；2—内部齿轮箱从动锥齿轮；3—转换齿轮箱主动锥齿轮；4—转换齿轮箱从动锥齿轮；
5—径向传动轴；6—水平传动轴；7—各附件装置；8—发动机转子。

图 8-2　附件传动装置简图

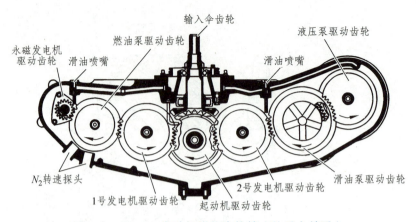

永磁发电机
驱动齿轮　滑油喷嘴　　燃油泵驱动齿轮　　输入伞齿轮　　　液压泵驱动齿轮
　　　　　　　　　　　　　　　　　　　　　滑油喷嘴

N_2转速探头
　　　　1号发电机驱动齿轮　　起动机驱动齿轮　　2号发电机驱动齿轮　　滑油泵驱动齿轮

图 8-3　AE3007 发动机附件齿轮箱（从后向前看）

　　通常附件由发动机的旋转轴经过内部齿轮箱经转换齿轮箱后，传向外部齿轮箱来驱动。外部齿轮箱上有各个附件的安装座，并根据转速要求分配相应的齿轮传动机构。外部齿轮箱上安装的起动机为发动机提供输入扭矩，从而带动发动机转子旋转。

　　内部齿轮箱处在发动机的核心位置，其位置安排有许多困难，既要让一根径向传动轴能径向外伸，又要在发动机核心里面获得可用空间。在多轴发动机上，由哪个轴传动内部齿轮箱主要取决于发动机是否易于起动。实际上，高压压气机转动后才能使空气流过发动机，高压转子相对较轻。因此，选定起动机带动高压转子，高压压气机与内部齿轮箱相接。

　　发动机转子和内部齿轮箱之间的传动方案需要考虑到发动机工作时，转子会发生轴向位移，这样在相互啮合的两个锥齿轮之间就可能出现轴向间隙，影响到内部齿轮箱的传动效果，因此在布局内部齿轮箱时，可以采用直接传动、短轴传动以及随动齿轮传动等方案，如图 8-4所示。

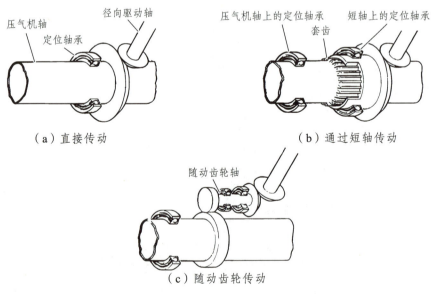

压气机轴　　径向驱动轴　　　　压气机轴上的定位轴承　　短轴上的定位轴承
　　定位轴承　　　　　　　　　　　　　　　套齿

（a）直接传动　　　　　　　　　　　　　（b）通过短轴传动

随动齿轮轴

（c）随动齿轮传动

图 8-4　内部齿轮箱传动方案

　　图 8-4（a）是最为简单的一种传动方案。水平伞齿轮直接固定在压气机轴上，径向伞齿

轮直接固定在发动机内部承力结构上，这种传动方案所用的传动部件最少。但是为了保证工作时水平伞齿轮和径向伞齿轮之间的轴向间隙，水平伞齿轮应尽可能装在靠近压气机轴上的止推支点（滚珠轴承），以定位水平伞齿轮，使水平伞齿轮不会随压气机转子的轴向移动而移动。这种传动方案在发动机上的应用较多，如在 RB211-535E、V2500、CFM56 等发动机上都采用了类似的结构。

通过短轴方案是将水平伞齿轮固定在一根短轴上，短轴再通过套齿与压气机轴连接[见图 8-4（b）]。套齿啮合间隙较大，允许压气机轴轴向移动，而短轴有自己的定位轴承（滚珠轴承）。这样发动机工作时，压气机转子的轴向移动，就不会影响水平伞齿轮和径向伞齿轮间的轴向间隙。

第三种传动方案比较复杂[见图 8-4（c）]，采用了随动轴，随动轴的一端通过正齿轮与压气机轴啮合，另一端安装有伞齿轮，该伞齿轮再和径向驱动轴的伞齿轮相啮合。随动轴有自己的定位轴承，这样发动机工作时，压气机转子的轴向移动通过相互移动的正齿轮来弥补，而不会影响两个伞齿轮间的啮合齿隙。

转换齿轮箱的作用是，连接内部齿轮箱和外部齿轮箱，把径向轴的转动传给附件齿轮箱，或把附件齿轮箱的转动传给内部齿轮箱，并根据需要对转速进行调整（增加或减小）。

外部齿轮箱包括各附件的传动装置，为各个附件提供安装座。在它的前面和后面装有燃油泵、滑油泵、起动机、液压泵、整体驱动发电机、专用发电机以及孔探检查用的手摇传动座等，如图 8-5 所示。

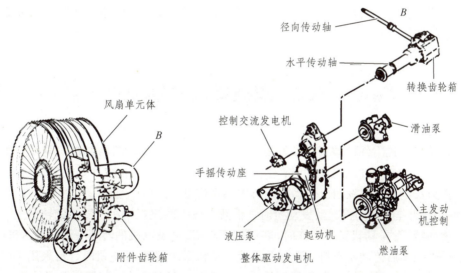

图 8-5　CFM56-3 发动机附件传动装置

8.1.3　附件传动装置的安装位置

由于发动机的许多附件，如燃油滤、滑油滤、磁堵以及各种管路接头等，要定期或不定期地拆卸和检查，因此要求附件方便拆装，并具有良好的可达性。良好的可达性，即要求打开发动机短舱罩后能触及它们并能进行操作，所以在新型高涵道比发动机中，附件齿轮箱一般都处于发动机下部或者下侧。它沿发动机轴线的位置如下：在 CFM56、RB211-535E4、PW2037

等风扇直径较小的发动机中，装在风扇机匣上，如图8-5所示；在CF6-80C2、PW4000、GEnx等大型涡轮风扇发动机中，装在核心机部位，如图8-6所示。前一种情况，附件处于温度较低的工作环境，但是发动机短舱的外廓尺寸有所增大；后一种情况附件将在较高温度的环境下工作，因而在发动机机匣和附件机匣之间装有隔热防护套，并有冷却空气进行冷却。

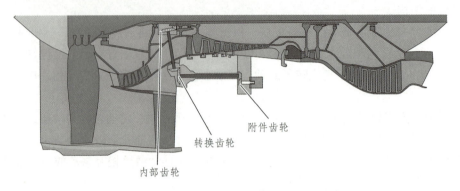

图8-6　GEnx发动机的附件传动装置安装位置

有的机型上有两个附件齿轮箱，一个称为高速齿轮箱连接到高压压气机转子，所有发动机附件如起动机、滑油泵、燃油泵和燃油控制组件装在这个齿轮箱里；另外一个称为低速齿轮箱，连接到低压压气机，所有飞机附件装在这个齿轮箱里。两个齿轮箱改善发动机起动能力，但是增加了发动机重量，所以不常见。

各齿轮箱的轴承、齿轮需要滑油润滑。附件驱动系统的封严主要在于防止滑油流失，为了防止各附件和齿轮箱之间串油，外部齿轮箱上部分封严结构采用石墨封严。

8.2　双速传动装置

为了减少发动机附件的数目，减轻发动机的重量，有些发动机将起动机与发电机作为一体，成为起动-发电机。发动机起动时，作为直流电动机，输入直流电后驱动发动机转子旋转；起动后，作为发电机，由发动机驱动向飞机提供直流电。

起动-发电机作为起动机起动发动机时，需要有较大的扭矩作用于发动机转子上，因此需要减速后传动转子；发动机正常工作时，转子转速较高，而发电机的转速一般约为8 000 r/min，这时，转子需减速后传动发电机。这样就造成发动机采用起动-发电机时，需采用不同的传动比带动起动-发电机，因此，在附件传动机构中应设置一套双速传动装置，来满足起动-发电机在两种状态下的传动比的要求。

8.2.1　双速传动装置的组成

典型的双速传动装置由两对正齿轮、一套棘爪离合器、一套摩擦离合器、一套滚棒离合器组成，如图8-7所示。

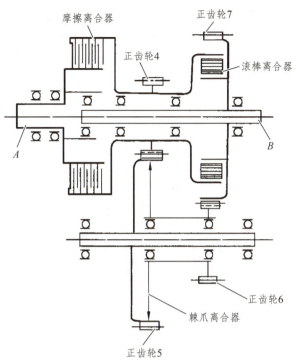

双速传动装置

图 8-7 典型双速传动装置

1. 摩擦离合器

摩擦离合器，如图 8-8 所示，是起过载保护作用的。它由一组铜片、钢片、弹簧和内齿轮、外齿轮等组成。铜片（外摩擦片）上有外套齿与外齿轮的内套齿啮合，钢片（内摩擦片）上有内套齿与内齿轮的外套齿啮合。铜片与钢片相间地安装在内外齿轮之间，用一组弹簧压紧，摩擦片之间填有石墨油膏，起润滑作用。

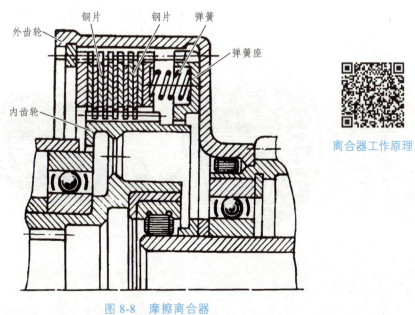

离合器工作原理

图 8-8 摩擦离合器

工作时，当内或外齿轮传动扭矩小于摩擦片之间的摩擦力矩时，内外齿轮成为一体；当传动扭矩过大时（如发动机加、减速时，电机转子的惯性力矩增加很多，使传动扭矩加大），超过铜片与钢片之间的摩擦力矩时，铜片与钢片间产生相对滑动，内外齿轮之间断开传动，不会使传动机构由于过载而损坏，起到过载保护作用。

2. 滚棒离合器

滚棒离合器是超越离合器的一种，在如图 8-9 所示的转动方向下，当外环转速低于内环转速时，离合器由于滚棒卡在内外环间而合闸，内外环以同一转速工作；当外环转速高于内环转速时，滚棒由于卡住位置脱开，离合器脱开，内外环以各自的转速工作。

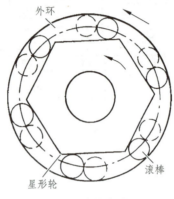

图 8-9　滚棒离合器

3. 棘爪离合器

棘爪离合器也是超越离合器的一种，它由棘轮、离合子以及安装离合子的安装座等组成，如图 8-10 所示。离合子在弹簧的作用下使其一端始终朝上，嵌在棘轮的齿槽中。当棘轮顺时针旋转时，棘轮的齿槽槽底顶住离合子，驱使安装座与棘轮一起旋转，即棘爪离合器处于合闸状态；当安装座的转速大于棘轮的转速时，离合子被棘轮齿槽的斜面压下，使离合子与棘轮的齿槽槽底分离，离合器处于脱开状态；棘轮与安装座以各自的转速旋转，互不干涉。

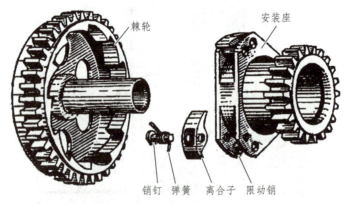

图 8-10　棘爪离合器

8.2.2　双速传动装置的工作原理

起动发动机时，起动-发电机经 A 轴通过摩擦离合器带动齿轮 4 并传动齿轮 5，使棘爪离合器的棘轮转动，棘爪离合器合闸，通过离合子使安装座，即齿轮 6 转动并传动齿轮 7，达到减速的目的，带动与附件传动装置主传动轴相连的 B 轴。此时，滚棒离合器的外环与星形轮分别随齿轮 4、7 转动。因为齿轮 7 的转速低于齿轮 4 的转速，即星形轮的转速低于外环的转速，所以滚棒离合器处于脱开状态。在起动状态时，双速传动装置的传动路径为：起动-发电机→摩擦离合器→棘爪离合器→发动机。

当发动机起动后，切断供给起动-发电机的电源，起动机不工作，有停转的趋势。但是发动机转子却通过主传动轴 B 带动齿轮 7，使滚棒离合器的星形轮转速大于外环的转速，滚棒离合器自动合闸，齿轮 4 与齿轮 7 以同一转速旋转。此时，对于棘爪离合器，其安装座（即内环）被齿轮 6 带动，其转速比齿轮 7 高，而棘轮（即外环）被齿轮 5 带动，其转速比齿轮 4 低。因此，棘爪离合器的外环转速要低于内环转速，棘爪离合器处于脱开状态，齿轮 5 与齿轮 6 以不同的转速转动，即在起动-发电机处于发电状态时，双速传动装置的传动路径为：发动机→滚棒离合器→摩擦离合器→起动-发电机。

综上所述，双速传动装置是借助两套超越离合器，通过两条不同的传动路线，自动地获得在起动与发电两种工作状态下所需要的两种传动比。

8.3　恒速传动装置

8.3.1　概　述

在大中型飞机上，所采用的电源均为 400 Hz、115 V 的交流电。交流电的质量取决于其频率的恒定，取得恒频交流电的方法目前有两种：电子式和机械式。用于 B787 的 Trent1000 与 GEnx 发动机，采用了变频交流发电机，因此发动机与发电机间未安装恒速传动装置（CSD），而是在飞机上配备变频装置。

交流发电机是由发动机通过附件传动装置来驱动的。对于机械式，交流发电机输出的交流电的频率 f 与发电机的电极对数 p 及发电机轴的转速 n 有关，其关系为

$$f = \frac{pn}{60} \tag{8-1}$$

当发电机的电极对数 p 一定时，发电机输出的交流电的频率 f 就只与发电机轴的转速 n 有关。为此，要得到恒频交流电，交流发电机的转速必须恒定。例如，对于 $f = 400$ Hz，$p = 4$，要求发电机动机的转速 $n = 6\,000$ r/min。但发动机的转速是变化的，为此在发动机的附件传动装置和发电机之间应该有一套保持交流发电机转速恒定的变传动比装置，即恒速传动装置。恒速传动装置的输入轴与发动机附件传动装置相连，转速是变化的，输出轴与交流发电机轴相连，转速是恒定的。所以恒速传动装置的功用就是在发动机的各种状态下（即各种转速下）使交流发电机以恒定的转速工作，以输出频率为 400 Hz 的恒频交流电。

恒速传动装置

由于发动机从慢车到起飞工作状态，其转速变化的范围很大，所以恒速传动装置有三种工作状态，即增速传动状态、直接传动状态和减速传动状态。

（1）增速传动状态：当发动机的转速较低，恒速传动装置的输入转速小于恒速传动装置

的输出转速，这时恒速传动装置的工作状态为增速传动状态。

（2）减速传动状态：当发动机的转速较高，恒速传动装置的输入转速大于恒速传动装置的输出转速，这时恒速传动装置的工作状态为减速传动状态。

（3）直接传动状态：当发动机的转速正好使得恒速传动装置的输入转速等于恒速传动装置的输出转速时，恒速传动装置的工作状态为直接传动状态。

8.3.2　恒速传动装置的组成与工作原理

典型恒速传动装置，由差动齿轮传动机构、可变液压组件和固定液压组件三部分组成。通过这三部分的联合控制和传输，可得到恒定的输出转速，以驱动交流发电机工作，如图 8-11 所示。

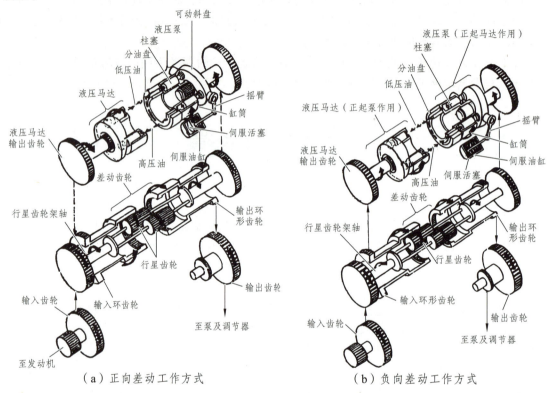

（a）正向差动工作方式　　　　　　　（b）负向差动工作方式

图 8-11　典型恒速传动装置

1. 差动齿轮传动机构

1）差动齿轮传动机构的组成

差动齿轮传动机构由一个行星齿轮托架、两个行星齿轮、一个输入环形齿轮和一个输出环形齿轮组成。其传动关系如下：

由输入带动行星齿轮托架旋转，行星齿轮托架一路经两个相互啮合的行星齿轮分别传动输入环形齿轮和输出环形齿轮，再由输入环形齿轮传动固定液压组件旋转缸筒，输出环形齿轮传动输出齿轮；另一路经其右端齿轮传动可变液压组件旋转缸筒。

输入齿轮由发动机轴经附件传动装置输出轴带动逆时针转动。输入齿轮与行星齿轮托架相啮合，使行星齿轮托架顺时针转动。行星齿轮托架上有两个行星齿轮：其中一个与输入环形齿轮相啮合，输入环形齿轮与液压马达输出齿轮相啮合。当液压马达不转动，即输入环形齿轮固定不动时，这个行星齿轮逆时针转动，带动第二个行星齿轮顺时针转动。第二个行星齿轮与输出环形齿轮相啮合，使输出环形齿轮顺时针转动。输出环形齿轮与输出齿轮相啮合，使输出齿轮逆时针转动。输入齿轮和输出齿轮均为逆时针转动，转动方向一致。

2）传动关系

差动齿轮传动机构的传动关系可用图 8-12 表示。从图中可以得到，输出环形齿轮的转速 n_7 与行星齿轮托架的转速 n_2 和输入环形齿轮的转速 n_4 之间的关系为

$$n_7 = -\frac{z_4}{z_7}n_4 + \frac{z_4 + z_7}{z_7}n_2 \tag{8-2}$$

式中　n_7——输出环形齿轮的转速；

　　　n_4——输入环形齿轮的转速；

　　　n_2——行星齿轮托架的转速。并规定，逆时针转动的转速为正，顺时针转动的转速为负。

由式（8-2）可知，输出环形齿轮的转速 n_7 取决于输入环形齿轮的转速 n_4 和行星齿轮托架的转速 n_2。行星齿轮托架的转速 n_2 取决于输入轴的转速 n_{eg}，输入环形齿轮的转速 n_4 取决于液压马达的转速 n_{12}。

若 n_4 与 n_2 反向，则加速；若 n_4 与 n_2 同向，则减速；若 $n_4 = 0$，则制动。

以下分析恒速传动装置的输出轴转速 n_F（即输出齿轮转速 n_9）与输入轴转速 n_{eg}（即输入齿轮转速 n_1）之间的关系：

行星齿轮托架的转速 n_2 与输入轴转速 n_{eg} 之间的关系为

$$n_2 = -\frac{z_1}{z_2}n_{eg} \tag{8-3}$$

输入环形齿轮转速 n_4 与液压马达转速 n_{12} 之间的关系为

$$n_4 = -\frac{z_{12}}{z_2}n_{12} \tag{8-4}$$

输出环形齿轮转速与输出轴转速之间的关系为

$$n_7 = -\frac{z_9}{z_8}n_F \tag{8-5}$$

将以上带入，则有

$$n_F = 2 \times \frac{z_8}{z_9} \times \frac{z_1}{z_2}n_{eg} - \frac{z_8}{z_9} \times \frac{z_{12}}{z_3}n_{12} \tag{8-6}$$

由式（8-6）可以看出，液压马达的转速和转向将影响 CSD 输出轴转速 n_F 的大小。当液压马达的转速为零，即 $n_{12}=0$ 时，有

$$n_F = 2 \times \frac{z_8}{z_9} \times \frac{z_1}{z_2}n_{eg} \tag{8-7}$$

称此时的输入轴的转速 n_{eg} 为制动转速 n_{zd}，即

$$n_{zd} = n_{eg} = \frac{z_9}{z_8} \times \frac{z_2}{z_1} \times n_F / 2 \qquad\qquad (8\text{-}8)$$

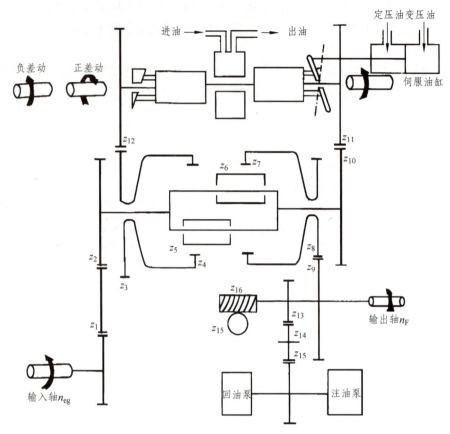

z_1/n_1—输入齿轮的齿数/转速；z_2/n_2—齿轮托架左侧齿轮的齿数/转速；
z_3/n_3—输入环齿轮外齿轮的齿数/转速；z_4/n_4—输入环齿轮内齿轮的齿数/转速；
z_5/n_5—第一个行星齿轮的齿数/转速；z_6/n_6—第二个行星齿轮的齿数/转速；
z_7/n_7—输出环齿轮内齿轮的齿数/转速；z_8/n_8—输出环齿轮外齿轮的齿数/转速；
z_9/n_9—CSD 输出齿轮的齿数/转速；z_{10}/n_{10}—齿轮托架右侧齿轮的齿数/转速；
z_{11}/n_{11}—液压泵输入齿轮的齿数/转速；z_{12}/n_{12}—液压马达输出齿轮的齿数/转速。

图 8-12　CSD 传动关系

3）差动齿轮传动机构的三种工作状态

（1）制动状态。

当 $n_{zd} = n_{eg}$ 时，称为制动工作状态。以 JT8D 发动机为例，其交流发电机磁极对数为 4，输出频率为 400 Hz、115 V 的交流电，其转速 $n_F = 6\,000$ r/min，$z_1 = 32$，$z_2 = 35$，$z_8 = 35$，$z_9 = 61$，则有

$$n_{zd} = \frac{35 \times 61}{2 \times 35 \times 32} \times 6\,000 = 5\,719 \ (\text{r/min})$$

说明当输入转速为 5 719 r/min 时，液压马达不转动，输入环形齿轮被制动。

（2）正向差动状态。

当 $n_{eg} < n_{zd}$ 时，要求液压马达顺时针转动，这时的 n_{12} 为负值，由式（8-6）可知 $n_{eg} < n_F$，这种工作状态称为正向差动工作状态。也就是说，输入轴转速低于制动转速时，为了保持发电机要求的恒定转速，必须由液压马达的转动来补偿，这时液压马达必须按顺时针方向转动。

（3）反向差动状态。

当 $n_{eg} > n_{zd}$ 时，要求液压马达逆时针转动，这时的 n_{12} 为正值，由式（8-6）可知 $n_{eg} > n_F$，这种工作状态称为反向差动工作状态。为了保持发电机要求的恒定转速，必须使液压马达按逆时针方向转动。

可以看出，输入环形齿轮的制动、反向差动和正向差动是由可变液压组件和固定液压组件的联合工作来保证的。当输入轴转速由低逐渐增高时，液压马达起初应顺时针转动，在制动点上，液压马达不转动，随后应逆时针转动。这是由液压泵与液压马达组成的转速补偿装置来完成的。

2. 可变液压组件

可变液压组件由旋转缸筒、柱塞组、可变角度的斜盘、分油盘、伺服缸筒、伺服活塞等组成。

旋转缸筒、柱塞组由输入齿轮经行星齿轮托架直接传动，因此，缸筒、柱塞组的转速始终与输入转速成正比，且转向不变。

可变液压组件的功用是起转速补偿作用，当输入轴转速变化时，在转速调节器的作用下，液压泵控制液压马达的转向和转速，保证恒速传动装置的输出转速恒定。

发动机带动液压泵的转子（旋转缸筒）逆时针转动，带动柱塞打油，其打油量与液压泵的转速和斜盘角度有关：泵的转速越高，打油量越大；斜盘角度越大，柱塞的行程越大，泵的打油量也越大，当斜盘角度等于零时，不论转速多高也不打油。由于恒速传动装置的液压泵的转速与发动机的转速成正比，所以只能靠改变斜盘角度来调节泵的打油量。

液压泵转子由差动齿轮传动机构的行星齿轮托架来驱动。斜盘角度的变化取决于伺服活塞的位移，伺服活塞的移动由转速调节器控制。

转速调节系统由伺服作动筒和离心调速器组成，如图8-13所示。其功用是，当恒速传动装置输出轴的转速偏离额定值时，改变液压泵斜盘角，从而改变打油量；改变液压马达的转速和转向，使输出转速恢复到额定值。伺服作动筒由壳体、活塞、弹簧组成。壳体内腔由活塞分成左右两部分，左半部叫作大腔，右半部叫作定压腔，大腔和调速器的变压油路相连，腔内的压力受调速器的控制。定压腔与定压油相连，腔内压力基本保持不变。所以伺服活塞左右移动是由大腔内油的压力来控制的。伺服活塞的连杆与液压泵斜盘上的摇臂相连，故活塞的移动可改变液压泵的斜盘角度。

离心调速器由传动齿轮、离心飞重、分油活门、弹簧、调节螺钉等组成。传动齿轮带动离心飞重转动，离心飞重的离心力由弹簧力平衡，弹簧的压缩程度由调节螺钉来调节。其工作情况如下：当恒速转动装置的输入转速增加或发电机的负载减小使输出转速超过额定值时，离心飞重的离心力大于弹簧力，使分油活门向下移动，伺服作动筒的大腔与回油相通，于是大腔的油压降低，活塞向左移动，使斜盘角变小，液压泵的打油量减少，液压马达转速减小，使输入环形齿轮的转速降低，第一行星齿轮的转速随之降低，第二行星齿轮的转速也跟着降低，输出环形齿轮转速降低，最终使输出转速降低到额定值，反之亦然。

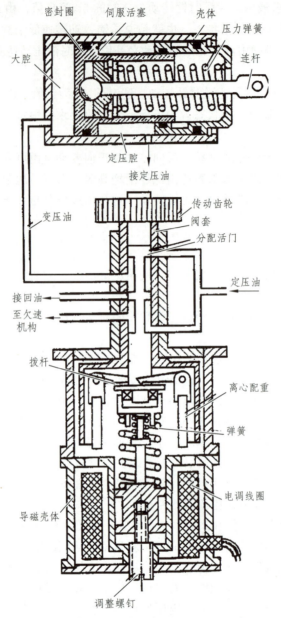

图 8-13　离心飞重式转速调节器和伺服油缸

3. 固定液压组件

固定液压组件由旋转缸筒、柱塞组和一个固定斜盘组成，与可变液压组件间没有机械联系，只有液压联系。它的转速和转向取决于可变液压组件的供油量和供油方向。

4. 恒速传动装置的三种工作状态

1）正向差动状态

当发动机的转速较低，使恒速传动装置的输入转速低于其要求的输出转速时，转速调节器使液压泵的斜盘角变大，打出高压油，迫使液压马达顺时针转动，带动输入环形齿轮逆时针转动，以补偿发动机转速的不足，保持发电机的转速恒定不变。发动机的转速越低，液压泵的斜盘角就越大，打出的油压越高，液压马达转速越高。当发动机转速最低时，液压泵的斜盘角最大，打出的油压最高，液压马达的转速最大。

2）制动状态

当发动机的转速正好使得恒速传动装置的输入转速等于其要求的输出转速时，转速调节器使液压泵的斜盘角为零，这时液压马达不转动。恒速传动装置处于制动工作状态。

3）反向差动状态

当发动机的转速较高，使恒速传动装置的输入转速高于其要求的输出转速时，转速调节器使液压泵的斜盘角变负角，大腔通回油，迫使液压马达逆时针转动，带动输入环形齿轮顺时针转动，使输出环形齿轮的转速降低，保持发电机的转速恒定不变。发动机的转速越高，液压泵的斜盘角的负值越大，液压马达逆转速度越高。当发动机转速最高时，液压泵的斜盘角的负值最大，液压马达的逆转速度最大。

思考题

1. 简要说明附件传动装置的作用。
2. 内部齿轮箱（中心传动装置）的功用是什么，由哪个转子驱动？
3. 附件传动装置主要安装在哪个位置？
4. 论述双速传动装置的作用。
5. 简要说明双速传动装置的工作原理。
6. 恒速传动装置有哪些工作状态？

第9章 燃油分配及控制系统

航空发动机燃油分配及控制系统是飞机发动机控制系统的核心组成部分，主要负责燃油的供应和调节，以确保发动机在不同工作状态下能够获得适量的燃油，维持发动机的正常运转。

9.1 燃油分配及控制系统概述

燃油分配及控制系统的功能是以适合于燃烧的形式向发动机供应燃油，保证发动机在起动、加减速等过渡工作状态和发动机所有稳定工作状态下能够获得所需要的燃油流量，使发动机的起动和加减速过程达到既快速又安全稳定的工作，同时通过稳态燃油控制使发动机为飞机及其附件提供必要的动力。除此之外，某些发动机的燃油分配及控制系统还提供一些特殊功能，如冷却发动机滑油和飞机整体驱动交流发电机滑油，提供操纵发动机附件所需的动力等。为此，通过飞机油箱增压泵和发动机油泵向燃油喷嘴供油，燃油喷嘴将燃油雾化后与适量空气混合注入燃烧系统进行燃烧。为了使发动机获得设定的转速、压力比（推力）、扭矩或者保持特定的涡轮前温度，燃油流量必须根据不同的外界条件和发动机负载情况进行调节。发动机转速、发动机压力比（推力）或扭矩等可通过油门杆或功率杆进行人工设定之外，燃油流量的大小均由控制装置自动进行调节。

燃油分配及控制系统包括燃油分配系统和燃油控制系统。燃油分配系统从飞机供油系统获得燃油并对其再增压后供给燃烧室，随后燃油与空气混合后进行燃烧；同时向发动机附件系统提供伺服燃油压力操纵发动机附件。燃油分配控制系统控制发动机稳态及过渡态的燃油流量，从而保证发动机在所有工作状态下都能够安全、稳定、经济地运行。

9.2 燃油分配系统

9.2.1 燃油分配系统的工作

燃油分配系统的作用因发动机制造厂商和型号不同存在一定差异，大致包含以下几种：向燃烧室提供经过过滤和增压的燃油用于燃烧；对发动机滑油进行冷却；向发动机活门、作动筒等提供伺服作动所需的动力；冷却整体驱动发动机（IDG）的滑油。

燃油分配系统通常包括燃油泵、燃油滤、燃油加热器、燃油调节与计量装置、燃油流量计、燃油总管、燃油喷嘴等部件。

图 9-1 所示为 CFM56-7B 发动机燃油分配系统，该系统中，燃油从飞机供油系统供给发动机燃油泵组件，燃油泵组件包含一级低压离心叶轮泵、一个燃油滤和一级高压齿轮泵。燃油首先经低压离心叶轮泵增压后流出燃油泵，然后流经整体驱动发电机的燃油/滑油冷却器，从而对整体驱动发电机的滑油进行冷却；再流经发动机燃油/滑油热交换器，实现对收油池返回滑油的冷却；而后燃油重新流回燃油泵组件，进入燃油滤，过滤后的燃油经齿轮泵进行高增压比的增压，使燃油压力达到所需的工作压力；齿轮泵流出的燃油根据其不同用途被分为两路，其中大部分燃油直接流至液压机械装置（HMU）的燃油计量系统，燃油经计量后流经燃油流量传感器，燃油流量传感器将燃油流量信号提供给驾驶舱仪表进行显示；随后燃油通过燃油总管分配给燃油喷嘴，经雾化后喷入燃烧室并与空气混合后进行燃烧。从齿轮泵流出的另一路燃油被称为伺服燃油，为防止结冰，流过冲洗油滤的伺服燃油流向被称为伺服燃油加热器的热交换器，经加热后流向液压机械装置的伺服控制系统，伺服控制系统再将伺服燃油提供给发动机某些作动组件，从而实现对发动机作动组件的操纵。由于燃油泵组件提供的燃油量比发动机实际需要的燃油量要大很多，因此液压机械装置将多出的燃油以及附件系统返回的燃油送回到发动机燃油/滑油热交换器进口重新进行利用。

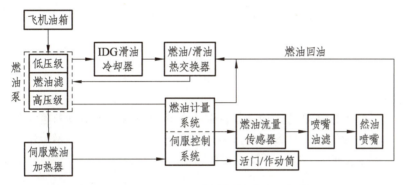

图 9-1　CFM56-7B 发动机燃油分配系统

9.2.2　燃油分配系统的组成

发动机燃油分配系统由燃油泵、燃油滤、液压机械组件、燃油喷嘴等组成。

1. 燃油泵

燃油泵是一种将机械能转化为压力能的装置。燃油泵实现对燃油进行增压，壳体内常常包括初级增压级和主增压级，采用多级的主要目的是减小每一级的增压比，防止出现较为严重的气穴现象，延长燃油泵寿命。图 9-2 所示为某型发动机燃油泵组件。

根据供油增压原理，油泵可分为两大类：容积式泵和叶轮式泵。容积式泵是依靠泵的抽吸元件做相对运动，交替改变元件间的自由容积进行吸油、排油的。供油量取决于元件一次循环运动中自由容积变化的大小。在一定的供油量下，油泵根据出口处液体流动阻力来建立压力。这类泵在航空发动机上应用最广，如柱塞泵、齿轮泵、旋板泵（叶片泵）。容积式泵出口有释压活门，当泵后压力达到设定值后，释压活门打开，将泵后的部分燃油送回到油泵进口，防止油压力过高损坏下游部件或造成漏油。

叶轮式泵是依靠叶轮做旋转运动，使经过叶轮液体的动能和压力能增加，在叶轮后的扩压器中再将液体的部分动能转化为压力能。这类泵有离心泵、汽心泵、螺旋泵。

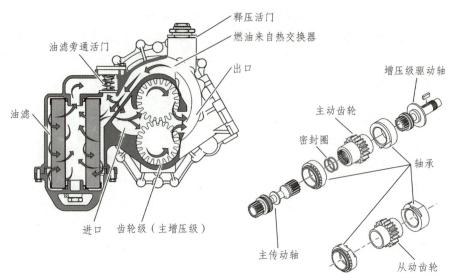

图 9-2　齿轮泵

目前，民航发动机上用得最多的是渐开线直齿外啮合齿轮泵和轴向倾斜式变量柱塞泵以及旋板泵和离心泵。

齿轮泵是定量泵，工作容积不可调，流量随转速的变化而发生改变。当转速不变时，供油量的多少通过改变旁通回油量进行调节，即齿轮泵的供油量始终高于需油量，多余的油量将返回油泵进口。

柱塞泵是变量泵，柱塞泵的供油量不仅取决于转速还取决于斜盘角度，转速不变时，供油量通过改变斜盘角度调节。柱塞泵的调节性好这是它的主要优点，不过结构复杂、工艺要求高、寿命短。图 9-3 所示为轴向斜盘柱塞泵。

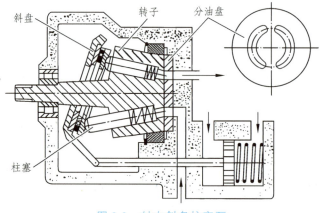

图 9-3　轴向斜盘柱塞泵

2. 燃油滤

燃油滤对燃油过滤，保证向喷嘴和发动机附件提供清洁的燃油；油路中通常包含多个油滤，如 CFM56-7B 发动机有主油滤、伺服油滤（又称冲洗油滤，即自洁式油滤）和喷嘴前油滤，有的燃油喷嘴内部还有油滤，越靠前的油滤过滤能力越强。通常情况下，油路中第一个油滤为主要油滤，起到主要的杂质过滤作用，后面油滤则作为备用油滤，其过滤能力稍差。

除喷嘴内部油滤之外，每一个油滤均有一个旁通活门，当油滤堵塞到一定程度后，旁通活门打开，保证继续向发动机供给燃油。燃油调节器或液压机械组件内的伺服油路通常较为狭窄，内部的伺服控制机构配合较为精密，当出现主油滤旁通、油泵轴承失效及部件磨损后产生碎屑等情况后，燃油中的杂质可能进入伺服油路，从而导致伺服油路堵塞、机件磨损或卡阻，此时备用油滤对燃油进行大致过滤，从而避免较大的杂物或碎屑造成部件损坏或发动机不能正常工作。

燃油滤组件（见图9-4）一般由滤芯、滤杯、旁通活门和堵塞传感器等组成。燃油在滤芯中由外向里流动，以方便油滤的检查；旁通活门用于燃油滤堵塞后继续向发动机供给燃油；通常在主油滤上安装有油滤堵塞指示器或监视压差传感器，向维修人员或驾驶舱提供油滤是否堵塞的警告指示信息。

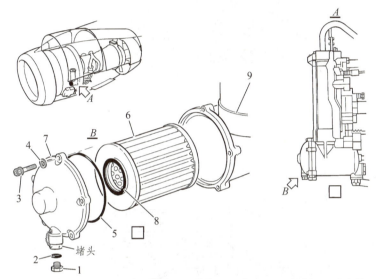

1—放油口堵头；2，5—O形密封圈；3—螺栓；4—垫片；6—滤芯；7—油滤盖；
8—端头密封（两端）；9—燃油/滑油热交换器。

图9-4　某型发动机燃油滤

3. 燃油加热器

燃油加热器的目的是对燃油加温防止结冰进而堵塞油路（见图9-5和图9-6）。加温的方法可用发动机热滑油或从压气机引出的热空气来实现。为了防止发动机出现熄火、超温，燃油加热是有限制的，在起飞、进近、复飞等关键飞行阶段不能使用引气加温燃油。

4. 燃油流量传感器

目前，测量燃油流量最常采用的装置是涡轮流量传感器（见图9-7），这种流量传感器是通过测量传感器中涡轮转速来间接测量流体流量。当燃油流过传感器时，驱动传感器中的涡轮，涡轮通过传动轴直接驱动一个鼓筒，传感器中的叶轮则通过弹簧与传动轴相连。在鼓筒与叶轮上均安装有磁铁，在传感器壳体上则安装有感应线圈。当磁铁转至感应线圈处时则会在线圈中产生电脉冲信号，由于弹簧的延迟效应，叶轮上的磁铁晚于鼓筒上的磁铁转到线圈处，因此两个感应线圈产生的电脉冲存在相位差，该相位差的大小与涡轮转速成正比，而涡轮转速又与燃油的质量流量成正比，所以通过测量脉冲电信号的相位差则可测量燃油流量。

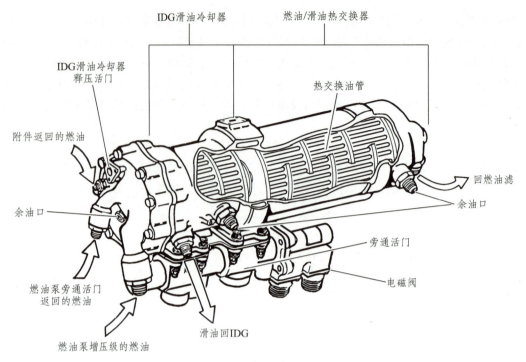

图 9-5　滑油/燃油热交换器

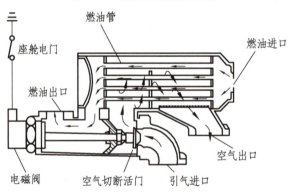

图 9-6　空气/燃油加热器

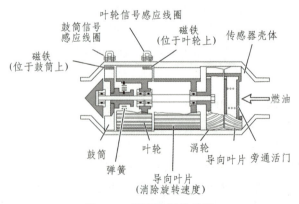

图 9-7　燃油流量传感器

5. 燃油喷嘴

燃油燃烧过程要经过雾化、蒸发、混合、燃烧。燃油喷嘴可分为雾化型和汽化型（蒸发管）。燃油喷嘴是燃油系统的最终部件，其基本功能是执行燃油雾化或汽化的任务，以保证燃油快速燃烧。当考虑到来自压气机的气流速度以及必须完成燃烧的燃烧室长度较短，这一过程有许多显而易见的困难。

雾化是燃油被破碎成极细的油珠的过程，液滴越细，蒸发越快。燃油雾化的早期方法是将其通过一个漩涡室，这里切向分布的孔或槽通过将压力能转变为动能使燃油产生漩涡。在这种情况下，燃油经过出油孔，漩涡消除，使燃油雾化形成了锥形喷雾。喷雾的形状是雾化程度的重要指示；因此，漩涡的程度和喷嘴燃油的压力是良好雾化的重要因素。雾化型喷嘴已从单油路喷嘴发展到双油路喷嘴和空气雾化式喷嘴。目前，民用航空发动机较多采用离心式雾化喷嘴和空气雾化喷嘴。

9.3 燃油控制系统

燃油控制系统的作用是保证发动机在各种工作状态下获得与之相适应的燃油量，保证燃油量在安全限制范围内，避免发动机出现超转、超温和熄火等现象。

9.3.1 燃油控制系统的工作原理、功用及控制方法分类

发动机燃油控制系统控制发动机运转所需的燃油流量。燃气涡轮发动机的功率或推力的控制是通过调节注入燃烧系统的燃油量来实现的。当需要增大功率或推力时，机组增大油门杆或功率杆角度，燃油控制系统增加进入燃烧室的燃油供油量，使燃烧后的燃气温度增加，增大了通过涡轮的燃气速度，提高气流对涡轮的做功能力，从而提高发动机转速，并相应增大空气流量，而发动机的排气速度也得到了一定程度的提高，从而增大了发动机的推力。

典型的燃气涡轮发动机的燃油控制系统基本上由一台油泵（单级或多级），一个燃油调节器或控制器和多个燃油喷嘴组成。另外，为了对发动机的要求做出反应，其中还有一定数量的传感装置，以便对燃油流量进行自动控制。在涡轮螺旋桨发动机上，对燃油和螺旋桨系统做了协调，使燃油/转速配合适当。

燃油控制包括稳态控制和过渡态控制。稳态控制是指在外界干扰量发生变化时，保持既定的发动机稳态工作点。稳态工作意味发动机的转速或推力保持不变，如慢车状态和恒速工作。过渡态控制是指当发动机从一个工作状态改变到另一个工作状态时，能快速响应且又保证稳定可靠的工作，同时又不超出允许的限制，它包括加速、减速、起动和停车。

燃油控制系统保证发动机在所有工作条件下主要参数都不超出安全限制值，如燃油控制确保发动机转速改变期间没有超温、超转、压气机失速、燃烧室熄火等。

燃油控制系统根据影响因素不同可以分为：压力控制、流量控制、组合式加速及转速控制和压力比控制。

燃油控制大致可以分为闭环控制、开环控制和复合控制。闭环控制器（见图9-8）感受的不是外界的干扰量，而是直接感受发动机的被控参数，当被控参数有了偏离后，才被控制器

感受，再进行控制，使被控参数重新恢复到给定值。由于它是按被控参数的偏离信号而工作的，故称闭环控制的工作原理为偏离原理。其优点是控制比较准确，但控制不及时、滞后。开环控制器（见图9-9）是感受外界的干扰量，只要干扰量发生变化，控制器就相应地改变可控变量，以补偿干扰量对发动机所引起的被控参数的变化，从而保持被控参数不变，这种控制系统的控制工作原理为补偿原理。开环控制系统控制及时，滞后较小，但由于不能感受所有的干扰量，故控制不太准确。复合控制（见图 9-10）是开环和闭环控制的组合控制系统，这种控制系统兼有开环和闭环控制系统的优点，既控制及时又准确，工作稳定，但控制器的结构较复杂。

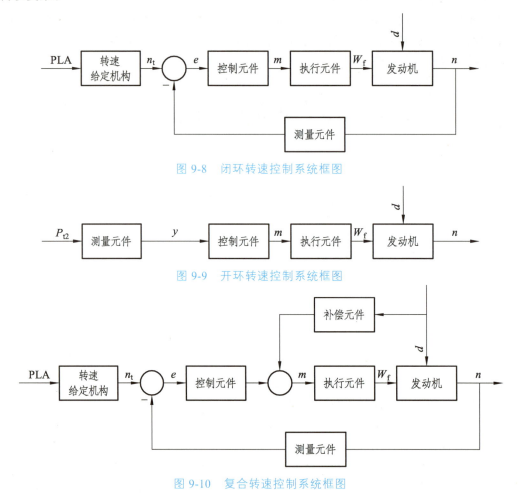

图 9-8　闭环转速控制系统框图

图 9-9　开环转速控制系统框图

图 9-10　复合转速控制系统框图

9.3.2　发动机控制系统的发展

　　航空发动机控制系统从 20 世纪 40 年代的液压机械控制、液压机械+电子控制，发展到现代航空发动机使用的全权限数字电子控制，并向智能、分布式控制方向发展。

1. 液压机械式燃油系统

　　液压机械控制技术是指采用经典控制理论，应用液压原理来实现发动机控制的需求。液压机械式燃油控制器（见图 9-11）曾是航空发动机上使用最多的控制器，是从早期飞机上单一功能发展起来的。它具有良好的使用经验和较高的可靠性。它除控制供往燃烧室的燃油外，还操纵控制发动机可变几何形状，如可调静子叶片、放气活门、放气带等，保证发动机工作稳定和提高发动机性能。液压机械式控制器，即计算是由凸轮、杠杆、滚轮、弹簧、活门等机械元件组合实现的，通常由燃油作为伺服油（控制油）。

1—可调静子叶片凸轮随动器；2—调节器球头；3—CDP分油活门；4—PCR调节器；5—转速计伺服机构；
6—转速计球头；7—压气机出口伺服机构。

图 9-11　液压机械式燃油控制器

液压机械式控制中用的燃油泵通常有齿轮泵（包括增压级和主级）、柱塞泵和叶片泵。柱塞泵可按需油量向燃烧室供油，齿轮泵、叶片泵则要求燃油控制器将超出需要的燃油返回油泵。燃油泵后进入燃油控制器的高压油，先经燃油滤过滤。粗油滤过滤后的燃油作为主燃油，另一部分再经细油滤过滤后作为伺服油（控制油）。

控制器一般分为计量部分和计算部分。计量部分按照驾驶员要求的推力（或功率），在发动机工作限制之内，依据计算系统计划的燃油流量供往燃油喷嘴；计算部分感受各种参数，在发动机的所有工作阶段控制计量部分的输出。有些控制器的计算部分又分为调节部分和限制部分，限制部分监视调节部分并确保总是工作在安全限制之内。CFM56-3 发动机主控制系统为典型的液压机械式控制系统，图 9-12 所示为 CFM56-3 发动机 MEC 控制功能框图。

从流量公式 $q_m = \mu A \sqrt{2\rho \Delta p}$（式中 q_m 为燃油质量流量；μ 为流量系数；A 为计量活门流通面积；ρ 为燃油密度；Δp 为计量活门前后压差）可以看出，要改变燃油流量一般通过改变计量活门的流通面积和/或计量活门前、后压差实现。相当多的燃油控制器，利用压力调节活门（或称压差活门、压降溢流活门）保持计量活门前、后压差不变，通过改变计量活门的通油面积改变供油量。因为流量和面积是线性关系，面积的改变与燃油流量的改变成正比。为了补偿燃油温度的影响，常在压力调节活门内装有温度补偿器。压差调整钉兼作燃油密度选择器进行燃油比重调整。

燃油控制器中的转速调节器通常是比例式的，采用刚性反馈，实施闭环转速控制。一些燃油控制器采用三维凸轮作为计算元件，由凸轮型面给出加速（或许还有减速、稳态）的供油计划。三维凸轮根据外部参数的变化移动或转动，凸轮型面上每一点即代表该组参数下，不发生喘振、超温、熄火的允许值。

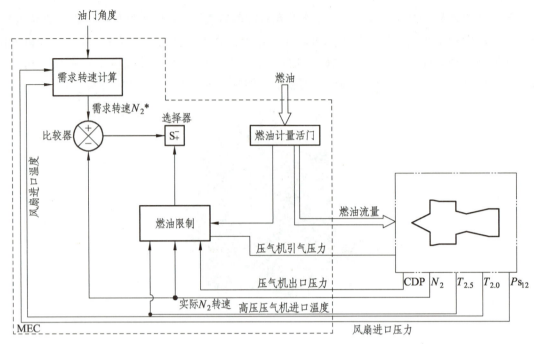

图 9-12　CFM56-3 发动机 MEC 控制功能框图

为保证燃油控制器内伺服机构工作正常以及燃油良好雾化所需的足够压力，控制器内有最小压力活门或增压活门。通过燃油计量活门的计量燃油压力必须高于能够打开最小压力活门的压力才能供往喷嘴。一些控制器中有风车旁通活门或油泵释压活门，保证起动时允许计量燃油压力打开最小压力活门，停车时关闭活门以切断供油，在发动机处于风转状态下使燃油泵供给控制器的燃油返回供油进口。

慢车转速是发动机能够稳定工作的最低转速，慢车转速控制信号来自驾驶舱推力杆。新型干线飞机的发动机设置地面慢车和进近慢车，地面慢车转速低，进近慢车转速要高。以较高的慢车进近着陆，可以保证飞机复飞时能迅速加速。飞机成功着陆后再过 4 ~ 5 s，转为低慢车（地面慢车）。液压机械燃油控制器上有相应的慢车调整钉，可适当调整发动机高、低慢车转速。高、低慢车转换由控制器上慢车电磁活门断电、通电实现。

燃油控制器通常装在燃油泵后，燃油泵直接连接到附件齿轮箱。运输机上有两个操纵杆与燃油控制器相连：推力杆（又称油门杆或功率杆）设定发动机工作状态；起动杆（停车杆）控制对发动机供油或停车。

2. 液压机械+电子控制

早期的发动机燃油调节器均为机械式（如斯贝 MK-511）或机械-液压式（如 JT3D）。这种调节器工作稳定、便于实现，但调节的参数较少，控制精度也不高。随着发动机技术的不断发展，性能不断提升，其控制系统功能不断扩展，液压机械控制系统的日趋复杂，在发动机成本和重量中所占比重与日俱增，也带来诸多约束。20 世纪 70 年代，出现了液压机械+电子控制的模式，该模式以液压机械控制为主，采用电子控制器来监视和限制发动机极限状态的一种混合式控制技术（如 RB211-535E4，CFM56-3 等）。这种调节器的发动机调节参数增加，控制精度得到一定提高，但调节参数有限，无法实现发动机的最优控制。电子控制的功能为以后研制数字电子控制器奠定了基础。图 9-13 所示为 CF6-80C2 发动机带有电子控制 PMC 的控制系统。PMC 从大气数据计算机（ADC）获取更多参数，能够更准确转速目标值。PMC 从 MEC 解算器获得转速 N1 目标值，该信号是 MEC 的 N_1 的目标值，PMC 使用该信号计算 MEC 所需的修正值。当发动机放气系统工作时，通过放气状态参数，PMC 能够限制起飞推力，防止 EGT 起飞时超限。

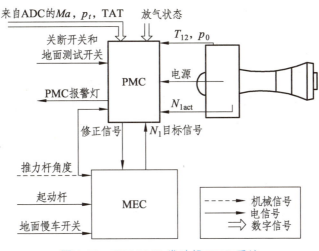

图 9-13　CF6-80C2 发动机 PMC 系统

3. 全权限数字式发动机控制系统（FADEC）

1）特征和优点

随着电子计算机技术的迅猛发展，计算机的数据处理速度、工作稳定性和可靠性大大提高，使之运用于发动机控制成为可能和现实。FADEC 即全权数字电子控制（Full Authority Digital Electronic Control，FADEC）是基于计算机的发动机控制系统，它通过传感器系统感受飞行员的操纵指令、发动机参数（如转速、温度、压力等）及外界参数等。并将所有信息转换成数字电信号传递给 FADEC 中央处理计算机进行综合和数据处理，然后计算机给出控制指令经数模转换操纵各执行机构进而控制发动机。

FADEC 包括发动机电子控制器（EEC）或电子控制组件（ECU）、燃油计量装置（FMU）或液压机械装置（HMU）、传感器、作动器、活门、发电机和互连电缆等。图 9-14 所示为 CFM56-5B 发动机的 FADEC 系统。

FADEC 系统是当今动力装置控制的发展方向，它使航空发动机控制技术、控制精度、控制综合范围、科学维护使用方面达到新的水平。在 FADEC 控制中，发动机电子控制器 EEC 或电子控制装置 ECU 是它的核心。所有控制计算由计算机进行，然后通过电液伺服机构输出控制液压机械装置及各个活门、作动器等，因此液压机械装置是它的执行机构。

监控型 EEC 的许多特点应用在 FADEC 之中。此外，在发动机控制方面，FADEC 的功能包括输出参数（推力或功率）控制，燃油（包括起动、加速、减速、稳态）流量控制，压气机可调静子叶片（VSV）和可调放气活门（VBV）控制，涡轮间隙主动控制（ACC），高压压气机、涡轮冷却空气流量控制，发动机滑油和燃油的温度管理，发动机安全保护以及起动和点火控制，反推控制。

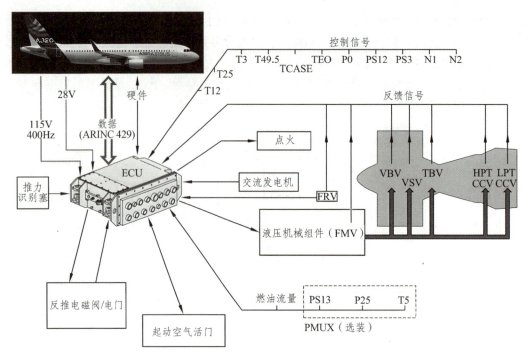

图 9-14 CFM56-5B 发动机 FADEC 系统

FADEC 系统输入信号中有些是控制计算中需要的，有些用于监视发动机工作状态。FADEC 核心计算机 EEC 或 ECU 自动检测系统故障，找出故障源并采取相应纠正措施，记忆存储故障数据，并为机组提供发动机工作状态的监控信息。

在数据通信方面，EEC 一方面从飞机接收信息，如大气数据计算机（ADC）、推力管理计算机（TMC）等有关飞行高度、大气总温、马赫数、推力、自动油门信息以及引气、防冰等接通、断开的离散信号；另一方面也向飞机发送用于计算、操纵、维护、驾驶舱显示等信息。

在 FADEC 系统中，液压机械装置（HMU）已不再具有计算功能，控制计算全部由控制计算机（EEC 或 ECU）完成，但燃油计量功能以及操纵可变几何形状作动器和活门的伺服油、动力油仍由它提供，即成为 EEC 的执行机构。有的机型上液压机械装置被称为燃油计量装置（FMU），保留除计算功能以外的原有功能，FMU 上不再有慢车、部分功率、燃油比重等调整。

为了提高 FADEC 系统的可靠性，它是一个多余度控制系统，具有较强的容错能力。发动机控制器 EEC 采用双系统模式，两套系统之间可以相互通信，但任何情况下均只有一套系统处于控制状态，另一套系统处于备用状态。EEC 获得传感器及飞机送来的重要信号也是采用多路输入，然后通过比较后依据数据的状态进行选取。当处于控制状态的计算机系统出现故障后，控制器自动切换到备用系统；当控制器两套系统都不能控制发动机某一系统时，该系统的控制自动转换为失效-安全模式，从而保证飞机或发动机处于最安全状态。对于以 EPR 控制推力的高涵道比涡扇发动机，当 EPR 无法计算时，系统可以自动转换到以控制发动机风扇转速来控制推力。

FADEC 系统的使用不仅在提高发动机性能、降低燃油消耗、减轻驾驶员负担、提高可靠性、改善维护性（如不再需要转速调准）等方面带来好处，也为控制的进一步发展提供很大的潜力。由于接收的参数不受限制，可以进行复杂的计算，它能够实现各个部件的最佳控制。

2）FADEC 系统的组成

发动机 FADEC 系统主要由 EEC/ECU、HMU 和外部输入信号三部分组成。EEC 或 ECU
都是双系统设计，这两套系统又分别被称 A 通道和 B 通道，任何一个通道都能控制发动机的
工作。每个通道有它自己的处理机和计时电路、输入/输出转换电路、存储器、力矩马达驱动
器、电磁线圈和继电器驱动器和检测电路。两个通道同时完成控制计算，但每个时刻仅仅一
个通道输出控制信号。输出控制信号的通道被称为活动通道，另一通道被称为备用通道。如
果活动通道出现故障，备用通道自动转换为活动通道。在两个通道都处于正常状态或具有相
同的故障状态时，每次发动机起动时轮流选择两个通道作为活动通道。

从图 9-15 可以看到，EEC 同飞机、发动机有大量接口，它接受飞机控制指令、计算机数
据、发动机传感器数据，计算并发出对各个部件、系统的控制指令，接收各个部件、系统的
位置反馈数据同指令值比较。外部信号大致分为两类，一类是飞机提供给 FADEC 的输入信号，
主要包括油门杆位置、大气数据、驾驶舱电门位置、飞机飞行状态等；另一类是发动机给 FADEC
的输入信号，主要包括：燃油流量反馈信号，发动机各受控部件（放气活门、可调静子、涡
轮间隙控制等）的位置反馈、发动机转速、滑油温度及压力发动机各气动站位上的气流参数
等。EEC 将输入的模拟量、频率量、离散量及序列数据转变成处理机识别的数字形式，EEC
将输出信号从数字形式转变成相应的模拟量、离散量、序列数据，操纵电液伺服机构、电磁
活门以及供驾驶舱显示。

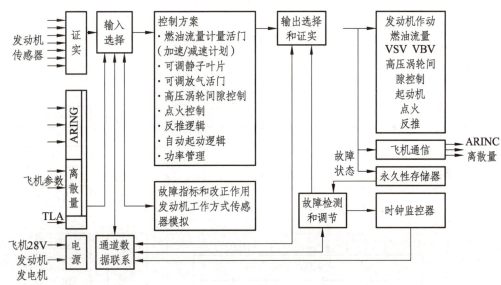

图 9-15　某型发动机 EEC 架构

FADEC 系统大多采用 ARINC429 数据总线或由 ARINC629 数据总线经 EDIU（发动机数据
接口组件）将飞机数据传输给 EEC（如 GE-90 发动机）。发动机控制数据、状态、故障信息亦由
数据总线传输给飞机。EEC 同 FMC（飞行管理计算机）之间的接口允许机组选择由自动油门计
算机控制发动机推力大小。发动机构型盒（GEnx-1B）和识别塞（或额定推力塞）可使 EEC 获
取发动机序列号、额定推力对 EPR（或 N_1）实际校准值等，构型盒与识别塞均安装在 EEC 上。

为了正确控制各个发动机子系统，EEC 或 ECU 采用闭环控制原理。ECU 处理机计算受控
对象的需求位置，通过反馈系统获取受控对象的实际位置，然后将二者进行比较，如果实际

位置与需求位置不一致，则发出控制信号继续调节，直至二者趋于一致。

对于发动机超转保护，常常设置多重保护，如果 EEC 或 ECU 中检测到转速超过安全限值时，将通过减少燃油供油量降低发动机转速，有的发动机控制系统还有硬件和软件超转检测电路（如 PW4000 发动机）；除此之外大多数发动机还有液压机械式的超转调节器（如 CF6-80C2、GE-90、CFM56-7 发动机），当发动机超转时，如果 FADEC 系统不能有效降低发动机转速，则它们会将燃油计量活门前的更多燃油旁通到燃油系统进口，从而减少燃油供油量，使发动机转速回到限值以内。

3. 分系统和 FMU

图 9-16 所示为 CF6-80C2 发动机控制分系统。该发动机的 FADEC 系统分为 7 个分系统，实施两方面基本功能：信息处理和发动机控制。信息处理指 FADEC 输入、处理和输出大量电子数据，也使 FADEC 计算机直接地同飞机其他计算系统通信：发动机指示和机组警告系统（EICAS），中央维护计算机（CMC），大气数据计算机（ADC），自动油门系统（ATS）等。

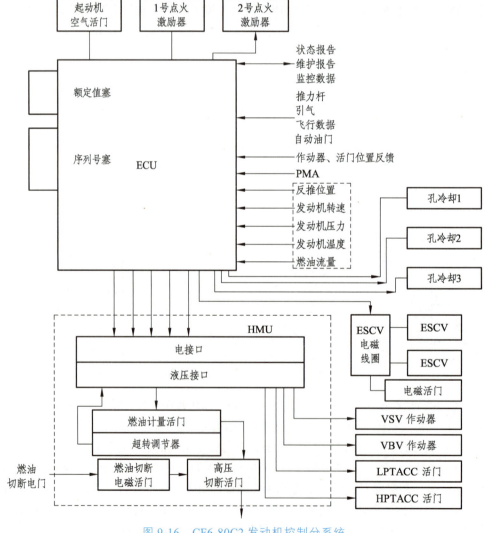

图 9-16　CF6-80C2 发动机控制分系统

信息处理有两个子系统：传感子系统和处理子系统。传感子系统由发动机传感器和探头组成，向处理子系统提供发动机环境和工作信息。处理子系统包括：永磁式发电机（PMA）；发动机额定推力塞；发动机序列号塞和电子控制装置。发动机控制功能包括：燃油计量子系统；主空气流量控制子系统；主动间隙控制子系统；冷却空气流量控制子系统和发动机起动与点火子系统。

液压机械组件（HMU）是 FADEC 系统中另一个非常重要的部件，它用于把 EEC 输出的电信号转换成液压信号并对其进行液压放大。HMU 由于型号不同，配置的发动机不同，安装位置也略有不同。HMU 执行 EEC 命令计量供给发动机的燃油流量，执行驾驶员指令供应燃油和切断供油，并向发动机相关部件提供伺服油。它有以下功能：计量发动机燃油流量；限制最大、最小燃油流量；保证最低燃油供给压力；停车时切断供油；发动机风转状态下对油泵释压；发动机超转保护；提供高压油、伺服油到发动机控制附件等。

以 GE90 发动机 HMU（见图 9-17）为例，HMU 有下述主要活门用于控制和分配燃油：燃油计量活门（FMV）、旁通活门（BPV）、关断活门（SOV）、燃烧室分级活门（BSV）、主级活门（MSV）。

EEC 控制 HMU 中力矩马达以决定 FMV 位置，FMV 控制到发动机的燃油流量，多余的燃油通过 BPV 返回到主燃油泵（齿轮泵）进口。HMU 内有一个机械式的超转调节装置（OSG），它由齿轮箱驱动，当发动机超转时，打开旁通活门以减少供油。燃油切断活门（SOV）电磁线圈接收运转或停车指令信号，供给或切断向发动机燃烧室的供油。燃烧室分级活门（BSV）将燃油分别送到先导燃油总管和主级 1 号总管，主级活门（MSV）分配燃油到主级 1 号和主级 2 号燃油总管。

伺服燃油用于起动瞬时放气活门（STB）、高压涡轮主动间隙控制（ACC）活门、可调静子叶片（VSV）作动器以及可调放气活门（VBV）作动器等发动机空气系统作动器的控制。

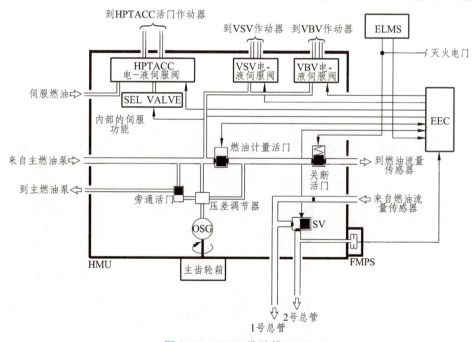

图 9-17　GE90 发动机 HMU

1. 燃油及控制系统的功能是什么？
2. 燃油分配系统的主要组成部分有哪些？
3. 燃油控制有哪几种控制方法？
4. 燃油控制系统主要有哪几种类型？

第10章　滑油系统

涡轮发动机工作时，各旋转部件（如支承发动机转子的轴承、传动附件的齿轮、联轴器等）的接触面间都以很高的速度做相对运动。摩擦会加速零件表面的磨损，同时生成的大量的热量还会使零件过热甚至损坏，使发动机不能正常工作。因此，滑油系统的主要任务就是把一定压力、一定温度的清洁滑油送到需要润滑的地方，以保证发动机能正常工作。

本章主要介绍发动机滑油的功用、种类和性能要求，滑油系统的类型、组成和工作原理，以及滑油系统的监控和维护。

10.1　滑　油

1. 滑油的功用

滑油系统的功用有很多，如润滑、冷却、清洁、防腐等。滑油覆盖在零部件表面形成一层一定厚度的油膜，可将相对运动的零件金属表面隔开，只要油膜不破裂，就以流体内部摩擦代替金属摩擦，从而起到减少摩擦和磨损的作用，同时可减少功率消耗。循环的滑油直接同轴承等运动部件接触，吸收并带走热量，在散热器处又将热量传给冷却介质，使发动机机件得到冷却。滑油在发动机内循环流动过程中，将磨损的金属细末或金属颗粒以及外来杂质一起带走，在滑油滤中将这些微粒分离出来，从而起到清洁发动机的作用。滑油油膜覆盖金属表面，将金属与空气隔离开，起到防止氧化和腐蚀的作用。

除此之外，滑油还可作为工作介质用在某些液压装置和操纵机构中，如用作液压作动筒、螺旋桨调速器、测扭泵、挤压油膜轴承等的工作介质。滑油可在金属零件之间形成缓冲层，起隔振、封严作用。滑油的热量可用于加热燃油，还可作为防冰系统的热源。

2. 滑油的种类

航空发动机使用的滑油有两大类，一类为矿物基滑油，即从石油中提炼出来的，此类滑油一般用于活塞发动机；另一类是人工合成滑油，即从石油、动物油、植物油中提炼出来的某些二元醇酯混合而成，此类滑油用于燃气涡轮发动机，如美国Ⅰ型滑油（MIL-L-7808）、Ⅱ型滑油（MIL-L-23699F）均为合成滑油。合成滑油的优点是不易沉淀而且高温下不易蒸发，有较好的热稳定性、黏度，油膜承压能力高；缺点是价格贵，不管溅到什么地方，都可能产生气泡和掉漆。它不能同矿物基滑油混合，而且生产厂要求不同等级、型号的滑油不要混合。合成滑油有添加剂，易被皮肤吸收，有高毒性，应避免长时间暴露和接触皮肤。欧洲将合成滑油分成1、2和3型。1型滑油是最早一代合成滑油，现在仅用在一些老型号的燃气涡轮发动机上。2 型滑油是现代燃气涡轮发动机最常使用的。3 型滑油比 2 型滑油有较高的热稳定性和高温下的黏性，它仅用在特种飞机上，如协和号。

3. 滑油的性能要求

常用的表示滑油特性的指标有黏度、黏度指数、凝点、闪点等。

黏度表示滑油流动的阻力，反映了滑油的流动性，黏度大则流动性就差，而黏度越小，滑油就越容易流动。滑油的黏度除了反映流动性，还直接影响油膜的生成能力和油膜的承载能力，黏度大的滑油，其油膜的承载能力就大。滑油黏度用赛波特通用黏度计测量，根据 60 mL 的滑

滑油的功用、种类及其要求

油在指定的温度下流过校准孔的时间多少来划分黏度等级，需要的时间越长说明黏度越大。滑油黏度可用厘沱（cst）[①]作为衡量单位，如 2 型滑油在 99℃必须高于 5 厘沱，在-40 ℃低于 13 000 厘沱。

滑油黏度随温度变化。温度低，滑油黏度大，流动性变差，造成润滑、冷却、散热效果不良，启动困难；温度高，滑油变稀，黏度小，不能形成一定厚度的油膜或者油膜可能被破坏，使润滑、冷却、散热效果不良。一般用黏度指数来表示滑油黏度随温度变化的情况。在给定的温度变化下，滑油的黏度变化越小，其黏度指数就越大。

在给定条件下滑油开始完全失去流动性时的温度称为凝点，凝点是表示滑油低温流动性的一个重要指标。滑油面上出现闪燃蒸气的温度称为闪点，闪点低的滑油容易挥发，其工作范围相应也低。滑油面上有足够可燃蒸气的温度称为燃点。

抗氧化性。氧化是滑油和氧气之间的反应，增加滑油黏度。当滑油温度增加高于一定值时，滑油开始同氧反应，因此抗氧化性是滑油的重要特性。2 型滑油的抗氧化温度直到 220 ℃。

热稳定性指滑油在高温下抵抗化合物分解的能力。在高温下滑油分子分裂成化学成分，滑油的润滑能力改变。2 型滑油抗化学分解的温度直到 340 ℃。

滑油在规定的条件下加热蒸发后形成的焦炭状残留物质称为残炭，残炭重量占取样滑油重量的百分数称为残炭量。

燃气涡轮发动机的转速高，工作温度也高，因此选择的滑油应满足：适当的黏度，既承载能力强，又有良好的低温流动性；低凝点、高闪点、低挥发性；较高的抗泡沫性和抗氧化性，较低的残炭量；高的黏度指数，工作范围大。

10.2　滑油系统的工作

10.2.1　滑油系统的组成

滑油系统主要部件包括：滑油箱、滑油泵（供油泵和回油泵）、滑油滤、磁屑探测器（磁性堵塞）、滑油冷却器、油气分离器、释压活门、滑油喷嘴和最终油滤、指示仪表等（见图 10-1）。

滑油系统的部件

---

① 1 cst=10^{-6} m²·s。

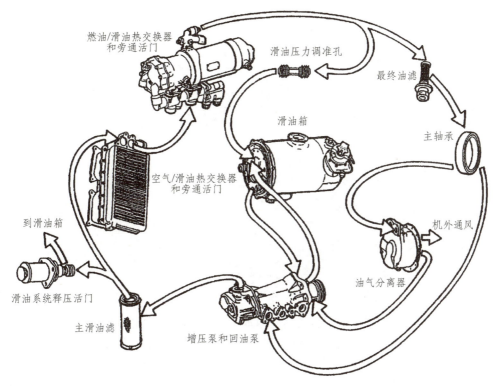

图 10-1　典型的滑油系统部件

1. 滑油箱

滑油箱（见图 10-2）通常安装在发动机上，用于储存滑油。滑油箱上有重力加油口或压力加油口，在某些发动机上，这两种加油口都有。加油口标注有"Oil"和油箱容量。滑油箱上有供油出口、回油进口、通气设备以及放油塞等。油箱应备有观察窗或者量杆，用来对滑油系统的油量进行检查。油箱应有传感器用来测量油箱滑油量，并在驾驶舱仪表上指示。油箱中有油气分离器，滑油回油进入油箱后首先经过它，将回油中的空气分离出来，从而减少泡沫的生成。油箱里安装有防止油晃动的隔框。有的机型上有防虹吸部件，防止停车后油箱滑油通过供油管流到系统中的最低点。

油箱应留有一定的膨胀空间，因为使用过的滑油温度高，体积有一定膨胀，而且流动过程中会产生一些泡沫，都会使滑油体积变大。膨胀空间应为滑油箱容积的 10% 或 0.5 gal①。

2. 滑油泵

滑油泵对于发动机能否有效工作极为重要，按其功能可分为增压泵和回油泵。增压泵也叫供油泵，功用是将滑油从油箱中抽出送到轴承腔、齿轮箱等需要润滑的位置。回油泵的功用是将润滑后的滑油收集起来送回油箱。由于回油温度高，并且含有大量气泡，回油系统的能力必须是增压系统的两倍以上，所以供油泵可以是 1 个，回油泵则有 3 个或更多。增压泵和回油泵通常做成一体，常位于润滑组件中，安装在附件齿轮箱上，由一根驱动轴驱动。常用的滑油泵有齿轮泵和摆线泵，有的也采用旋板泵。

---

① 1 gal=3.79 L。

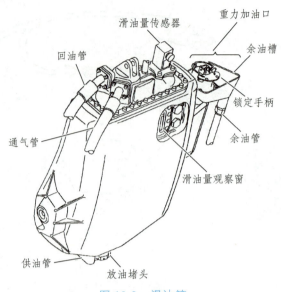

图 10-2　滑油箱

　　齿轮泵由一对齿数相同互相啮合的齿轮组成（见图 10-3），滑油由进口进入泵后，填满齿间槽穴，当齿轮被带动时，滑油即被带至出口处向外输出，滑油压力被提高。图 10-4 所示为增压泵和回油泵做成一体的齿轮式组合滑油泵。增压泵后设有释压活门用于防止泵后压力过高，损坏系统薄壁部件和管路接头。当泵出口处的滑油压力高于规定压力值时，滑油顶开活门，使部分滑油由泵的旁路回到泵的进口处，从而维持出口压力为一定值，活门的弹簧力可根据要求进行调节。

　　另一种常用的滑油泵是摆线转子泵，如图 10-5 所示。摆线泵由内转子、外转子、泵壳体组成，内外转子偏心安装并互相啮合，通常外转子比内转子多一个齿。油泵工作时，内转子带动外转子旋转，内外转子间形成的容积发生变化，经过进油口时齿间间隙逐渐增大而使滑油进入油泵，经过出油口时齿间间隙逐渐减小而使滑油被送出油泵。

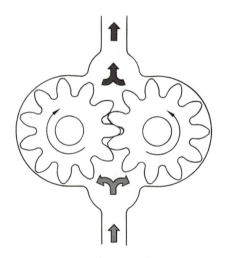

图 10-3　齿轮泵工作原理

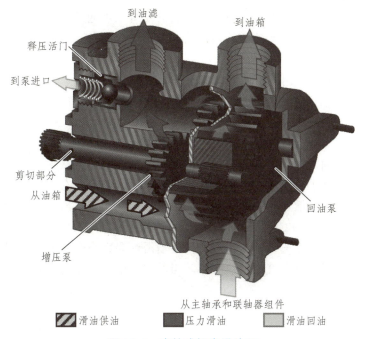

到油滤
到油箱
释压活门
到泵进口
剪切部分
从油箱
回油泵
增压泵
从主轴承和联轴器组件

◪ 滑油供油　■ 压力滑油　▨ 滑油回油

图 10-4　齿轮式组合滑油泵

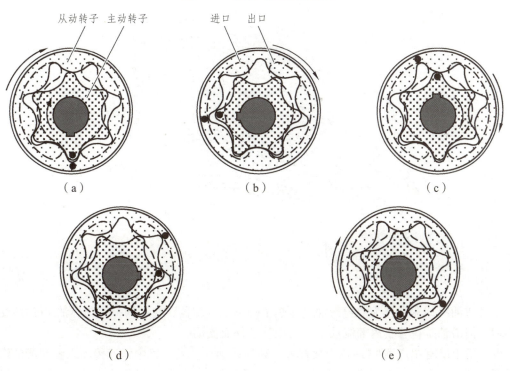

从动转子　主动转子　　进口　出口

（a）　　　　　　　　（b）　　　　　　　　（c）

（d）　　　　　　　　　　　　（e）

图 10-5　摆线泵

3. 滑油散热器

　　滑油需要循环使用，必须将滑油的热量散掉，因此滑油系统中安装有滑油散热器。散热器可安装在供油系统中，也可安装在回油路中。散热器装在回油路上的滑油系统叫作冷油箱系统，其特点是进入油箱的滑油温度较低。散热器安装在供油路上的滑油系统叫作热油箱系统。对于热油箱系统来说，热滑油直接回油箱，油箱供出的滑油中含有较少的空气，因此可以采用较小的散热器。

根据冷却介质不同，常用的滑油散热器可分为两类：以燃油为冷却介质的燃油/滑油热交换器和以空气为冷却介质的空气/滑油热交换器，而某些机型中同时使用燃油冷却和空气冷却的散热器。

燃油/滑油热交换器（见图10-6）有一个蜂窝散热组件，由折流板分隔成段。大量的导管穿过蜂窝散热器，燃油从导管内部流过，滑油在折流板的引导下从导管外部流过。热量由滑油传给燃油，因此降低了滑油温度。散热器进口和出口之间安装有旁通活门，该活门将决定滑油通过散热器还是绕过散热器。旁通活门为温度控制活门，由温度敏感元件的热胀冷缩进行控制，也有的机型上由EEC根据滑油温度信号进行控制。当滑油温度低时，不需要散热，温度控制活门打开，滑油旁通，不进行热交换。当滑油温度高时，温度控制活门关闭，滑油通过换热器与燃油或者还有空气进行热交换。当散热器前后压差达到某一规定值时，该活门也可在压差作用下打开。

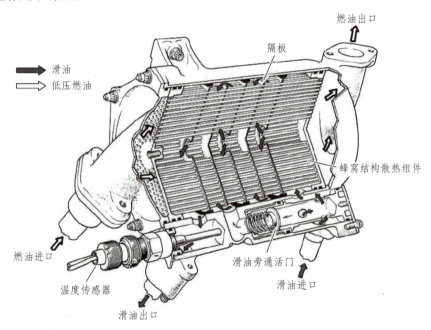

图 10-6　燃油/滑油热交换器

空气滑油冷却器常作为散掉滑油过多热量的第二冷却器，在结构上它与燃油/滑油热交换器类似，但滑油是在管子内部流动、空气在管子外面流动。

发动机上除有主燃油/滑油热交换器外，整体传动交流发电机中恒速传动装置润滑的滑油也需要冷却，也有燃油/滑油热交换器。此外，伺服燃油也同滑油进行热交换，称为伺服燃油加热器，防止伺服燃油结冰。

4. 滑油滤

滑油滤的功用是过滤滑油中的微粒，以保证滑油清洁。在滑油箱的出口或紧接在滑油泵进口之前通常安装粗滤网，以防止碎片损坏油泵。在供油路和回油路上都安装有油滤，装在增压泵之后的滑油滤称为高压油滤，它滤出可能会堵塞滑油喷嘴的细小颗粒。回油滤装在每一条滑油回油路上，用来收集从润滑部件掉下的任何碎片。

主滑油滤通常是筒状结构，由壳体、滤芯、旁通活门、压差电门和单向活门组成。滤芯使用折叠丝网或树脂浸渍纤维作为过滤介质（见图10-7）。旁路活门设在主滑油滤进出口之间，防止滑油滤堵塞时中断供油，即当滤芯堵塞而使油滤进出口压差达到一定数值时，旁通活门打开，滑油不通过油滤直接供应到被润滑部位。油滤堵塞时，油滤压差电门接通，驾驶舱警告灯亮，指示油滤堵塞。有的发动机在油滤壳体上安装有伸出指示器，当油滤堵塞时指示器的红色标志外露，伸出的越多表示油滤堵塞越严重，地面维护人员检查时可发现此指示器的状态。单向活门装在油滤出口，在发动机停车时弹簧力使其关闭，防止滑油箱中的滑油在重力的作用下流出；发动机工作时，油泵输出滑油，在油压的作用下单向活门打开，滑油正常向外输出。

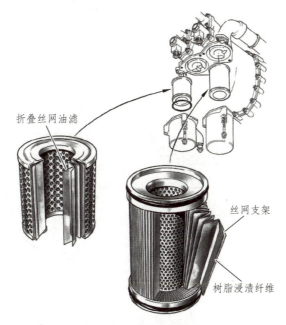

折叠丝网油滤

丝网支架

树脂浸渍纤维

图 10-7　折叠丝网滑油滤

在紧靠滑油喷嘴前通常装有最终油滤，以防止喷嘴堵塞。最终油滤常采用螺纹式油滤（见图10-8），也有采用多孔板或滤网油滤。由于最终油滤在内部，它只能待发动机翻修时更换。

5. 磁屑探测器

磁屑探测器又称为磁性堵塞（见图10-9），装在回油路上（收油池、回油泵、油箱），探测金属粒子，判断发动机内部机件工作状态。其内部的永久磁铁和滤网吸附含铁和不含铁的粒子、碎屑。磁屑探测器应定期拆下检查，在高倍放大镜下观察，分析金属屑的来源。磁屑探测器有自封活门，防止磁性堵塞拆下时滑油流出。有的机型（如V2500发动机）采用电子式磁屑探测器，它可接通驾驶舱的告警系统，提供飞行中的指示。按安装方式不同，磁屑探测器分为插入式和螺纹式两种，如图10-10和图10-11所示。

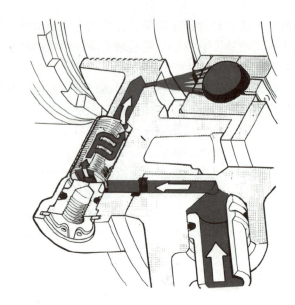

图 10-8　螺纹式滑油滤

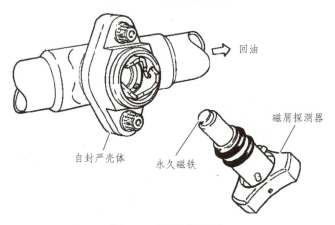

回油

磁屑探测器

自封严壳体　　　　永久磁铁

图 10-9　磁屑探测器

图 10-10　插入式磁堵

图 10-11　螺纹式磁堵

6. 油气分离器

　　为防止滑油箱、齿轮箱和轴承腔的压力过高，在滑油系统中有通大气的通风口。在空气通往机外之前，空气中的油滴将被油气分离器（见图 10-12）分离出来。通过油气分离器，去除气泡、蒸气，防止供油中断或破坏油膜，减少滑油消耗。滑油继续循环使用，空气通到机外。工作时，空气/滑油雾进入分离器，油滴由转子离心力向外甩，收集在壳体底部经回油泵返回滑油箱，空气从转子中心经通气出口到大气。油气分离器大多安装在齿轮箱上并由齿轮箱驱动，也有的机型上油气分离器装在发动机低压转子轴上，由低压轴驱动。

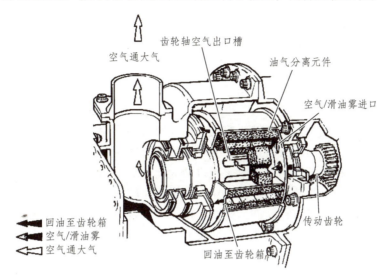

图 10-12　油气分离器

10.2.2　滑油系统的分系统

典型的发动机滑油系统由增压系统、回油系统和通气系统三部分组成。

增压系统又称为供油系统，它负责把一定压力、一定量的滑油送到需要润滑的区域，如轴承腔、附件齿轮箱等。增压系统从滑油箱开始，到滑油喷嘴结束，其中包括增压泵、供油滤、调压活门、最终油滤等。回油系统的作用是把润滑后的滑油尽可能快地送回滑油箱。回油系统从轴承腔开始，到滑油箱结束，其中包括回油泵、磁屑探测器、回油滤等。通气系统的功用是平衡滑油腔的压力，减少滑油消耗量、保证滑油系统的工作正常。通气系统包括油气分离器和各部分的通气管路。

滑油系统的组成和分类

有的机型上还有余油排放系统，将一些关键部位可能泄漏的滑油收集起来，并引导到发动机余油排放系统。此外，滑油系统还有指示和警告系统。

10.2.3　滑油系统的类型

1. 再循环式和全耗式滑油系统

大多数燃气涡轮发动机使用再循环式滑油系统。在这种系统中，滑油从滑油箱或机匣油槽经增压过滤后，分送到各个轴承腔和齿轮箱需要润滑的部位，然后再经回油系统返回滑油箱或机匣油槽。采用滑油箱的系统称为干槽再循环式滑油系统，没有滑油箱而利用机匣作为油槽的系统称为湿槽再循环式滑油系统。现代燃气涡轮发动机上广泛采用干槽再循环式滑油系统。

与再循环式滑油系统对应的是全耗式滑油系统。全耗式滑油系统没有回油系统，滑油润滑之后便溢出发动机外。这种系统只用在工作时间持续很短的发动机上。

以下只介绍干槽再循环式滑油系统。

2. 调压活门式和全流式系统

干槽再循环式滑油系统按循环性质分为调压活门式系统和全流式系统。

在调压活门系统中将供油路中的滑油压力限制到给定的设计值，以便控制向轴承腔供应的滑油流量。在设计上采用了弹簧加载的调压活门，当压力超过设计值时，它允许滑油从增压泵出口直接返回增压泵进口或滑油箱。通常调压活门打开的压力对应于发动机慢车转速时的供油压力，这样在发动机的整个工作转速范围内，可保持供油压力恒定。

全流式系统可以在整个发动机转速范围内达到要求的滑油流量，它不用调压活门，而用释压活门，在发动机工作的所有转速下它允许增压泵直接向滑油供油喷嘴供压。释压活门通常处于关闭状态，仅在系统压力过大时（超过最大允许值，如发动机冷启动、油滤堵塞等情况下）打开，以防止薄壁管件损坏。滑油压力由增压泵转速、滑油喷嘴尺寸、轴承腔压力决定。因此滑油压力随发动机工作状态而改变，从而保证发动机各个状态下的滑油压力和流量要求，特别是高功率状态的要求。增压泵的尺寸由发动机最大转速下要求的滑油流量决定。由于不像调压活门系统那样在最大发动机转速下溢出大量的滑油至油箱或油泵进口，所以全流量系统可以使用较小尺寸的油泵。

为了防止高的滑油压力损坏油滤或滑油散热器，全流式系统在供油路上安装了释压活门，使滑油可以绕过这些装置而从旁路通过。一般情况下，这些活门只有在冷起动条件下或当发生堵塞时才打开，起到保护作用。

全流式系统简单，发动机维护期间不需要调整，可以使用较小的增压泵和回油泵，主要缺点是功率减小后该系统有相当的滑油温升。调压活门式的恒压系统保持相对低的滑油压力，功率减小后没有增加滑油温度是其优点，但恒压系统更复杂，维护期间需要调整，且压力调节活门常常是故障源。现代大型涡轮发动机一般都采用全流式滑油系统（见图 10-13 和图 10-14），而调压系统则更适用于推力较小、轴承腔压力较低的发动机。

10.3   滑油系统的监控

10.3.1   滑油系统的工作指示

滑油指示系统的功用是指示发动机滑油系统工作是否正常，指出可能出现的故障。

滑油系统工作指示包括滑油压力、滑油温度、滑油量等工作参数监视以及滑油滤旁通、滑油压力低等警告指示，这些均在驾驶舱显示，如图 10-15 所示。滑油压力、温度传感器安装在滑油系统中。

滑油系统常见故障及维修

滑油压力传感器连接到滑油供油管和油箱通气管，传感器感受的压力是供油路上滑油压力和油箱通气压力之间的压力差。滑油压力传感器的两个主要类型是波登管型和应力表型。

滑油低压警告电门，也连接到滑油供油管和油箱通气管。当通往发动机的滑油压力过低时，将接通此电门，给出滑油压力低警告，这时应立即停车进行检查和维修工作，以保证发动机的正常工作。

滑油温度传感器在滑油系统中的安装位置取决于发动机类型。它可安装在回油系统，感受滑油冷却器上游的热滑油温度；也有安装在供油系统中，感受冷却后的滑油温度。滑油温度传感器有两个主要类型，热电偶和热电阻。温度信息送到驾驶舱显示。

滑油量传感器装在滑油箱。有两种类型滑油量传感器在使用，一种是电容型，另一种是舌簧电门型。

油滤堵塞指示由油滤压差电门控制，该电门感受油滤进出口压差，当因油滤堵塞而使压差达到设定值时电门接通，给出油滤旁通警告。

10.3.2 滑油系统的监控

发动机滑油系统工作中，滑油会携带轴承、齿轮等机件磨损的粒子，通过监视这些粒子的数量、尺寸和材料，可反映发动机内部机械磨损情况和发展趋势。

大颗粒的金属可通过对磁堵和油滤的检查来发现。回油滤捕获尺寸在 0.015 mm 以上较大的粒子，但油滤过滤元件不经常更换，而从磁屑探测器获得滑油状态信息比较容易且费时较少。磁屑探测器的磁铁吸附金属粒子，在一定的间隔时间内人工拆下检查，或者电子监视并在必要时拆下。电子监视的磁屑探测器顶部有两个磁铁，电子控制组件 ECU 监视两个磁铁之间的电阻，当电阻低于极限值时，电子控制组件发出维护信息。

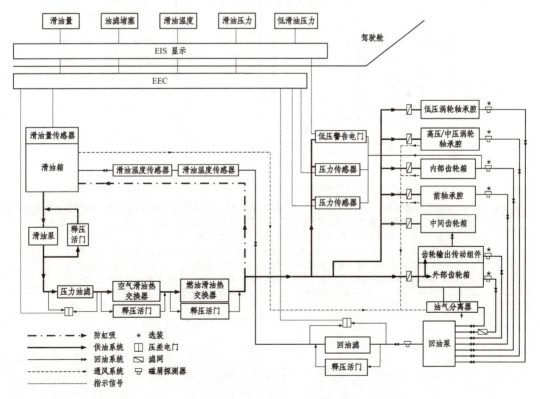

图 10-13　Trent700 发动机的滑油系统

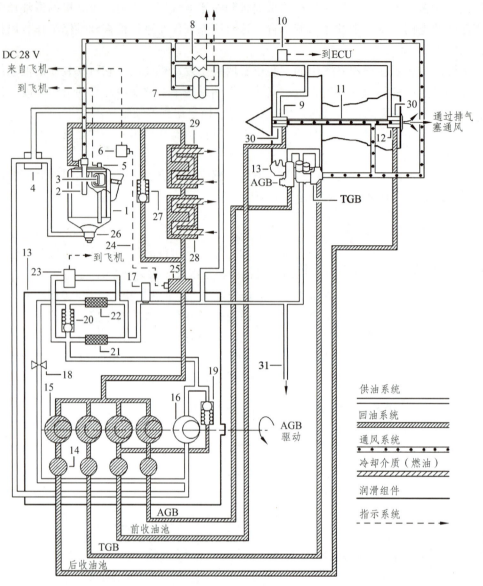

1—滑油箱；2—回油油气分离装置；3—油面观察窗；4—防虹吸装置；5—滑油量传感器；6—磁屑探测器的可视指示；
7—滑油压力传感器；8—低压警告电门；9—前收油池；10—到ECU的滑油温度传感器；11—中央通气管；
12—后收油池；13—润滑组件；14—回油过滤网；15—回油泵；16—供油泵；17—滑油温度传感器；
18—备用油滤冲洗限流孔；19—释压活门；20—旁通活门；21—主油滤；22—备用油滤；
23—油滤压差电门；24—磁屑探测器到可视指示器的连接线路；25—主磁屑探测器；
26—油箱滤网；27—释压活门；28—伺服燃油加热器；29—主燃油滑油热交换器；
30—油气分离器；31—到润滑组件的驱动轴。

图 10-14　CFM56-5B 发动机滑油系统

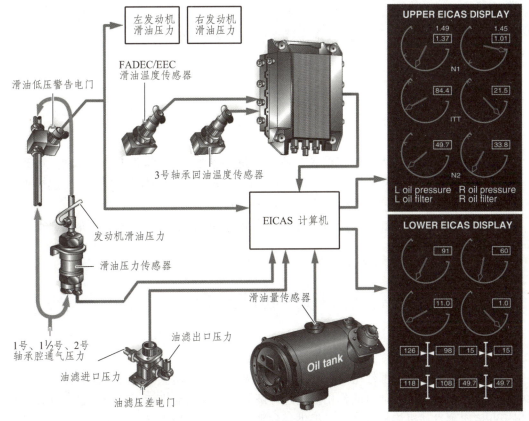

图 10-15　典型发动机滑油指示系统

回油滤无法捕获的漂浮在滑油中的细小金属颗粒（通常小于 10 μm）可通过滑油取样分析来发现，监视这些粒子的浓度有助于识别早期阶段的磨损。滑油油样在规定的间隔时间内从滑油箱取出，送到实验室分析，分析方法有原子吸收法和光谱分析法。原子吸收法比较耗时，但分析的准确度高；光谱分析法精度低一些，但耗时很少，几分钟就能完成。此外，还可以通过滑油油样分析滑油的理化性能。

思考题

1. 滑油的功用有哪些？
2. 滑油有哪些种类，其性能指标有哪些？
3. 滑油系统的组成部件有哪些？各有什么功能？
4. 滑油系统分成哪些种类？
5. 滑油系统有哪些指示参数？

第11章　起动和点火系统

发动机从静止状态转入慢车工作状态是发动机的起动过程，需要起动系统和点火系统配合工作。在发动机起动过程中需要各个部附件协同工作，经历起动机单独带动、起动机和发动机共同带动以及发动机单独带动运转三个阶段。

本章主要介绍发动机起动系统和点火系统的组成部分以及工作原理，并介绍起动过程和不正常起动现象。

11.1　起动系统

11.1.1　起动系统的组成及工作

起动系统主要由以下部件组成：起动机、点火装置、起动供油装置、起动程序机构、起动电门和起动手柄等。起动机的作用是通过外部动力带动发动机转子转动。起动机必须产生高扭矩并传递到发动机旋转组件，以提供一种平缓的方式从静止状态加速转子，供应足够的空气到燃烧室和燃油混合燃烧，直到发动机涡轮能够提供足够的功率取代起动机。

点火装置的作用是在发动机起动时提供高能点火，使混合气着火；同时也可在飞机起飞、进近着陆、发动机防/除冰以及复杂气象条件下提供再点火，防止发动机熄火。燃气涡轮发动机的点火装置都为双点火，即每台发动机有两套独立的点火系统，两个点火电嘴安装在燃烧室内不同位置，目的是确保发动机点火可靠。飞机提供的电源对点火激励器中

起动机和点火装置

的储能电容充电，当电容中的能量储存到一定值时，将储存的能量通过点火导线送至点火电嘴，点火电嘴再产生电火花，点燃混合气。点火电嘴产生电火花的频率为 $1 \sim 2$ 次/s，点火能量可高达 $16 \sim 20$ J。由于每一次放电将造成点火电嘴电极腐蚀，所以为了确保点火电嘴的使用寿命及工作可靠性，飞行中不能长时间使点火系统处于工作状态，同时需要定期更换点火电嘴。发动机起动时，影响混合气着火的因素主要决定于点火能量，混合气的余气系数以及气体的初温、初压（影响燃油的雾化和气化）。

起动供油装置的作用是控制起动供油量，确保发动机起动过程不超温、不喘振、不熄火。起动供油装置通常为发动机燃油调节器的一组成部分，发动机起动时，提供给发动机一初始燃油量（通常较为富油，便于混合气着火）。随着转速的增加，通过感受发动机转速和压气机出口压力（反映空气流量）的变化，自动控制燃油流量，确保发动机起动迅速、安全。

起动程序机构的作用是在发动机起动过程中协调起动机、点火装置和起动供油装置的工作，使起动过程平稳、有序可靠。起动程序机构一般通过时间和转速来进行程序控制。目前，

256

一些大、重型民航机，如空客 A320/330/340、波音 B777 等发动机起动系统由 FADEC 自动控制起动机、点火装置、起动供油等，可实现发动机自动起动。图 11-1 所示为 V2500 发动机起动系统。

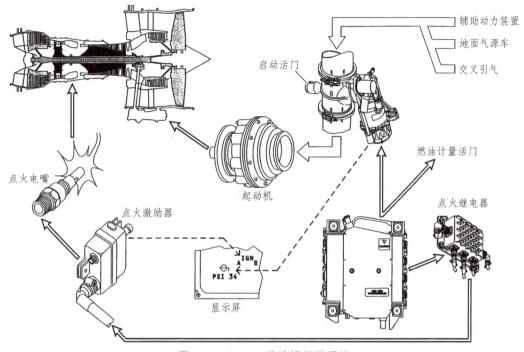

图 11-1　V2500 发动机起动系统

11.1.2　常见起动方法

发动机的起动程序基本是相同的，但实施的方法可以是各式各样的。根据发动机和飞机的不同要求，起动机的种类和功率来源也不同。民用航空飞机要求起动过程对乘客干扰小、经济性和可靠性高等。常见的起动机主要有空气起动机和电起动机等，各种方式都有其自身的优点。民用航空发动机主要采用空气起动机起动。

1. 空气起动

大涵道比涡扇发动机主要采用空气起动系统。与其它起动系统相比，它有重量较轻、扭矩大、结构简单而且使用经济等许多优点。由于提取引气会降低发动机的性能，因此波音 787 飞机没有采用传统的引气系统，其发动机起动采用起动发电机。对于大多数发动机，是由高压轴来驱动附件齿轮箱的，因此安装在附件齿轮箱上的起动机能够驱动高压轴。图 11-2 所示为典型的空气起动机。

空气起动机主要由涡轮、减速齿轮、离合器和传动轴所组成。涡轮受增压空气的冲击旋转，将功率通过减速齿轮箱和离合器传递给起动机输出轴，该轴与发动机附件齿轮箱相连。

空气起动机需要气源，常见的气源有 3 种，来自外部地面气源的空气驱动，也可以用辅助动力装置（APU）提供的空气驱动，或者用正在运转的其他发动机进行交叉供气驱动。

是否向起动机供气由起动活门控制，它通常是由一个电磁阀控制，活门上游的压力空气打开或关闭活门。需要起动发动机时该活门打开，当发动机转速达到预定转速时，起动活门关闭，离合器自动脱开，起动机停止转动，发动机在自身涡轮功的作用下转速上升至慢车转速。

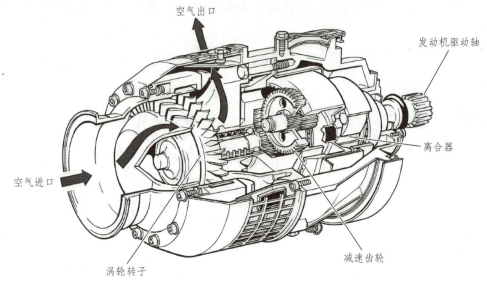

图 11-2　某型空气起动机

2．电起动

电起动由一台电动起动机（见图 11-3）驱动发动机转子实现起动的方法。电动起动机是一台直流电动马达。它通过减速齿轮和棘轮机构，或离合器与发动机连接，当发动机达到自持转速后能自动脱机。

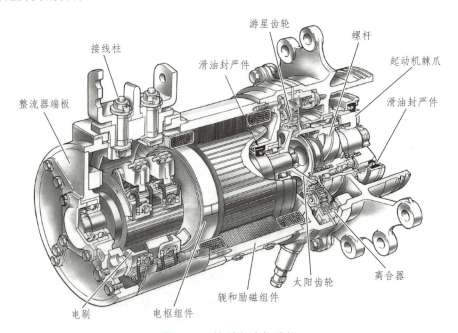

图 11-3　某型电动起动机

电动起动机可以由高压电或低压电供电，通过一个由继电器和电阻构成的系统，允许全部电压随着起动机的加速逐步积累起来。它还为点火系统的工作提供功率。当发动机已良好起动或者起动时间循环已经完成而起动机的负荷减小之后，供电自动停止。

3. 燃气涡轮起动机起动

燃气涡轮起动机用于某些喷气发动机中，这种起动方式是完全自立的。它具有自己的燃油和点火系统、起动系统（通常是电的或液压的），以及自备的滑油系统。这种起动机使用经济，而且以比较轻的重量提供高的功率输出。

这种起动机含有一台小而紧凑的燃气涡轮发动机，其特点是一般采用涡轮驱动的离心压气机，回流式燃烧系统和一个机械上独立的自由动力涡轮。自由动力涡轮经由两级游星式减速齿轮、自动离合器和输出轴与主发动机相连。图 11-4 所示为一种典型的燃气涡轮起动机。

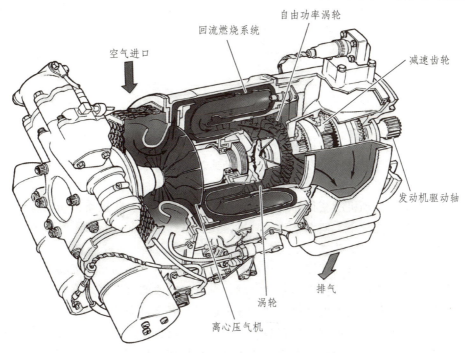

图 11-4　一种典型的燃气涡轮起动机

在起动循环开始时，燃气涡轮起动机由它自带的起动机马达带转，直到它达到自持的转速为止，此时起动和点火系统自动关闭，然后继续加速到大约 60 000 r/min 的控制速度。同时，当燃气涡轮起动发动机加速时，排出的燃气经过导向器叶片导入自由动力涡轮，使其带动主发动机。一旦主发动机到达自持转速后，切断开关工作，将燃气涡轮起动机停机。当起动机停机时，离合器自动脱开输出轴，主发动机依靠它自身的功率加速到慢车转速。

11.1.3　发动机起动过程控制和起动保护

燃气涡轮发动机的起动过程根据发动机转子的加速情况可分为三个阶段，如图 11-5 所示。

第一阶段：在未向燃烧室供油时，起动机功率输出轴带动发动机高压转子旋转到接近点火转速 n_1。第二阶段：在燃烧室内喷油点火，涡轮产生功率。当涡轮的扭矩恰好等于阻力矩时，发动机的转速 n_{si} 称为最小平衡转速。通常当 $n>n_{si}$ 后，发动机可独自起动，但是为了安全可靠地起动，通常在这一阶段起动机继续工作，辅助涡轮将发动机转速带至大约是 1~2 倍最小平衡转速（接近 n_2 转速）。第三阶段：发动机转速达到 n_2 时，涡轮产生的功率已经明显大于压气机所消耗的功率，在控制系统作用下起动机脱开与发动机高压轴的连接。发动机依靠涡轮的剩余扭矩将发动机独自从 n_2 加速到慢车转速 n_3。

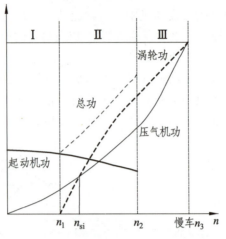

发动机起动过程

图 11-5　发动机起动的三个阶段

　　发动机起动加速过程时间的长短取决于剩余功率的大小，剩余功率越大，转子的加速度越大，加速时间越短。通过分析发动机转子的加速过程，可以发现起动机退出工作的时机对发动机起动的成功与否具有决定性影响。当起动机退出工作过早，由于发动机转速较低，涡轮产生的功率较小，发动机所获得的剩余功率不大，如果出现一些扰动（如顺风使发动机排气不畅，使涡轮落压比减小）使涡轮功率减小，发动机剩余功率可能为零或出现负的剩余功率，从而使发动机转子加速滞缓、悬挂或减速，引起发动机起动失败。

　　根据飞机和发动机类型的不同，发动机起动过程包括自动起动和人工起动。当飞机和发动机具有自动起动功能时，选择自动起动之后，点火与供油的时机由计算机来完成，不需要人工参与，其中可能包括几次发动机起动，整个过程是完全自动的，但机组仍需监视发动机参数变化以保证不超出安全极限。如有必要，随时可通过将主起动电门或起动手柄置于"停车"位来关闭燃油供油和切断点火电源，终止发动机起动过程。人工起动过程中的供油和点火由机组或试车人员自行确定，但对供油时机有最低发动机转速要求，如果过早供油可能会造成超温、转速悬挂或起动失败等故障。对于发动机在冷天或高原条件下的起动，由于起动机的工作特性和发动机的状态，建议用起动机将发动机转速带至最高（5 s 内发动机转速上升少于 1%）后再供油点火，从而提高起动成功率；对于具有自动起动功能的飞机在上述条件下如出现起动困难，建议改用人工起动模式。在起动发动机之前必须检查起动机的供气压力，保证不低于飞机维护手册规定的最低压力，从而让起动机具有足够能力将发动机转速提升到一个相对较高的转速。另外，应迎风起动发动机。

　　新一代航空发动机 LEAP 和 PW1100G 问世后，发动机弯轴效应显得突出。发动机关车后，因为散热问题，导致发动机上半部分比下半部分温度高，表现在发动机高压轴上为转轴上下受热不均发生弯曲。弯轴发生时再次起动发动机，会导致发动机转轴偏心，发生高振动，另外高压压气机叶片可能与机匣发生刮蹭甚至断裂。为了减小弯轴效应的影响，通常该类型发动机热发起动前需要对发动机进行冷转，利用起动机让发动机在低速下运转，降低发动机的温度。

　　为了在起动过程中更好地保护发动机，现代民航飞机发动机控制系统均具有监控发动机起动过程的能力，一旦出现有可能损坏发动机的迹象，控制系统则会立即终止起动。以 CFM56-7B 为例，其控制系统具有起动过热保护、湿起动保护、失速保护、掉转超温保护等功能。起动过热是指起动过程中排气温度超过了预先设定的起动温度限制值，该限制值通常与发动机的冷热状态和发动机转速有关。引起发动机起动过热的因素主要有：点火供油过早、起动失速、起动机功率不足、燃烧室存在残余燃油等。湿起动是指起动过程中开始向发动机供油点火后，燃油没有被正常点燃（排气温度不上升或上升太慢），如继续供油点火则可能烧坏发动机。发动机失速是起动过程中不稳定工作状态，控制器根据发动机转速和燃烧室内的空气压力变化监测是否出现了起动失速。掉转超温指发动机从慢车及其以上转速降至慢车以下（熄火），而排气温度超过起动极限或转速降到很低的转速。针对这些非正常情况，控制器具有保护程序，自动关断燃油和切断点火电源，终止起动。

11.2　点火系统

发动机点火系统的功用是发动机时提供连续高能电火花点燃燃烧室内的燃油/空气混合气体。在起飞、着陆和恶劣气象条件下能够提供连续点火。一般而言，一台发动机装备有两套独立的点火系统，每套独立的点火系统都能独立，点燃燃烧室内的燃油/空气混合气体。

11.2.1　发动机点火系统的组成

发动机点火系统的基本组成包括点火激励器、点火导线、点火电嘴，有些机型还包括冷却系统。点火系统在发动机起动、熄火、飞机穿云、恶劣天气条件以及起飞着陆时提供点火。起动过程中当发动机转速达到一定值后点火系统开始点火，当发动机转速达到起动机脱开转速后，点火系统停止工作。当外界条件可能导致燃烧室熄火时，机组通过驾驶舱操作提供强制点火。如果发动机出现熄火后，某些发动机的控制系统可自动提供强制点火。发动机点火分为单点火与双点火，正常起动和预防发动机熄火时通常采用单点火；发动机空中起动或发动机熄火后控制系统提供的自动点火都采用双点火。

1. 点火激励器

点火激励器是典型的电容储能式变压器，它将飞机蓄电池电源提供给储能电容，当电容器中的电压上升到足以击穿点火电嘴电极之间的空气时，能量通过点火电嘴释放从而在电极间产生电火花。

按照电源形式划分，点火装置分为直流点火激励器和交流点火激励器。直流点火激励器分为断续器式和晶体管式。

图 11-6 所示为一种低压直流断续器式系统，它利用 24～28 V 直流电压和振荡器电路。当低压系统断电时，永久磁铁保持振荡器电路触点闭合。一旦座舱开关闭合电流从地通过初级绕组、触点便会直接到蓄电池正端。随着在初级绕组电磁力的建立并大于永久磁铁的磁力，触点断开电流停止。这个过程每秒重复大约 200 次，产生脉冲直流电压。重复循环后，当储能电容器建立足够的电荷使放电管击穿，电容能量通过电嘴释放。

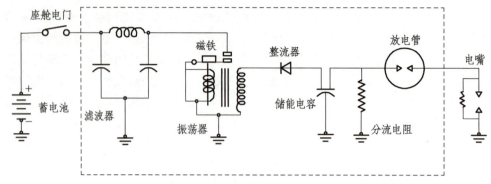

图 11-6　低压直流断续器式系统

晶体管点火装置除了断续装置由晶体管断续器电路取代以外，它的工作与直流断续器控制的装置工作相似。这样的装置与断续器装置相比有很多优点，因为它没有运动零件，所以其寿命长得多。由于晶体管点火装置的重量以及尺寸减小，所以它比断续器控制的装置更轻。

目前常用的点火激励器是交流点火激励器（见图 11-7），其主要由变压器、储能电容、整流器、放电间隙、扼流圈、放电电阻等组成。变压器用于产生高压交流电，整流器用于将高压交流电变为直流电，完成储能元件的充电；储能电容储存电能；扼流线圈用于延长放电时间；放电电阻可以限制储能电容的最大储能值，并保证电容器中存储的电能在点火系统断开后 1 分钟内全部释放，保证维修人员的安全。一般而言，该系统通过飞机的汇流条提供115 V/400 Hz 交流电。

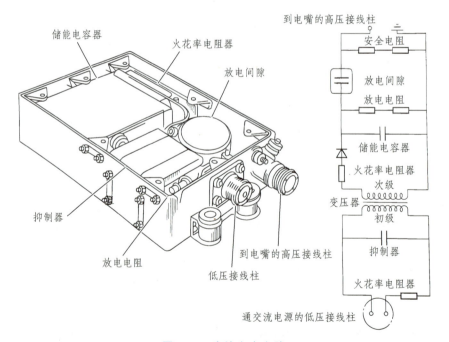

图 11-7　交流点火电路

按照点火能量划分，点火激励器分为高能和低能两种，点火能量以焦耳（J）计算，设计中可以按实际需要选择。高能点火激励器输出能量较高（如 12 J），它能够保证发动机获得满意的再点火能力。然而，在某些飞行条件下，譬如结冰或在大雨和雪中条件下起飞，需要点火系统连续工作，以预防发动机燃烧室熄火，这时选择低能（如 3~6 J）点火激励器较为有利，因为它可以延长点火电嘴和点火激励器的寿命。因此，为了适应发动机所有工作条件，有的发动机上的点火激励器使用高能、低能组合方式。然而某些点火激励器可按需要以预先选定的值提供高能或低能供电。

2. 点火导线

点火导线用于将点火激励器产生的高压脉冲电压送到点火电嘴。有些点火导线从初始端到末端采用同样的结构，而有些点火导线（CFM56 发动机）设计时被分为两段：一段位于温度较低的区域（发动机风扇段），被称为冷段；另一段则位于环境温度相对较高的区域（发动机核心机舱），被称为热段，冷段和热段分别具有不同的结构。为延长点火导线的寿命并提高点火可靠性，热段点火导线周围通有冷却空气，用以冷却。冷却点火导线的气流随发动机的不同存在差异。某些发动机点火导线的冷却空气从低压压气机出口引出，有的从外涵道引出，然后沿导线内的流道流向点火电嘴，最终从点火导线与点火电嘴连接处流出，从而对点火电嘴也进行冷却，如图 11-8 所示。

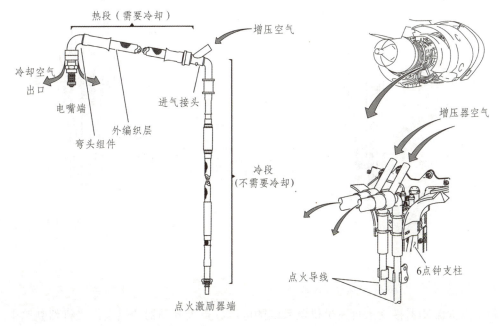

图 11-8　点火导线冷却结构

3. 电　嘴

电嘴有两种基本型，即收缩或约束空气间隙式以及表面放电式。空气间隙式与常规活塞式发动机的火花塞相似，但其火花要击穿的电极和壳体之间空气间隙较大。高的电压要求整个线路具有非常好的绝缘。表面放电式电嘴有一个绝缘的端头，它由半导体雷管构成，允许自中央的高压电极向壳体漏电，使得雷管表面电离，为储存在电容器中的电能提供一条低电阻通路。放电采取从电极到壳体高电压跳火的形式。为了减少电嘴头部的温度，有的电嘴采用冷却空气冷却，以增加使用寿命。图 11-9 所示为典型点火电嘴。

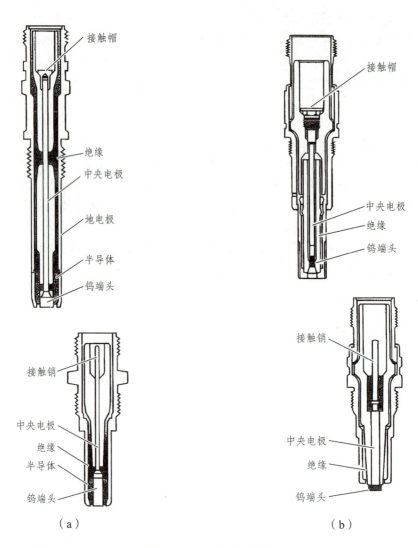

图 11-9　典型点火电嘴

（a）　　　　　　　　　　　　　（b）

11.2.2　发动机点火控制及熄火保护

　　每个点火激励器接受来自飞机供电系统的电源，点火激励器的供电由飞机驾驶舱中的电门控制，在有的飞机上电源在进入点火激励器之前还受发动机控制器的控制。电能提供给点火激励器后被储存在储能电容中，电容两端电压不断升高，当电压达到击穿点火电嘴头部电极之间的空气时，点火导线将电能从点火激励器传送到点火电嘴，点火电嘴便以高电压、高电流形式放电，产生电火花。点火系统是否工作取决于驾驶舱中的电门位置，不同飞机点火系统的控制稍有差别，但在正常飞行中点火系统均处于不点火状态，在需要预防发动机熄火时可通过不同的电门位置来强制点火。在大多数采用全权限数字控制技术的发动机上，控制系统可根据实际需要起动或中断点火。图 11-10 所示为安装在波音 737NG 飞机上的 CFM56-7B 发动机点火控制。

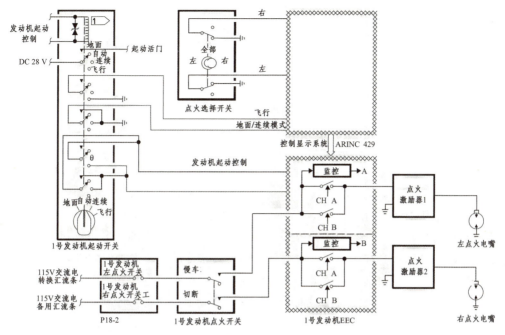

图 11-10　CFM56-7B 发动机点火控制

该型发动机在出现以下情况时，控制系统会自动起动发动机点火系统点火，从而预防发动机熄火或让发动机恢复正常工作：

（1）发动机起动手柄处于慢车位，起动电门置于"FLT"位，两套系统同时点火。

（2）发动机起动手柄处于慢车位，起动电门置于"CONT"位，点火选择开关所选择的点火电嘴点火。

（3）发动机起动手柄处于慢车位，发动机减速过程中转速降低的速率超过正常减速时的速率或者 N2 转速下降至 57% 以下但高于 50%，控制系统控制两套点火系统持续点火 30 s。

发动机空中起动点火不同于地面起动，空中起动存在空中起动点火包线。倘若飞行中出现发动机熄火，则需要起动点火系统再点火。然而，发动机再点火的能力将依据飞机的高度和飞行速度变化。再点火包线取决于飞机的飞行高度和飞行速度，图 11-11 反映了空中点火包线与高度与空速之间的关系。如果飞机处在空中点火包线范围内，则空气流过发动机后将其转速维持在油气混合气能够被顺利点燃的水平，由于飞机的燃油供给没有被切断，只需给发动机提供点火即可，这时通过驾驶舱中的电门控制则可完成。但如果发动机空中熄火，而发动机所处的状态不满足空中起动包线，则需要起动机辅助，起动程序与地面一样。

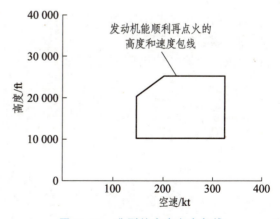

图 11-11　典型的空中点火包线

11.3　起动点火系统的常见故障

起动过程中要密切注意防止起动过热或超温、起动转速悬挂、不能正常点火（又称湿起动）、起动机不能自动脱开以及发动机的参数摆动、喘振、振动过大等故障。其中，起动过热、起动转速悬挂与不能正常点火是最为常见的故障。

起动过热或超温是起动过程中 EGT 上升过快，即将超温或已经超过红线限制，起动必须中止。起动过热是由于燃油/空气比不当、燃油供给发动机太早或太多、起动机功率不足、外界温度过低转子所受摩擦力增大以及发动机空气流量控制不当造成的。

起动转速悬挂是起动过程中转速停滞在某一较低转速而不能进一步加速到慢车转速。起动悬挂分为冷悬挂和冷悬挂。大气温度较低时，大气密度较高，发动机空气流量增大，压气机消耗功率也较大，同时大气温度低会使滑油变稠，摩擦力矩也随之增大。在起动机功率不变的条件下，起动过程第一、二阶段的剩余功率将会减少，起动的可靠程度变差，有时会出现在起动过程的某个转速下，剩余功率等于零时停止加速从而造成"冷悬挂"。大气温度过高或在高原机场的情况下，空气密度低，发动机空气质量流量较小，起动过程中容易形成混合气富油，涡轮前温度较高，可能引起压气机进入气动不稳定状态，结果出现涡轮前温度高而转速停止增加，该现象则被称为"热悬挂"。

不能正常点火是在向发动机燃烧室供给燃油后，油气混合气没有被正常点燃，直接表现为发动机排气温度上升较为缓慢，出现这种情况后有些发动机控制系统会自动终止起动，而某些发动机则通过冷转清除燃烧室的残留燃油后尝试多次起动，经过几次后如还不能顺利点燃，则终止起动。

思考题

1. 起动系统的主要组成部分有哪些？
2. 常见的起动方式有哪几种？
3. 简述起动的三个阶段。
4. 点火系统的主要组成部分有哪些？

第12章　操纵和指示系统

发动机操纵系统为发动机燃油和控制系统提供飞行员的输入指令，从而实现正推力控制、反推力控制和起动停车操纵。飞行员在操纵发动机为飞行提供推力时，发动机指示系统为飞行员提供推力、燃油流量、发动机转速、排气温度等主要指示，以及发动机工作系统的其他参数指示（如滑油量、滑油压力等），用于飞行员控制和监视发动机的工作状态。本章将重点介绍大、中型客机的发动机操纵系统及指示系统。

12.1　操纵系统

飞行员依靠发动机操纵系统完成发动机的起动/停车操纵、正推力操纵、反推力操纵以及冷转等。

12.1.1　发动机操纵系统的组成

每一台发动机的操纵系统可分为三个子系统：正推力操纵系统、反推力操纵系统和起动操纵系统。

正推力操纵系统通过调节发动机燃油流量，从而控制发动机正推力大小。反推力操纵系统也通过调节发动机燃油流量以控制反推力大小。与正推力系统不同的是，在增加反推力之前系统首先操纵反推移动套筒展开，然后控制器响应反推杆的位置信号调节发动机燃油流量，以控制反推力大小；起动操纵系统用于发动机的起动、停车以及冷转。

发动机的推力（或功率）和反推力的操纵是通过燃油控制器来实现的。发动机起动、停车命令由驾驶舱的起动杆（停车杆）或控制电门传送到燃油控制器的燃油切断杆或电磁线圈。飞行员操纵驾驶舱的推力杆给出不同位置，告诉燃油控制器需要发动机产生多少推力。燃油控制器监视一些变量和提供足够的燃油流量到发动机产生飞机所需要的推力（或功率，如果是涡轮螺旋桨或涡轮轴发动机的话）。当然，供给的燃油流量不允许超出发动机的安全工作限制。

波音系列飞机和空客系列飞机在操纵台结构上有一定差异，如图 12-1 和图 12-2 所示。波音飞机设置有油门随动装置，在自动驾驶状态油门会根据自动驾驶系统的调节自动移动；空客的飞机在接通自动驾驶后，发动机油门杆位置就不再移动，但发动机功率一直在调节。

图 12-1　B737 飞机驾驶舱操纵台

图 12-2　A320 飞机驾驶舱操纵台

12.1.2　发动机操纵系统的类型

发动机操纵系统可分为机械式操纵系统和电子式操纵系统。

1. 机械式操纵系统

机械式操纵系统应用于液压机械式发动机控制器。机械式操纵系统包括各控制杆、操纵台下各自的鼓轮、传动钢索、钢索保险，信号传送到（如果发动机是在机翼下安装的话）位于机翼前缘的推力控制鼓轮、起动控制鼓轮，再将钢索绕鼓轮的转动转变成推拉钢索的线性移动，最后连到燃油控制器上相应的杆，如图 12-3 和图 12-4 所示。

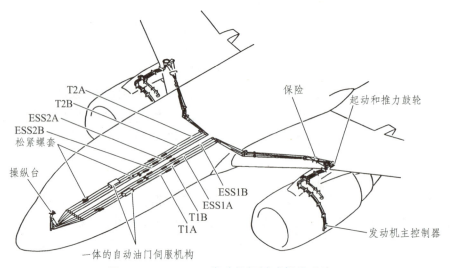

图 12-3　CFM56-3 发动机机械式操纵系统

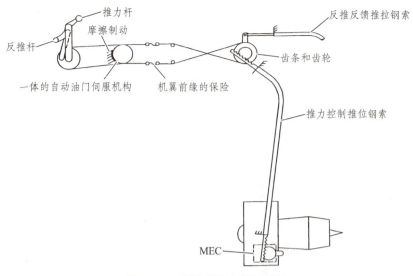

图 12-4　机械式推力操纵系统

所有机械操纵系统必须调节保证正常工作。推力操纵系统通常分成两段，一是从驾驶舱到发动机吊架，一是从发动机吊架到燃油控制器，分界点就是推力控制鼓轮。推力操纵系统调节后必须检查行程大小，确保杆能够在整个行程范围内移动。

2. 电子式操纵系统

电子式操纵系统应用于电子式发动机控制器。驾驶舱中对发动机的所有操纵，由传感器转换成电信号传给发动机控制器，如图 12-5 所示。电子式操纵系统一般由推力杆组件、推力杆角度解算器、发动机起动手柄或起动电门以及推力杆联锁电磁线圈组成。

在使用电子控制的发动机上，驾驶员移动推力杆的位置，首先通到位于驾驶舱地板下面的推力杆角度解算器，解算器将推杆角度转换成电信号，送给 EEC 或 ECU。EEC（ECU）再依据驾驶员的推力要求及其他参数计算并发出控制指令，送到燃油计量装置，通过燃油计量活门控制供给发动机的燃油流量，保证飞机需要的推力，如图 12-6 所示。

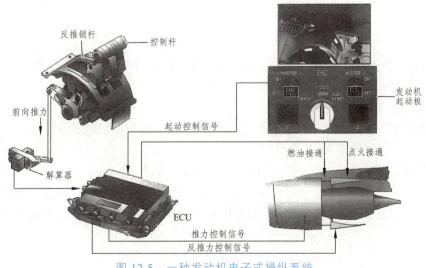

图 12-5　一种发动机电子式操纵系统

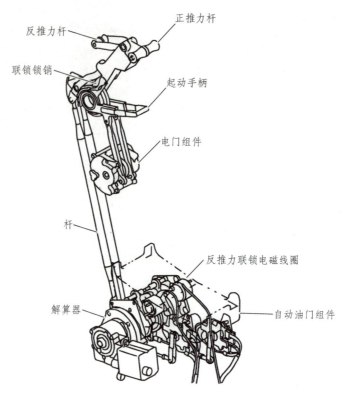

正推力杆

反推力杆

联锁锁销

起动手柄

电门组件

杆

反推力联锁电磁线圈

解算器

自动油门组件

图 12-6　737NG 操纵系统

反推联锁电磁线圈有两个，每台发动机一个。每个反推联锁电磁线圈限制反推力杆的运动范围。在反推力装置套筒靠近全开位置之前，不能移动反推手柄增加反推力。EEC 或 ECU 操作这些电磁线圈。推力杆联锁电磁线圈在自动油门组件内。

12.1.3　发动机起动/停车操纵

驾驶员起动、停车指令由驾驶舱起动杆通过上述操纵系统传到燃油控制器上的起动杆或停车杆。

1. 空客飞机起动和停车操纵

以 A320 起动为例说明发动机起动和停车操纵（见图 12-7）。一般发动机起动可以分为自动起动和人工起动两种模式。在自动起动时：

（1）模式选择为 IGN START 位。

（2）起动电门置于"ON"位，ECS 引气关断，起动活门和燃油低压活门打开，N_2 值开始上升。

（3）当 N_2 上升到 16% 时，ECU 控制点火激励器 A 开始点火。

（4）当 N_2 上升到 22% 时，FMV 和燃油高压关断活门打开，此时燃油喷嘴给燃烧室供油。

（5）当 N_2 上升到 50% 后，起动活门关闭，点火激励器停止工作，起动完成 30 s 后 ECS 引气接通。

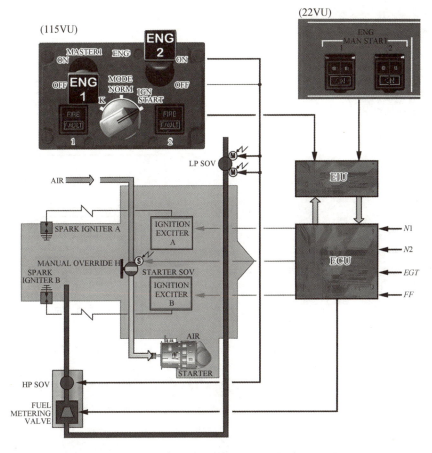

图 12-7 A320 发动机人工起动

发动机人工起动，人工起动过程的控制和自动起动过程不大相同：

（1）方式选择在 IGN START 位。

（2）人工起动按扭接通，MANSTART ON，起动活门打开，N_2 开始上升。

（3）当 N_2 上升到 20%以上后，起动电门置于"ON"位，燃油低压活门和燃油高压关断活门同时打开，点火激励器开始点火。

（4）N_2 上升到 50%后，起动活门关闭，点火激励器停止工作，起动完成 30 s 后 ECS 引气接通。

停车时操纵将发动机起动电门置于 OFF 即可。

2. 波音飞机起动和停车操纵

B737NG 起动过程和 A320 有所不同。B737NG 在起动中，设置点火选择电门为 IGN L 或者 IGN R，起动电门置于"GRD"位，引气打开后，N_2 转速上升到 25%左右时移动起动手柄置于"IDLE"位，55% N_2 转速时起动机自动断开，点火回到"OFF"位置，发动机自动加速到慢车，起动完成，如图 12-8 所示。

B787 采用了自动起动方式，发动机起动时直接将起动手柄置于"IDLE"位，而无须等 N_2 上升到 25%，这样减轻了飞行员负担。

停车操纵时，正推力手柄必须要置于"慢车"位然后移动起动手柄到 CUT OFF 位。

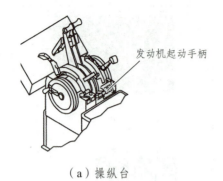

发动机起动手柄

（a）操纵台

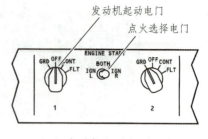

发动机起动电门

点火选择电门

（b）发动机起动板（P5）

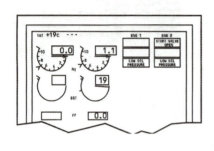

（c）主发动机显示器

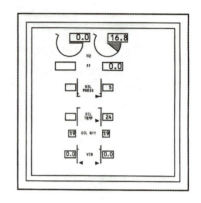

（d）辅助发动机显示器

图 12-8　波音 737NG 发动机起动

在发动机自动起动过程中，如遭遇不正常因素，比如 EGT 超温，ECU 会自动中断起动。发动机的人工起动不具备应急自动中断的功能。不管是自动起动还是人工起动，当 MASTER 或者 MANSTART 选择在"ON"位时，ECS 引气会自动关断 30 s，期间如果起动不成功，ECS 引气在 30 s 后重新接通。两个点火激励器在正常情况下只有一个工作。起动过程中 EGT 最大为 725 ℃，超过 725 ℃将被视为超温。起动活门有超控手柄，它的作用是当起动活门失效的时候，发动机起动活门能由地面人工来打开，当发动机起动完成后，还需要将其置于关位。

发动机具有连续点火的功能，因为飞机在飞行中，空气流的不稳定因素和飞机自身的一些情况发生时需要连续点火来确保发动机的正常工作。

以下几种情况需要连续点火，发动机防冰接通，EIU 失效，发动机空中停车，起动过程中点火延迟，以及空中再起动。

3. 商飞 C919 飞机起动和停车操纵

C919 飞机起动过程与空客飞机类似，但是控制面板有所不同。其起动/点火开关为三相开关，位于中央操纵台上，有 START、NORM、CONT 三个开关位置，如图 12-9 所示。其中 START 位置用于命令地面和空中发动机起动，CONT 位置用于恶劣天气下连续点火预防发动机熄火以及点火系统检查，NORM 是正常工作时开关驻留的位置。

图 12-9　C919 起动/点火模式选择面板

4. 发动机冷转

发动机冷转是一个人工起动并抑制点火的过程。它有干冷转和湿冷转两种形式，干冷转是在冷转过程中不供油，湿冷转是 N_2 在上升到 15% 和 20% 间短暂供油的冷转。在控制上，空客飞机冷转需要把模式选择开关调到 CRANK 位，这时 ECU 会抑制点火；波音飞机一般将模式选择开关调到 GRD 位；C919 将点火开关调到 START 位。

12.1.4　发动机推力操纵

1. 发动机正推力操纵

正推力杆控制发动机慢车到起飞状态之间的推力。发动机推力杆可以在慢车和最大正推力之间扳动，一般有慢车、爬升、最大连续和起飞 4 个卡位。

2. 反推力操纵

正推力杆和反推杆是铰接在一起的，一个锁定机构防止正推力杆和反推杆同时作动。每个杆能够运动的能力取决于另一个杆的位置。如果正推力杆在慢车位，反推杆离开 OFF 位的话，正推力杆不能向前推，增加正推力；如果反推杆在 OFF 位，正推力杆离开慢车位，那么，反推杆提不起来。

此外，使用反推时，反推装置必须展开到位，才能继续拉反推杆增大反推力。它们的运动由操纵系统传到燃油控制器，控制器的设计使得功率杆在慢车域的任一方向运动，供油量都会增加。空客和波音操纵有所不同。空客飞机推力杆能够从最大正推力移动到最大反推力，而波音飞机是由慢车到最大推力，反推操纵依靠铰接在推力杆上的反推手柄实现，如图 12-1 和图 12-2 所示。

12.2　指示系统

发动机的参数需要测量，用于控制和状态监视。发动机指示系统显示发动机工作状态的所有参数，告知驾驶员发动机各系统的工作是否正常，并可以发出报警，指出任何可能发生的故障。

指示系统的功用和分类

12.2.1　指示系统分类

发动机测量与指示的参数分为 3 类：性能指示、系统指示与第 3

组指示。性能指示也称主要指示，用于监视发动机性能及限制，包括表征发动机的参数，如 EPR、EGT、N_1、N_2、燃油流量等；系统指示称为次要指示，用于监视发动机各系统的工作，如振动 VIB、滑油压力、滑油温度等；第 3 组指示是用于发动机状态的趋势监控，通常不在驾驶舱显示，如计量活门的位置等，它由飞机状态监视系统（ACMS）自动记录，由使用/维护人员读出。

发动机仪表指示系统已发生许多重大的变化，机械式直读仪表已被远程指示的数字电子系统取代。早期模拟式仪表是以指针和表盘形式给出发动机参数的模拟值来表示连续变化的量；数字式仪表是由传感器感受信息转换成一系列电信号输给计算机，处理后送给指示器。指示器由中央显示屏和指示灯构成，重要的参数在中央显示屏有模拟器表盘和指针、数值和文字显示，各种颜色的标志使机组清楚当前状况。其他参数显示条状图形与数值，或仅显示数值。典型的发动机数字显示与警告系统有空中客车公司的 ECAM 系统以及波音公司的 EICAS 系统，这两种系统功能类似，设置多种页面，通过选择按钮可以方便地查看，图 12-10 所示为空客公司 A320 飞机的 ECAM 显示系统。

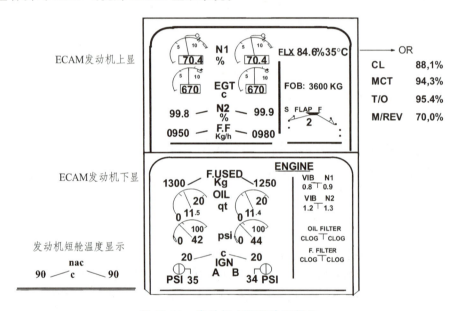

图 12-10　发动机主要和次要指示

12.2.2　发动机主要测量参数

1. 推力/功率指示

发动机的推力总是在指示系统最上端显示。发动机的推力在试车台上由推力计精确测量得到。发动机装在飞机上推力需要由其他参数表征。对于涡喷、涡扇发动机而言，一般用发动机压力比 EPR 或者发动机转速（高涵道比涡扇发动机用风扇转速 N_1）来表征发动机的推力，涡轮螺旋桨发动机和涡轮轴发动机使用输出轴上的扭矩来表征发动机的功率。

高涵道比涡扇发动机既可用内涵压力比（即低压涡轮出口总压与发动机进口总压之比）来表征推力，也可以使用外涵道压力比（即风扇出口总压与风扇进口总压之比）表征推力。

发动机压力比既可以用电机械式，也可由电子式传感器来指示。电机械式系统采用传感器膜盒、线性可变差动变压器等，转换压力信号成电信号，放大后作用在伺服马达的控制绕组上。电子式通过两个压力传感器，依据振动的频率，计算出发动机压力比的电信号，输入发动机压力比表和电子式发动机控制系统。新型发动机 EPR 计算在 FADEC 计算机进行，使用电子式压力传感器，它比电机械式传感器更可靠和精确。

在涡轮螺旋桨和涡轮轴发动机中，发动机扭矩用以指示涡轮螺旋桨和涡轮轴发动机发出的功率，该指示器称为扭矩计。发动机扭矩和输出马力成正比，经由减速器传递出来。扭矩测量可测出扭泵的压力或测轴扭转变形指示。如一种系统由斜齿轮产生的轴向推力与作用在许多活塞上的滑油压力相抵消，抵消轴间推力所需的压力被传递给指示器，如图 12-11 所示。

直升机上更多采用霍尔效应仪或者光电效应仪测量减速器的输出扭矩。

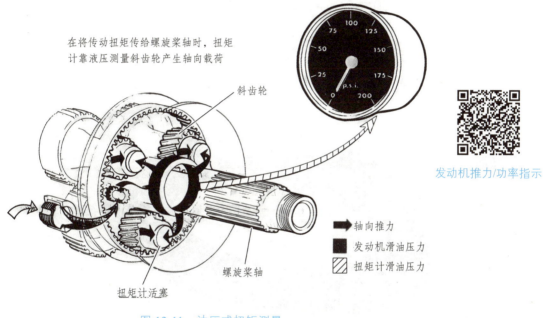

在将传动扭矩传给螺旋桨轴时，扭矩计靠液压测量斜齿轮产生轴向载荷

斜齿轮

发动机推力/功率指示

螺旋桨轴

扭矩计活塞

➡ 轴向推力
■ 发动机滑油压力
▨ 扭矩计滑油压力

图 12-11　油压式扭矩测量

2. 转　　速

发动机转速不仅反映发动机推力大小，也反映了发动机转子机械负荷大小。每个转子转速指示有 3 个主要部分：传感器、数据处理和指示器。转速测量可由发动机驱动的一个小型发电机经电路传给指示器。转速发电机供应三相交流电，其频率取决于发动机被测转子转速。发电机的输出频率控制指示器中同步马达的转速，进而转动指示器的指针。转速指示器一般显示出最大转速的百分数。新型飞机转速表发电机传送三相交流电信号到 FADEC 计算得到转速信号，同时它也是 EEC 的电源，又称专用交流发电机。

转速测量也可采用可变磁阻式转速探头，它与一个音轮相对，产生感应电流，经放大后送入指示器或测量感应脉冲的频率，显示转子转速。转速探头位于机匣的固定器中，与被测轴上的音轮对齐，转子每转一圈音轮外缘上的齿通过探头一次，改变探头中线圈磁通量而诱导出一股电流或发出脉冲，与发动机转速直接相关。脉冲频率与转速成正比（见图 12-12）。

风扇叶片可用来代替音轮改变传感器磁场，也可用附件齿轮箱的齿轮起音轮的作用，无论何种情况都是用传感器脉冲计算转速。

在有些发动机中，转速信号也是发动机机载振动系统（AVM）的输入信号，用于发动机振动信号的解耦和确定振动的相位信息。如图 12-13 所示 CFM56-3 发动机的音轮，它共计有 30 个齿，其中带框处的齿比其他 29 个齿厚，其脉冲可以为发动机提供振动相位信息。

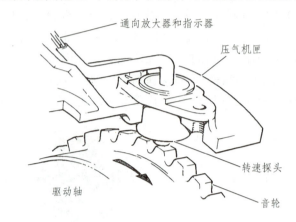

图 12-12　可变磁阻式转速探头和音轮

图 12-13　CFM56-3 发动机 N_1 转速传感器音轮

3. 温　度

发动机中常见的测量温度的传感器按原理不同，可分为热电偶式、热电阻式和充填式温度传感器等。

涡轮燃气温度通常用排气温度（EGT）指示，它是发动机工作中的关键参数。理想情况是测量涡轮进口温度，但是因为这里温度高，温度场不均匀，测量困难。由于涡轮中温度降是按已知的方式变化的，所以测量并限制排气温度不超限，目的是保证涡轮前温度不超出允许值。当然，也可以测量并限制涡轮中间级温度。不少机型 EGT 是从低压涡轮中间级测量的，也叫作排气温度。排气温度与允许极限值之差值称为 EGT 裕度，它是代表发动机性能衰退的参数。

温度的测量

热电偶用于测量较高的温度，排气温度测量普遍使用热电偶（见图 12-14）。为测量平均温度，常常多个热电偶并联连接，探头深入气流的长度不同。热电偶原理是两种不同金属端点相连，位于排气流中的是热端或测量端；而在指示器的是冷端或基准端。电路中产生的热电势和两端温度差成正比。为使冷端补偿到 0 ℃，在电路内安装有自动温度补偿器。热电势大小还取决于回路中的电阻，该电阻是在热电偶出厂时已经调好。在热电偶安装中不能随意剪短导线，以免影响测量精度。涡轮发动机的热电偶的常用材料是镍铬-镍铝丝。在一些发动机上各个热电偶的信号汇总在主中继盒后（见图 12-15），传递给飞机或 FADEC 系统，FADEC 计算机是冷端结点。

热电阻测温的原理是利用金属材料电阻值随温度变化的特性。发动机能否正常和安全地运行，获得压力和温度的精确指示极为重要。滑油和燃油温度由装在介质中的温度测量元件测量。温度的变化导致金属电阻值的变化，进而相应的改变指示器的电流。测温球的电阻接在比值表型温度计电路中或者惠斯登电桥（见图 12-16）的一个桥臂上，指示器的指针按相当于温度变化的幅度偏转。

$$R_t = R_0[(1 + \alpha(t - t_0)] \tag{12-1}$$

式中，R_t 和 R_0 分别为温度 t 和 t_0 时导体的电阻值；α 为导体的电阻温度系数。

充填式测量温度方法是测量元件中装有易挥发的液体或蒸气或气体，放在被测介质中，测量由于温度变化引起的位移或压力变化，反映温度的高低，如图 12-17 所示。例如，CFM56-3 发动机的风扇进口和高压压气机进口空气温度测量使用充填氦气的传感器，气流温度变化引起压力改变，用压力差反映温度的高低。

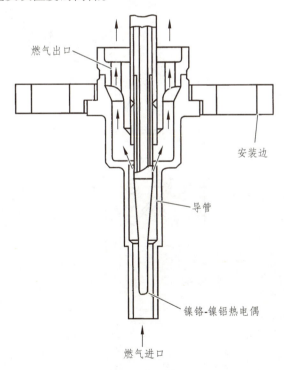

图 12-14　热电偶

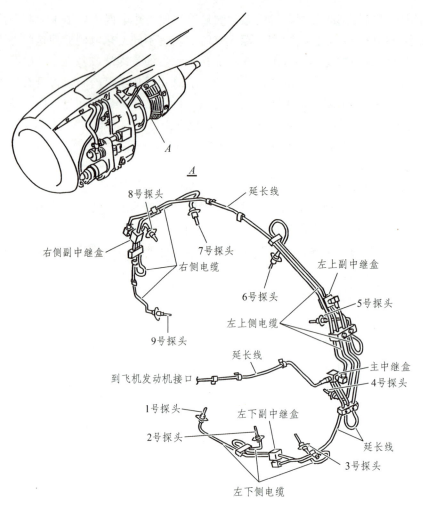

图 12-15　热电偶信号传递

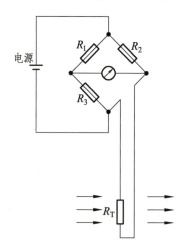

图 12-16　惠斯登电桥

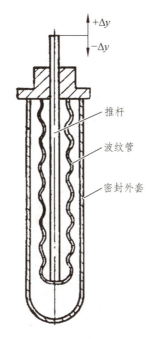

推杆

波纹管

密封外套

$+\Delta y$

$-\Delta y$

图 12-17　充填式温度传感器

双金属式温度测量元件常用作温度补偿元件，利用两种金属线膨胀系数的不同，受热后变形，补偿温度变化带来的影响。例如，安装在液压机械式燃油控制器里压力调节活门弹簧下面的双金属片，用于补偿油温变化对弹簧力带来的影响。

4. 压　力

测量从真空或零压力计起的压力是绝对压力；从现存的大气压力开始计量，即实际加到流体的压力值是表压力。传感器可以是直接压力式，也可以是压差式。例如，燃油滤和滑油滤装有压差电门，感受和测量油滤前后压差，指示油滤堵塞情况。油滤前后压力分别作用在薄膜的两边，当压差达到预定值时，作动微动电门，该电门与驾驶舱的警告灯相连，灯亮则告诉驾驶员油滤部分堵塞，油滤旁通活门即将打开。

压力测量可以采用机械式测量法或者电测方法。

广泛采用的压力机械测量方法是波登管式压力表。波登管是薄壁、扁平、椭圆的青铜管，弯成半圆形，如图 12-18 所示。被测压力流体从一端进入波登管，当管内流体压力增加时，试图改变横截面的形状，椭圆变圆，半圆试图伸直，连到管另一端的指针移动，指示波登管内压力。波登管压力表需要定期校准。

压力电测的方法比较多。常见的压力电测方法是使用晶体振荡器，它应用某些晶体（石英晶体、压电陶瓷），受力后表面产生电荷的压电效应，测量频率反映压力高低。

也可以利用半导体变形导致其电阻值变化这一原理进行压力电测。其方法是将半导体电阻黏接在弹性薄膜上，当作用在弹性薄膜上的压力/压差导致薄膜变形的同时半导体电阻也跟随薄膜变形，半导体电阻值相应发生变化。测量电阻的变化量，就能测出薄膜的变形量，再根据胡克定律就能得到被测压力/压差值。

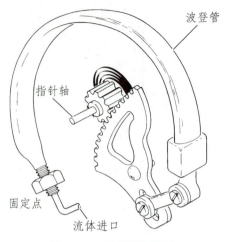

振动、压力和流量

图 12-18　波登管压力表

5. 流　量

　　燃气涡轮发动机关心的是燃油质量流量。一种流量传感器中，叶轮由三相交流马达恒速转动，燃油通过叶轮，叶轮对燃油施加一个旋转运动。从叶轮出来的旋转燃油再通过传感器涡轮，并试图转动涡轮。但涡轮受到校准弹簧的限制，只能偏转一个角度。涡轮能够偏转的量由流过的燃油容积和燃油密度决定，因此测出的是质量流量。永久磁铁装在传感器的一端，涡轮的偏转带动永久磁铁的偏转，改变线圈中磁场。在指示器中有与传感器对应的线圈，两个线圈之间是电连接。指示器中线圈磁场的改变，使其中的永久磁铁也偏转，同传感器中永久磁铁的偏转是同步的，然后通过指示器的指针显示流量大小（见图 12-19）。

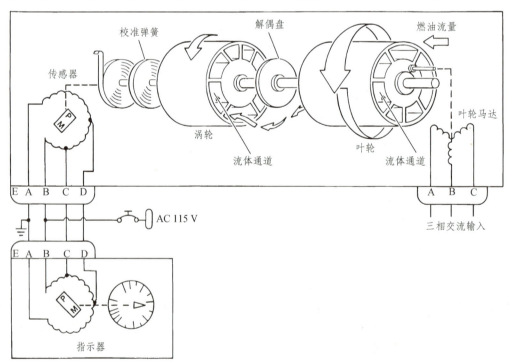

图 12-19　燃油质量流量测量

目前，发动机流量测量广泛采用一种新型传感器，它包括涡旋发生器、转子、涡轮、壳体等。燃油经整流器进入涡旋发生器，涡旋发生器旋转。从涡旋发生器出来的旋转燃油到转子，并且使转子旋转。从转子出来的燃油再到涡轮，试图使涡轮旋转。涡轮转动受到弹簧力约束，只能偏转一个角度。偏转角度的大小取决于作用于涡轮叶片的动量。在转动的转子上面前部和后部各有一个磁铁。前部磁铁的外面壳体有一个小线圈，称为起始线圈，当前部磁铁对上起始线圈时，产生起始脉冲。在涡轮外部壳体上有一大线圈，称为停止线圈，连在涡轮上的信号叶片和涡轮一起动，当对上转子后部磁铁时产生停止脉冲。如果没有燃油流动转子旋转，起始脉冲和停止脉冲同时发生。当有燃油流过时，涡轮上的信号叶片沿旋转通道偏转，停止脉冲晚于起始脉冲。起始脉冲和停止脉冲的时间间隔大小和燃油质量流量多少成正比（见图 12-20）。

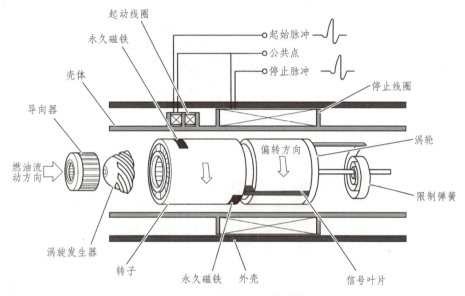

图 12-20　燃油流量传感器

燃油流量指示不仅告诉驾驶员传送到发动机喷嘴的实际燃油流量，还可以知道用过的燃油总量。正常显示每台发动机的燃油流量，驾驶舱上燃油流量指示控制电门可以选择显示用过的燃油量，也可选择复位使用过的燃油量计数回零，再开始累计。FADEC 系统计算机可以完成计算工作。

6. 振动测量

发动机振动传感器是加速度计，能测量发动机的径向加速度。发动机上采用两种不同类型的加速度计，一种是电磁式，另一种是压电晶体式。电磁式传感器上永久磁铁被两个弹簧保持在中心，圈定线圈围绕在磁铁上。当存在振动时，线圈同传感器壳体一起上下移动，磁铁由于惯性力几乎总是静止的，线圈和磁场之间的不同运动在线圈中导致交流电压，如同发电机一样。压电晶体式当对晶体有作用力时产生电压。传感器感受加速时，作用压电晶体到底板的惯性质量在传感器上产生力。振动传感器给出信号到监视组件，其电压与加速值成比例，频率等于振动频率。监视组件滤波和分析加速度计等信号用于指示和趋势监控。

振动信号的调制分析计算，有的机型称作机载振动监视器（AVM），有的机型称作发动机振动监视组件（EVMU），依据转速传感器和振动传感器的信号计算低压压气机、高压压气机、低压涡轮、高压涡轮的振动值，最高的振动值在驾驶舱显示并送到飞行数据采集组件（FDAU），提供配平平衡建议，监视振动趋势，信息送至 EICAS/ECAM，从 EICAS 维护页或从 ACMS 上发现，如图 12-21 所示。

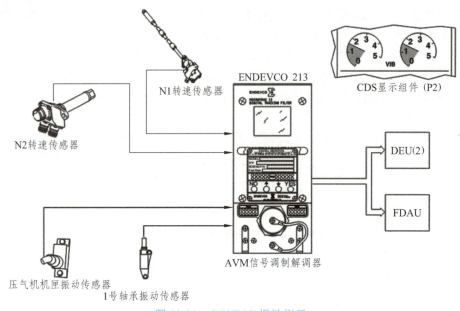

图 12-21　B737NG 振动指示

7. 滑油量

滑油量的测量通常有两种方法，一种是采用电容式传感器，另一种是浮子式传感器，如图 12-22 所示。

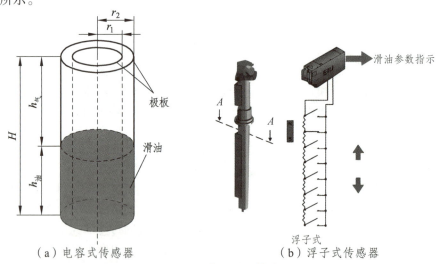

（a）电容式传感器　　　（b）浮子式传感器

图 12-22　油量测量传感器

电容式传感器测量油量的原理是将两个电极放入油液中，当滑油量变化时，两电极侵入油中的部分发生改变，导致两电极的电容发生变化，测出其电容值，即可得到进入油中的电极的长度，从而测出油箱中的油量。

浮子式传感器测量油量的原理是在浮子上有一永久磁铁，与浮子相对有一系列微动开关，电路中有一系列电阻，当浮子与某微动开关相对应时，此微动开关闭合。不同的微动开关闭合导致电路两端的电阻值不同。根据电阻值的大小可以知道油箱中液面的高度，从而测得油箱中的油量。

12.2.3 显示和警告

1. 警告系统

警告系统用来提供可能出现故障或存在危险情况的指示，以便采取措施保护发动机和飞机。虽然一台发动机的各种系统在设计上只要可能就设计成故障安全的，但有时仍然装设附加的安全装置。例如，发生功率损失时螺旋桨自动顺桨和涡轮轴损坏时自动关闭高压燃油停车开关。

在燃气涡轮发动机上，除了要安装火警探测系统外，还可能安装许多其他的声响和目视警告系统。当出现低滑润压力、低燃油压力、振动过高或过热的情况时，这些系统可以发出警告。这些系统发出的指示可以是告警灯、警铃或喇叭声。闪光灯能吸引驾驶员对中央警示板的注意。在 ECAM/EICAS 页面上有警告和告诫显示。

仪表的颜色标记可以使驾驶员知道仪表指示值是安全的还是危险的。一般绿色弧段表示正常范围；黄色弧段表示警戒范围；红色径向线表示不能超越的最大或最小允许值。例如，某机型，EGT 表上红线是 EGT 允许的最大值；琥珀色示出对于最大连续推力的 EGT 值，它仅允许在发动机起飞或复飞时短时间超过琥珀色线。新型驾驶舱公共显示系统的显示组件上，白色指针表示参数的变化；灰色阴影区域表示进程；琥珀色表示警戒区域；红色是超限警告；绿色代表目标值。如果 EGT 高于最大连续限制值，但低于 EGT 红线值，指针、读数、阴影区域变成琥珀色。如果 EGT 超出红线值，指针、读数、阴影区域变成红色。

2. 指示组件

电子指示系统将发动机的指示、系统的监视以及向驾驶员告警的功能组合在仪表板上安装的一个或几个阴极射线管上。有关的参数以刻度盘形式显示在屏幕上，而数字式读数、警告、注意事项和建议信息则以文本方式显示。

参数显示一般有 3 种不同类型：表盘指针型、移动的垂直条型和经典的电机械指示器。各型指示器有参数的限制值，有颜色标记。

新一代波音飞机，驾驶舱内安装有发动机指示及机组告警系统（EICAS）。它通过两个阴极射线管显示参数和状态，并辅助以灯光、音响，有的还与发动机备用指示器（SEI）相配合。EICAS 以及与飞机、发动机接口的装置一起将推力管理、发动机控制、状态监视、故障诊断、信息显示、事件存储等综合在一起。EICAS 允许选择不同的页面，检查飞机及其系统的工作状态。这不仅减轻驾驶员的工作负担，从而改善飞行操作条件，也给地面维护人员在发动机及系统监控方面带来好处。

因此，与发动机状态有关的参数：EPR、ECT、N_1、N_2、N_3、FF（燃油流量）、振动值、滑油参数等在 EICAS 上显示；发动机的工作状态，如燃油滤堵塞、旁通活门即将打开、燃油加热器工作等信息在 EICAS 上显示；EEC 故障、监控器故障、BVCU（放气活门控制装置）故障等也将在 EICAS 上显示。由推力管理计算机选定的推力基准值、极限值、推力实际值及其进展状态均可在 EICAS 上清晰读出。B777 飞机上 EICAS 主显示如图 12-23 所示。

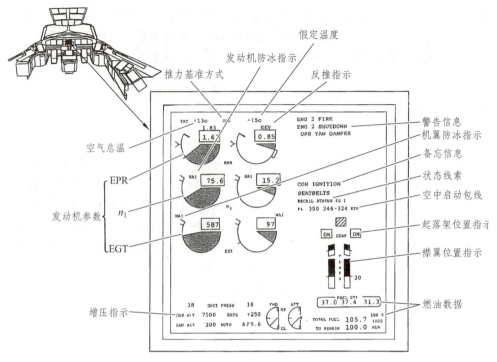

图 12-23　发动机指示和机组警告系统

文字警告部分包括不同级别，如警告、告诫、提示、通信、状态；显示的格式、位置、颜色、音响不同，如图 12-24 所示。

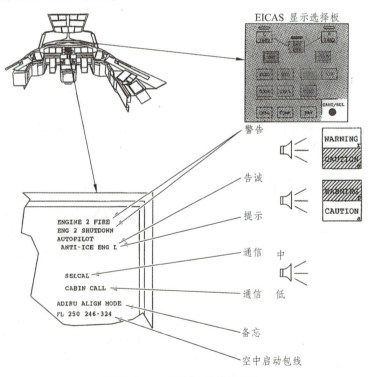

图 12-24　EICAS（波音 777）

空中客车飞机上安装的飞机电子中央监控系统（ECAM），用来监视飞机和发动机上各主要系统的工作，自动处理各系统输入的有关信息，通过两个阴极射线管显示信息、图形和有关数据。ECAM系统显示包括发动机参数/警告信息显示（E/W显示）和系统/状态信息显示（S显示）两部分。正常工作时，它提供临时使用的系统（如APU）和经常工作的系统（如液压系统）的工作情况。从起飞到着陆共分为12个阶段，各阶段都有相应的页面。若工作出现不正常或应急情况，一个显示器显示警告页面，上面有故障分析和应采取的操作措施，另一个显示器出现故障系统的页面（若有的话），如图12-25所示。

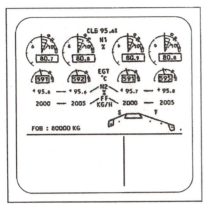 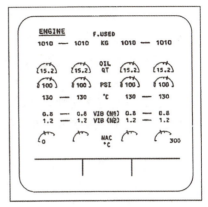

（a）发动机/警告显示　　　　　　　（b）系统显示

图12-25　ECAM座舱显示示意

思考题

1. 涡扇发动机操纵系统可分成哪几个分系统？
2. 波音和空客飞机的发动机反推力操纵有何不同？
3. 简述航空涡轮发动机机械式操纵系统和电传式操纵系统是如何传递信号的。
4. 航空涡轮发动机指示系统有哪两种类型？
5. 简述监视发动机运行的参数分为几种？分别有哪些？
6. 航空涡轮发动机指示系统用什么参数表示发动机的推力？
7. 简述磁电式转速传感器测转速的工作原理。
8. 简要说明热电偶和热电阻传感器的测温原理。
9. 简述如何测量航空涡轮发动机的排气温度。
10. 简要说明波登管式压力表的组成和工作原理。
11. 简要说明新型质量流量传感器的工作过程。
12. 简述新型驾驶舱公共显示系统的显示组件上，表盘上各颜色所代表的含义。

第13章　辅助动力装置

辅助动力装置（Auxiliary Power Unit，APU）为飞机提供气源和电源。辅助动力装置在地面可向飞机提供气源和电源，以避免飞机对地面设备的依赖；在空中向飞机提供备用的气源和电源，以保证发动机的推力和飞机的用电与用气。

辅助动力装置在一定的飞行高度下能同时提供正常的气源和电源；随着高度增加，只能提供气源或电源；超过一定高度则只能提供电源。因此，使用辅助动力装置，飞机在地面时可以不依靠地面气源（车）和电源（车）进行发动机起动，并可以保证客舱和驾驶舱内的照明和空调。

双发动机飞机在起飞和爬升过程中，使用APU可以使发动机功率全部用于飞机加速和爬升，从而改善了起飞性能。通常在飞机爬升到一定高度（一般为5 000 m）后APU关闭。

在飞行中若发动机空中停车，APU可为飞机提供备用气源和电源，以保证工作发动机的推力（功率）；若需发动机重新起动，APU可为一定高度（一般为10 000 m）以下的空中起动提供动力。因此，现代化的大、中型客机上，APU是保证发动机空中停车后再起动的主要设备，直接影响飞行安全。

13.1　APU 的组成

APU本质上是一台小型的燃气涡轮发动机。APU由功率、引气和附件齿轮箱三个主要部分组成，如图13-1所示。

与所有的燃气涡轮发动机一样，APU的功率部分包括压气机、燃烧室、涡轮和燃油、滑油等相关系统。其作用是产生功率驱动负载压气机和附件（包括交流发电机）。

APU功率部分结构形式的选择主要考虑APU的性能和尺寸限制要求。压气机的主要功用是压缩空气，以利于热能转换。通常使用1级或2级离心式压气机。这种压气机级增压比高、结构简单、寿命长。较大型的APU也有采用轴流式压气机的。早期的APU上采用单管燃烧室结构；现代APU通常使用环形回流式燃烧室，有较低的燃气损失。小型APU上使用径向内流式涡轮；现代大型APU上是采用2级或多级轴流式涡轮。

APU 功用与基本组成

为保证APU的正常工作，功率部分和发动机一样也包括燃油系统、滑油系统、空气系统、起动和点火系统等。

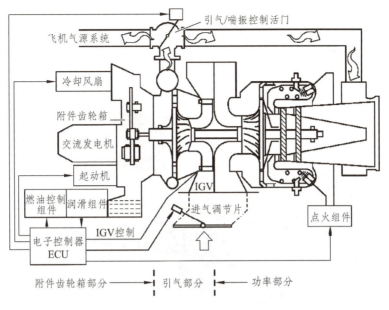

图 13-1　APU 的基本组成

APU 的引气部分是为飞机和发动机提供 30 ~ 45 psi 的压力空气。不同的 APU 的引气方法不同。有两种引气方法：一种是从功率部分的压气机引气；另一种是从单独的负载压气机引气。具有单独负载压气机的 APU 具有效率高、寿命长的特点。这是因为当飞机不需要引气时，可以断开负载压气机进气，使功率部分的工作负荷减小，相应供油量也减小，APU 的 EGT 更低。进入负载压气机的空气通常由可调进口导向叶片 IGV 控制，从而可以根据飞机气源系统的用气需求改变引气量的大小。

APU 的附件齿轮箱上装有起动机、交流发电机、燃油泵、滑油泵、转速表发电机、冷却风扇等。大多数 APU 驱动 1 个交流发电机，较大的 APU 带有 2 个交流发电机，如空客 A380 的 APU。交流发电机输出与发动机驱动发电机相同频率和电压的交流电，为飞机提供备用电源。因为 APU 仅工作在恒速状态，所以与发动机驱动的发电机不同，APU 驱动的发电机不需要恒速驱动装置。

13.2　APU 舱及其安装

13.2.1　APU 舱

APU 安装在飞机尾部，APU 的支撑和整流罩的尾锥与机身结构相连。APU 及其部件分别包容在设备舱、APU 舱和消声器舱内，如图 13-2 所示。

APU 的部件，如进气门作动筒、灭火瓶、燃油供油管和引气导管位于设备舱。APU 本体位于 APU 舱，APU 舱内的防火墙用于防止高温火焰，保护机身。APU 的排气管、排气消声器、热屏蔽和密封环位于消声舱。排气消声器用于降低排气噪声；热屏蔽隔热，以保护周围区域和设备。APU 的排气部分有两种不同的设计：一种形式是使用排气消声器密封环；另一种形式是空气冷却系统。对于前者，密封环可阻止任何燃气漏进 APU 舱；也防止空气进入 APU 舱，尤其是在 APU 过热或火警情况下更有利于灭火。而对于后者，燃气由排气管排出的同时起到引射作用，周围的空气被引射进入排气消声器和热屏蔽之间的环形通道，它可以起到冷却消声器舱的作用。

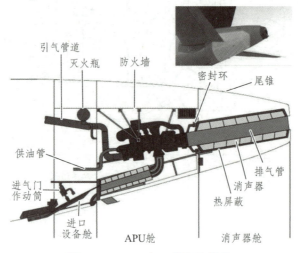

图 13-2　APU 在飞机上的位置

在飞机后机身底部的 APU 检查门用于接近 APU，进行勤务和维护工作。通常大飞机是一个双开的检查门，如图 13-3（a）所示；小飞机是一个单开的检查门，如图 13-3（b）所示。打开检查门上的所有锁扣后，APU 检查门由于自重打开，并且很容易推到全开位。安装在检查门内侧的撑杆可以将检查门固定在最大打开位。取下连接到机身铰链上的快卸销，可卸下检查门。

（a）双开检查门

（b）单开检查门

图 13-3　APU 的检查门

13.2.2　APU 的安装

APU 安装杆连接到 APU 舱内结构的安装点上，APU 连接到安装杆的三个安装节上。其中左后安装节是固定的，右后和前安装节是浮动的（允许热膨胀下的有限移动）。所有安装节可以从 APU 传递垂直载荷到飞机结构；左后和右后两个安装节可以从 APU 传递轴向载荷到飞机结构；左后安装节可以从 APU 传递横向载荷到飞机结构，如图 13-4 所示。

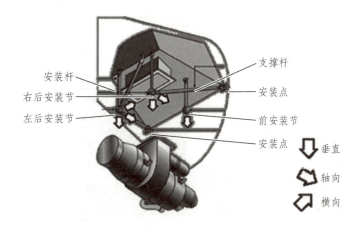

图 13-4　APU 的安装

每个安装节内都有减振组件（弹簧或振动阻尼器），以减小 APU 振动向机身结构的传递。锥形支架和锥形螺栓支持 APU。螺纹保护器确保在 APU 拆装时不会损坏锥形螺栓的螺纹，如图 13-5 所示。

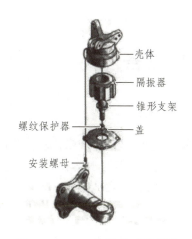

图 13-5　APU 安装节减振组件

APU 大修时将 APU 从飞机上拆下需要用到两种辅助设备：一种是起吊设备；另一种是液压升降车。使用起吊设备，首先将起吊设备连接到 APU 舱的顶部和侧墙支架上，然后把起吊设备的钢缆固定到 APU 上。断开 APU 与飞机的所有管线接头，松开锥形螺栓螺母，就可将 APU 慢慢放到地面的 APU 支承台架上，如图 13-6 所示。

与液压升降车配套的还有一个转换器和一个维护平台。使用液压升降车时，将维护平台连接到液压升降车上，再将转换器连接到维护平台上。升起液压升降车，将转换器与 APU 连接起来，然后断开 APU 与飞机的所有管线接头。松开锥形螺栓螺母，慢慢降下液压升降车，即可将 APU 从飞机上拆下。

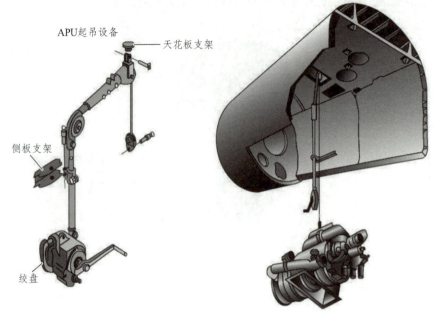

图 13-6　APU 的拆装

13.3　APU 各系统

13.3.1　APU 进气系统

APU 进气系统的主要部件是空气进气门、进气门作动器和进气道，如图 13-7 所示。波音飞机的 APU 进气门和进气道位于飞机尾部机身的右侧，而空客飞机的 APU 进气门一般位于飞机尾部的下面，如图 13-2 所示。

APU 主要工作系统
和典型装置

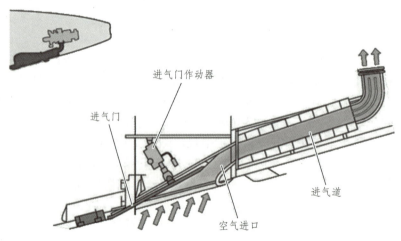

图 13-7　APU 的进气系统

290

APU 工作时进气门打开为 APU 供应空气；当 APU 停止工作时进气门关闭。进气门的设计应能防止外来物进入 APU，并减少飞行时的空气阻力。APU 进气门作动器打开或关闭 APU 进气门；APU 进气门也可以手动超控打开。APU 进气门的位置由位置电门监视，确保 APU 只能在进气门打开时运行。随着进气门的打开或关闭，通过一个推拉钢索偏转位于进气门前部的调节片。其作用是，增加进入进气道的空气，防止进气道内的气流扰动，并阻断沿着机身蒙皮流动的液体进入进气道，减少火灾的危险。

APU 进气道由进口端部、管道和空气进口弯管组成。APU 进气道是一个扩张型通道，引导空气进入 APU 并增加空气的静压。空气进口弯管内的进口导向叶片有助于改善空气的流动，进气道和飞机结构间的弹性密封确保气流平滑地进入进气道，也用作防火密封。

13.3.2 APU 余油排放系统

APU 余油排放系统的主要作用是汇集来自 APU 关键区域的液体泄漏和 APU 停车后排气管内的冷凝水并排放到机外，防止发生火灾和腐蚀。典型的 APU 余油排放系统如图 13-8 所示。

排放口有两种类型：直接排放口和间接排放口。直接排放口汇集 APU 舱泄漏的 APU 功率部分外部的漏油和由引射器进口进来的其他液体，通过排放管直接排放到机外。间接排放是将来自燃油控制组件密封、防喘控制活门密封、IGV 燃油作动筒密封、负载压气机封严和 APU 燃烧室内的余油等处的漏油首先排放到专门的放泄油箱，由放泄油箱内的排放竖管在飞行期间把液体排放到机外，排放竖管内的通风管用于补充放泄油箱内的空气。

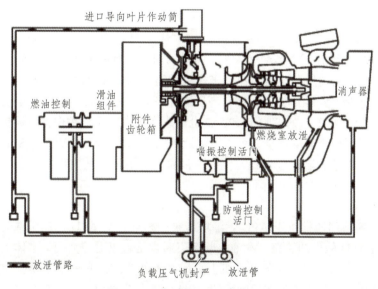

图 13-8 典型的 APU 余油系统

13.3.3 APU 的燃油系统

APU 燃油系统包括从飞机燃油箱到 APU 燃油控制器的低压燃油系统和从燃油控制器到燃油喷嘴的高压燃油系统。APU 低压燃油系统的功能是将燃油从飞机油箱输送到 APU 燃油控制器。通常飞机左主油箱或中央油箱为 APU 供应燃油，其他油箱通过燃油交输导管为 APU 供应燃油。APU 高压燃油系统与主发动机的高压燃油系统类似。这里只介绍 APU 的低压燃油系统。

1. APU 低压燃油系统

典型 APU 低压燃油系统的主要部件包括：APU 燃油增压泵、燃油关断活门、供油管路和压力电门，如图 13-9 所示。

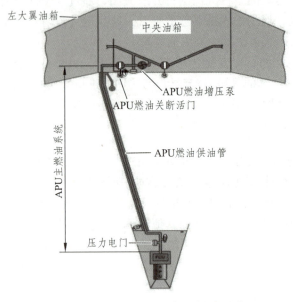

图 13-9 典型的 APU 低压燃油系统

1）燃油增压泵

APU 低压燃油系统有一个燃油增压泵，每个油箱中还有两个燃油增压泵。APU 燃油增压泵是否工作取决于油箱增压泵是否工作和飞机的种类。APU 燃油增压泵不工作时，油箱增压泵供应燃油旁通 APU 燃油增压泵到 APU 高压燃油泵。APU 燃油增压泵是电动离心泵。波音飞机通常使用直流电动泵，由单独的 APU 蓄电池或由正常的飞机蓄电池经蓄电池电门供电；空客飞机通常使用单相交流电动泵，由蓄电池经静变流机供电。在大多数飞机上，APU 燃油增压泵位于中央油箱的后墙上或者在左侧内主油箱的后梁上，其内部有一个单向活门，保证在拆卸燃油增压泵时油箱内的燃油不会漏出。

2）燃油关断活门

APU 燃油关断活门通常位于 APU 燃油增压泵的附近，受 APU 控制组件的控制，连通或关断飞机油箱到 APU 的供油管路。燃油关断活门通常是直流电控活门，本体上有一台或两台直流电马达和一个内部阀芯。在部分飞机上，燃油关断活门上有一个手动超控手柄，可以手动将活门置于打开或关断位置。在驾驶舱的 APU 燃油系统页面上，通常有燃油关断活门的位置指示。

3）供油管路

APU 供油管路开始于中央油箱的上壁并沿着主轮舱的舱顶，通过主轮舱后部的密封隔框，沿着机身的左侧后货舱的侧壁（衬垫后面），再穿过后密封隔框并沿着机身左侧的内侧壁进入 APU 舱。在油箱和 APU 舱之间的增压客舱中，APU 供油管路有管套用于收集和排出泄漏的燃油。空气从 APU 舱附近的通风进气口处进入管套，使得泄漏的燃油可以在 APU 排放竖管中排走。在油箱区和 APU 舱内，燃油管路没有管套，这是因为在油箱内的泄漏对安全没有任何影响，而 APU 舱内有独立的燃油放泄系统。

4）压力电门

在 APU 燃油系统中，通常有两个压力电门。位于 APU 燃油增压泵进口的压力电门监测油箱供油压力。当供油压力低于设定值时起动 APU 燃油增压泵。位于 APU 低压燃油系统出口的压力电门监测 APU 高压燃油系统的供油压力。当燃油压力低于设定值时在驾驶舱的 APU 系统界面上显示低压告警。

2. APU 燃油系统的工作

起动 APU 时，APU 控制组件开始工作，打开燃油关断活门，起动 APU 燃油增压泵为 APU 燃油控制器供应燃油。大多数现代飞机，当 APU 燃油增压泵前压力过低（相应的油箱增压泵没有工作）时，APU 燃油增压泵工作；当 APU 燃油增压泵前压力满足要求（相应的油箱增压泵工作）时，APU 燃油增压泵停止工作。这使得 APU 燃油增压泵只在需要时才工作，增加了 APU 燃油增压泵的使用寿命。也有部分飞机，在 APU 起动期间（不管 APU 燃油增压泵前压力高或低）APU 燃油增压泵一直工作，当 APU 达到 95% 转速时才停止工作。任何紧急停车信号都将使 APU 燃油增压泵立即停止工作。

APU 高压燃油系统将来自低压燃油系统的燃油供往 APU 燃油控制组件（Fuel Control Unit，FCU）。电子控制组件 ECU 为 APU 起动和工作计算正确的燃油流量。起动完成后 ECU 通过改变燃油流量保持 APU 在不同工作负荷下转速恒定。ECU 向 FCU 提供燃油流量的指令信号，FCU 计量燃油流量并将燃油供往主、副燃油总管，燃油总管将燃油供给燃烧室燃油喷嘴。燃油分配器还向进气导向叶片作动器和防喘控制活门供应伺服燃油。APU 燃油控制系统如图 13-10 所示。

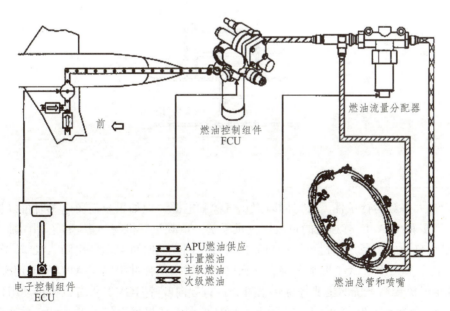

图 13-10　典型的 APU 燃油控制系统

13.3.4 APU 空气系统

APU 空气系统包括引气和冷却两个子系统。空气引气子系统的功用是，向飞机气源系统供应压力空气，防止喘振。如果 APU 有负载压气机，还包括控制负载压气机的工作。空气冷却子系统的功用是，使用 APU 进口空气冷却 APU、APU 舱、APU 附件（如滑油冷却器）和交流发电机等。

1. APU 引气

APU 引气系统的主要部件是引气活门。引气活门通常是由电磁控制、气动（或电动马达）作动的。起动 APU 后，当 APU 转速达到或高于 95%，将 APU 引气电门置于"ON"位，APU 控制组件控制打开引气活门。APU 正常停车时，APU 控制组件关闭引气活门，使 APU 在无负载状态下继续运转一段时间，APU 冷机后停车。

气动作动的 APU 引气活门包括电磁活门、作动筒和位置电门，如图 13-11 所示。当引气电门处于"ON"位时，电磁活门通电，来自 APU 功率部分压气机的压缩空气通过电磁活门进入活门作动筒克服弹簧力打开引气活门，活门位置电门感受引气活门的实际位置并传送信号到 APU 指示系统。在大多数飞机上也传送活门位置信号给 APU 控制组件用于系统控制和排故。当飞机不需要引气时，将引气电门置于"OFF"位，APU 引气活门上的电磁活门断电，活门作动筒内的空气通过电磁活门上的一个限流小孔排出，引气活门在弹簧作用下慢慢关闭，使燃油调节与引气量的减少相适应，避免压气机喘振或转速振荡。APU 停车时引气活门是关闭的。

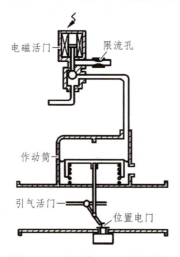

图 13-11　某型 APU 引气活门

2. 负载压气机控制

APU 在大多数运行条件下可以同时提供气源和电源，但如果只需要电源时可以将气源断开，为此许多新型 APU 有独立的负载压气机系统。负载压气机与 APU 转子轴同轴转动。当关断 APU 引气时，负载压气机可调进口导向叶片关闭，此时负载压气机随 APU 转子轴空转，APU 的工作负载很小，EGT 明显下降，从而降低了燃油消耗并提高了 APU 的使用寿命。

负载压气机控制系统的主要部件包括可调进口导向叶片（IGV）、带有机械传动组件的 IGV 作动筒和 APU 控制组件，如图 13-12 所示。APU 控制组件根据引气需求、APU 排气温度和大气条件确定 IGV 指令信号，并比较指令信号和 IGV 的实际位置信号，输出控制信号到 IGV 作动筒上的力矩马达，使作动筒移动 IGV 到正确的位置，从而控制进入负载压气机的空气量。

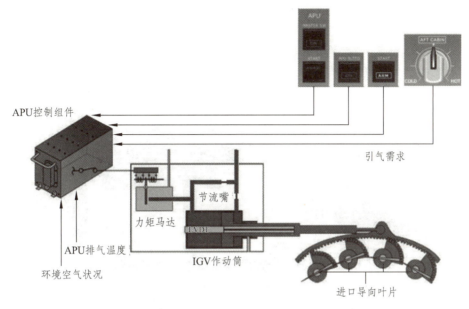

图 13-12　典型的 APU 负载压气机控制系统

　　当关断 APU 引气时，APU 控制组件输出到力矩马达的电流信号为零，力矩马达内的挡板向右偏转，关闭喷嘴。这样作动筒两边的伺服燃油压力相同，由于作动筒左边的活塞面积大于右边的活塞面积，使得活塞向右移动，作动筒的活塞杆连接到一个环形内齿轮元件，该内齿轮通过与固定在 IGV 上的扇形外齿轮的啮合，将 IGV 置于关闭位置。

　　当选择 APU 引气时，APU 控制组件输出到力矩马达一个电流信号，力矩马达内的挡板向左偏转，作动筒活塞左边的部分燃油经喷射嘴流出，由于节流嘴的限流，使得作动筒左边的燃油压力小于右边的燃油压力，活塞向左移动，带动环形内齿轮与扇形外齿轮啮合逐渐打开 IGV。作动筒内的位移传感器（LVDT）将 IGV 的实际位置反馈到 APU 控制组件。当 IGV 到达要求的位置时，活塞停止运动。作动筒的伺服燃油来自 APU 高压燃油泵出口，力矩马达内通过喷嘴流出的燃油返回到 APU 燃油低压系统。

　　在 APU 停止工作和起动期间 IGV 处于关闭位置。当 APU 转速达到 95% 后，如将 APU 引气开关置于"ON"位，APU 控制组件将控制 IGV 移动到部分打开位置。当起动发动机和客舱冷却时，需要有最大的引气量，APU 控制组件控制 IGV 到完全打开位置。但当 APU 的 EGT 将要超限时，APU 控制组件控制 IGV 稍稍关小以减少 APU 的负载，避免 EGT 超限。当飞机在飞行中使用 APU 时，IGV 的位置会随着空气密度的减小逐渐开大以满足引气量的要求。

3. APU 喘振防护

　　当引气负载和外界空气环境参数变化时，APU 压气机可能发生喘振现象，防止压气机喘振的有效方法是及时放掉部分压气机出口的空气。

防喘系统感受负载压气机引气管道中气流流量的变化，当气流流量降低或停止时，打开位于负载压气机引气管道的旁通排气管道中的喘振控制活门，将部分空气从 APU 排气管排出，从而防止压气机喘振，如图 13-13 所示。测量引气流量的流量传感器安装在负载压气机的引气管道中，APU 控制组件通过测量气流的总压和静压计算出气流的流量。APU 控制组件比较喘振控制活门的要求位置信号与实际位置的反馈信号，输出控制信号到喘振控制活门上的力矩马达，来自功率部分压气机的气动压力打开喘振控制活门到要求的位置。

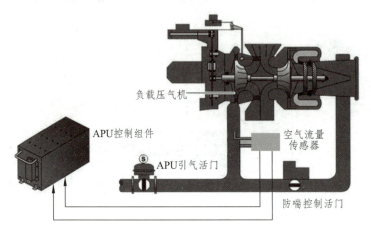

负载压气机

APU控制组件

空气流量传感器

APU引气活门

防喘控制活门

图 13-13　典型的 APU 防喘控制系统

有些 APU 将引气活门和喘振控制活门组合为一个引气/喘振活门，如图 13-1 所示。当正常引气时，活门控制全部空气供应给飞机系统；当探测到喘振可能发生时，活门控制空气排放到 APU 排气管道。

因为 APU 总是运行在 100%转速，一定的引气量对应一个 IGV 的位置。APU 控制组件比较 IGV 位置和引气流量，当飞机引气流量减小，低于 IGV 位置所对应的气流流量时，喘振控制活门打开。

负载压气机在空气密度小的高空容易发生喘振，因此 APU 控制组件也感受进口空气温度和压力的信号用于喘振防护。

4. APU 冷却系统

APU 冷却系统供应冷却空气到 APU 机匣、APU 舱和 APU 滑油冷却器。在部分 APU 中也为 APU 交流发电机提供冷却空气。

典型的冷却系统的主要部件包括冷却空气关断活门、冷却风扇、冷却空气分配和排放管道，如图 13-14 所示。

冷却空气关断活门由来自功率部分压气机的空气压力作动。在 APU 起动期间，当压气机的输出压力达到设定值时，该活门打开；该活门在 APU 停车（压力低于设定值）时关闭。

冷却风扇由附件齿轮箱驱动。该风扇迫使冷却空气到 APU 机匣、APU 舱、APU 滑油冷却器和 APU 交流发电机，再从机体表面排出。为防止由于振动导致的损坏，冷却空气分配管道的一部分连接处是柔性管道。

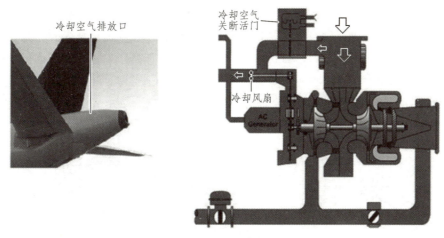

图 13-14　APU 冷却系统

13.3.5　APU 滑油系统

APU 滑油系统的功能和主要部件与发动机的滑油系统基本相同,但为改善 APU 的起动过程,APU 滑油系统中有一个除油活门。在有些 APU 中,滑油系统也用于冷却 APU 发电机。

APU 滑油系统的主要部件包括滑油箱、供油泵、滑油冷却器、滑油滤、供油管道、滑油喷嘴、回油泵和回油管道。典型的 APU 滑油系统如图 13-15 所示。APU 滑油系统有全流量系统和恒压系统两种。

1. 供油系统

供压泵将滑油箱内的滑油抽出并加压,经油滤过滤后的清洁滑油,由供油管路输送到 APU 的轴承和齿轮进行润滑和冷却。

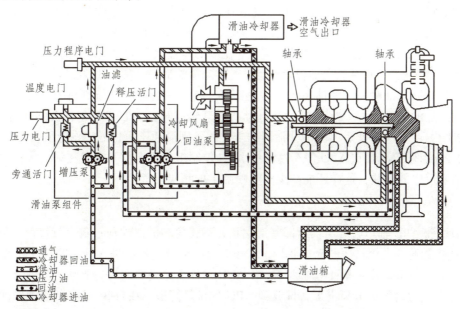

图 13-15　APU 滑油系统

滑油储存于滑油箱或位于 APU 齿轮箱的下部空间内。在滑油箱上有一个注油管(口)、观察玻璃口、压力注油接头和溢流接头。滑油箱底部有的磁性放油塞。磁性放油塞由磁屑收集器和放油塞两部分组成。磁屑收集器收集滑油中可能存在磁性的金属颗粒，当仅拆卸磁屑收集器时，内部的单向活门关闭，防止滑油泄漏。拆掉放油塞将放掉滑油箱内的滑油，如图13-16所示。滑油箱上的油量传感器指示滑油箱内的滑油量。当滑油量低于设定值时，在APU维护页面和控制面板上有维护信息和维护灯。

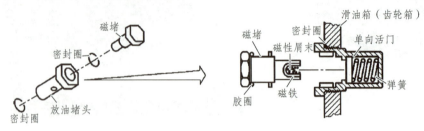

图 13-16　磁性放油堵头

供油泵位于附件齿轮箱上，多使用摆线泵、齿轮泵或叶片泵。供油泵内的释压活门用于保护滑油系统的部件不被损坏。

滑油滤的作用是过滤滑油中可能存在的污物和金属屑。其上的压差电门（或机械式弹出指示器）指示油滤的堵塞状态。当压差电门指示滑油滤堵塞后，应进行更换或清洗油滤维护工作。足够的滑油压力和适当的滑油温度才能保证润滑的效果。位于油滤后的低滑油压力电门监测的滑油供油压力。当APU在100%转速时，如果滑油压力低于设定值，则APU控制组件控制APU自动停车。位于供油路的滑油温度传感器监测滑油供油温度，如果滑油温度过高，则APU控制组件控制APU自动停车。

2. 除油系统

为保证空中APU的正常起动。大多数APU滑油系统中有一个除滑油活门。由于在正常的飞行中APU是不工作的，高空大气温度很低，因此APU的滑油温度很低，滑油黏度非常大。当APU需要在空中起动时，滑油黏度大，流动的摩擦阻力很大，必然消耗起动机的功率，为此，在齿轮箱内高于滑油表面的位置设置了一个除滑油活门。在APU起动的初始阶段，APU控制组件打开除滑油活门，滑油泵会从齿轮箱吸入空气，通过空气与滑油的掺混，可减小滑油系统内滑油的摩擦阻力。当APU达到起动机脱开转速时，APU控制组件关闭除滑油活门。如果APU达到100%转速后，除滑油活门仍未关闭，则滑油压力将低于设定值，APU控制组件将使APU自动停车。在APU停车过程中APU控制组件再次打开除滑油活门，排空供应管道和回油管道中的滑油，这样还能减少滑油喷嘴上的积炭。

3. 回油和通气系统

回油系统APU轴承腔的滑油返回到滑油箱，而齿轮箱的滑油通过重力直接返回滑油箱。APU轴承腔能通常采用增压的篦齿封严，工作时会有部分空气会进入轴承腔，空气/滑油混合气通过回油和外部通风管道回到滑油箱，由APU附件齿轮箱内的齿轮驱动的油气分离器把空气从空气/滑油混合气中分离出来，排放到APU的排气管道。在有些APU的滑油箱通气管内有一个通气活门，该活门的打开压力为4~5 psi，其作用是帮助供油泵在高空时能正常工作并减少滑油箱内的滑油泡沫。

滑油冷却器是空气滑油热交换器。当滑油温度较低时，滑油冷却器旁通活门打开，滑油不经冷却。有的 APU 滑油系统，滑油冷却器安装在供油路。

13.3.6　APU 起动和点火系统

1. APU 起动系统

典型的 APU 起动系统的主要部件包括控制开关、控制组件、起动继电器、起动机、电源和导线，如图 13-17 所示。控制开关位于驾驶舱，用于 APU 的起动准备、起动和停车。控制组件通常位于飞机的尾部，接收来自控制开关的指令信号并闭合继电器。起动继电器通常安装在飞机的电子设备舱内，控制飞机蓄电池与起动机之间导线的通断。起动机位于 APU 附件齿轮箱上，提供 APU 的起动动力。

APU 起动机的类型有：电动起动机、起动-发电机和空气涡轮起动机等。大多数 APU 使用直流电动起动机。起动机通常由飞机蓄电池，或独立的 APU 起动机蓄电池，或地面直流电源供电。起动-发电机在起动时作为起动机以电动机方式工作；起动结束后作为发电机。空气涡轮起动机在工作时需要压缩空气气源。

直流电动起动机的主要部件是马达和离合器。起动机离合器连接起动机驱动轴到 APU 齿轮箱传动齿轮。小型 APU 通常使用安装在齿轮箱内的楔块式离合器；而大型 APU 通常使用棘轮型离合器。起动机马达开始运转时离合器啮合，当 APU 到达设定转速时离合器自动脱开啮合。有些 APU 起动机内有滑油收油池，为润滑起动机离合器提供滑油。带有内部滑油收油池的起动机上有滑油加油口和滑油排放口。

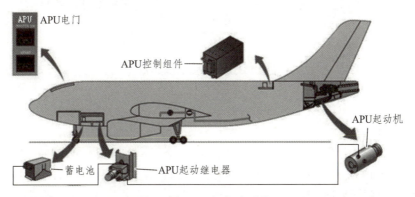

图 13-17　APU 起动系统

起动 APU 时，APU 控制组件控制起动继电器闭合，来自飞机蓄电池的直流电提供给 APU 起动机马达，起动机马达驱动 APU 转子转动。当达到起动机脱开转速时，APU 控制组件断开起动继电器，APU 起动机断电并逐渐停止转动。APU 转子在自身燃气动力的作用下，继续加速到 100% 转速。

起动 APU 时，电动起动机的负载非常大，起动机马达的工作电流很高，起动机马达的温升很高（甚至高于气动起动机），因此起动机有使用限制。在需要频繁起动 APU 的维护工作期间，必须严格遵守起动机的工作时间、冷却时间和工作周期的限制，确保起动机不会处于过热和过应力状态。

B787 飞机的 APS5000 型 APU 将起动机与发电机合为一体，命名为辅助起动-发电机

（Auxiliary Starter Generator，ASG）。这样的设计，一方面减少了 APU 的部件，使 APU 在整体布局上得到了优化，降低了成本，降低了重量，减少了设备空间，增加了系统的可靠性，方便了后期维护；另一方面，起动机和发电机共用一个驱动轴，减少了齿轮箱的输入/输出端口，内部齿轮机构数量同样减少，无论在齿轮润滑方面以及传动效率方面都得到很大的提高。另外，ASG 发电模式由变频系统取代了传统的恒频系统，这种变频的电源系统在空客 A380 上也得到应用。同样的设计也应用在 B787 飞机的发动机 GEnx 上，称作变频起动-发电机（Variable Frequency Starter Generator，VFSG），这也是 B787 飞机与其他传统飞机明显的区别。

2. APU 点火系统

典型的 APU 点火系统的主要部件包括 APU 控制组件、点火激励器、点火导线和点火电嘴，如图 13-18 所示。

点火系统通常使用来自控制组件的直流电。点火激励器把低电压变换为点火电嘴需要的高电压。在有些 APU 中，当 APU 的转速达到设定值时点火系统工作；而在另一些 APU 中，APU 起动时点火系统即开始工作。随着点火系统的工作，燃烧室中的燃油空气混合气被点燃。当 APU 的转速达到起动机脱开转速或95%转速时，控制组件断开点火系统。

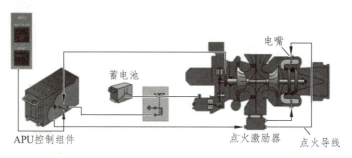

图 13-18　APU 点火系统

13.3.7　APU 操纵与指示

1. APU 的操纵

APU 的起动电门位于驾驶舱。波音飞机上是一个扳钮式电门，有 OFF、ON 和 START 三个位置，如图 13-19 所示；空客飞机上是按键式电门，有主电门（MASTER SW）和起动电门（START）两个电门，如图 13-20 所示。

2. APU 指示系统

APU 指示系统用于监视 APU 的工作状况。不同机型的飞机 APU 指示系统基本相似，但也存在一定的差异。

空客 A320 飞机，在 APU 页面主要显示如下信息：APU 的转速、APU 的排气温度 EGT、APU 进气门的状态，以及告警信息等。当 APU 的工作转速达到100%时，APU 处于可用状态，可以向飞机提供电源或气源，如图 13-21 所示。

B737-800 飞机的 APU 指示系统包括 APU 排气温度指示器、维护灯、低滑油压力告警灯、故障灯和超速告警灯，如图 13-22 所示。排气温度指示器和 4 个指示灯位于驾驶舱 P5 板。

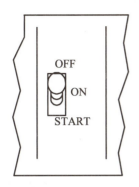

图 13-19　波音飞机的 APU 起动电门　　　　图 13-20　空客飞机的 APU 起动电门

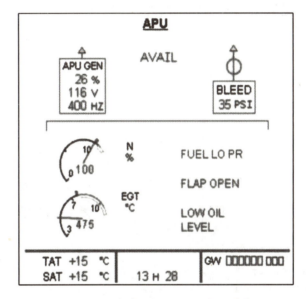

图 13-21　空客飞机的 APU 指示信息

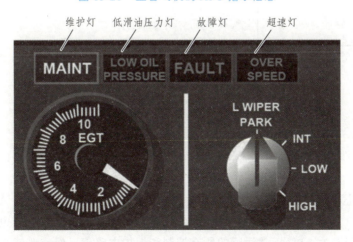

图 13-22　波音飞机的 APU 指示信息

维护灯为蓝色。当滑油量过低时，维护灯亮。低滑油压力告警灯为琥珀色。当 APU 达到工作转速滑油压力过低时，低滑油压力告警灯亮，APU 控制组件使 APU 自动关车。故障灯为琥珀色。当滑油温度过高时，故障灯亮，APU 自动关车。超速告警灯为琥珀色。当 APU 转速达到 106%时，超速告警灯亮，APU 自动关车。

13.4　APU 的工作

APU 的工作是为飞机提供气源和电源，因此 APU 的控制（与发动机相比）是相对比较简单的。每一个 APU 工作循环都会经历起动、恒速和停车三个阶段。APU 控制组件有三种控制模式：起动方式，从选择起动直到 100%的转速；恒速工作方式，在进气条件和工作负载变化时，保持转速恒定，并提供 APU 安全保护即各种情况下的自动停车；停车方式，监视和控制APU 停车。

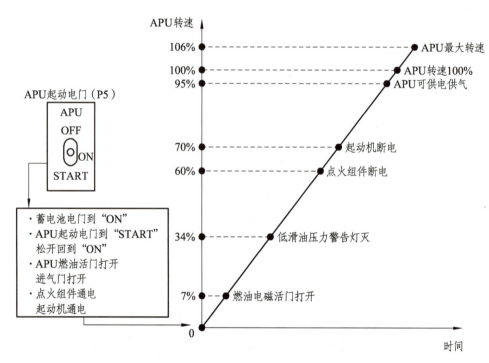

图 13-23　某型 APU 的起动加速过程

1. 起动加速控制

APU 控制组件根据 APU 的转速和 EGT 信号，控制 APU 快速且安全地的起动和加速过程到 100%转速。

以 B737 飞机为例，接通起动电门后，后起动机供电，点火系统接通，APU 转速约 7%时开始供油，大约在 10%转速时燃烧室点燃，大约在 60%转速时点火系统断电，随后起动机断电。在 95%转速时，为 APU 正常运行的所有控制和保护电路都已经准备就绪，APU 可以提供气源和电源，如图 13-23 所示。以上转速值是典型的切换点，在不同型号的 APU 上会有差异。

在起动加速过程中，APU 控制组件控制燃油流量以确保 APU 快速加速且 EGT 不超限。在 APU 起动加速过程中 EGT 逐渐增加，在 40%～50%转速时达到最大值，然后随转速的增加逐渐减小。如果在 APU 加速过程中 EGT 超限，则 APU 控制组件立即中止起动程序。大多数 APU 控制组件也监视 APU 的加速速率，因为长时间的低速会导致热应力过大，因此加速速率太慢 APU 也立即停止起动程序。

2. 恒速控制

在 APU 达到 100%转速后，APU 控制组件控制 APU 在 EGT 不超限的前提下保持转速恒定。为达到恒速控制的目的，APU 控制组件比较设定转速和来自转速传感器的实际转速信号，然后改变力矩马达的信号以改变燃油流量。

在 APU 正常运行期间，APU 引气负载、供电负载、空气进气温度和空气进气压力的变化都会使 APU 转速和 EGT 发生变化。APU 控制组件通过改变供油量来保持转速恒定，且 EGT 不超限。例如，若引气负载（如空调系统的工作）和供电负载（如电动液压泵的工作）的增加，都有使 APU 转速减小的趋势，APU 控制组件为保持转速恒定，会增加燃油流量，但相应的 EGT 将增加；反之，APU 负载减小，APU 控制组件减小燃油流量，EGT 将降低；若 APU 进气温度升高，EGT 会升高。若 APU 的 EGT 有超限的趋势，APU 控制组件将自动减小 APU 的负载，以避免 APU 超温。

3. APU 停车控制

APU 有三种不同的停车方式：正常停车、自动停车和紧急停车。

正常停车是当 APU 工作结束后，维修人员将 APU 引气开关置于 OFF 位（关断所有引气负载），在驾驶舱按下 APU 主开关（空客飞机）或将 APU 开关置于 OFF 位（波音飞机）。将油箱燃油增压泵开关置于 OFF 位，有的飞机还要求将电瓶开关置于 OFF 位。如果维修人员直接关断 APU，则 APU 控制组件控制关断引气和电气负载，继续运转一段时间后关断燃油供应，APU 在正常冷却后停车。正常冷却所需要的时间可以由维修人员设定为 0～120 s。

自动停车是当 APU 工作时，主要工作参数超限或重要部件故障，APU 控制组件控制 APU 不经冷却而立即停车。触发自动停车的工作参数门限值储存在 APU 控制组件的存储器内，维修人员使用 APU 控制组件内置的测试设备或者在现代飞机上通过在驾驶舱内的机载维护计算机可以读出这些信息。触发自动停车的主要运行极限包括排气温度过高、超转（$n>105\%$）、滑油压力过低、滑油温度过高、压气机喘振、两个转速传感器全部失效、两个热电偶全部失效等故障。

当 APU 着火时，维修人员或 APU 控制组件控制 APU 紧急停车。维修人员在驾驶舱或飞机外部操作紧急停车开关，这时 APU 不经冷却立即停车。

驾驶舱的紧急停车开关多为 APU 灭火手柄或灭火按钮，飞机外部的紧急停车开关多位于前起落架、主轮舱或加油勤务面板（依据飞机的类型而不同）。在有些现代飞机上，当飞机在地面上 APU 着火时，APU 控制组件自动控制 APU 紧急停车，大约 3 s 后 APU 灭火系统自动实施灭火。

1. APU 的主要功能是什么?
2. APU 如何安装在飞机上?
3. APU 有哪些工作系统?
4. APU 是如何防喘的?
5. 引发 APU 自动停车的情形有哪些?

第 14 章

螺旋桨和减速器

螺旋桨（见图 14-1）是飞机的推进器，它将发动机旋转轴输出的机械能转化成推或拉飞机向前飞行的动力。发动机与推进器一起被称为航空器的动力装置。

几乎所有早期设计的飞机都使用螺旋桨产生拉力。随着气动科学的发展，螺旋桨从只推空气向后的平板发展到产生升力拉飞机向前的翼型。新材料的出现也使螺旋桨翼型截面变薄且强度变大。目前，飞机的螺旋桨以铝合金为主要结构材料，也有少量使用木质结构的螺旋桨。通过使用新的叶型、复合材料、多桨叶结构等方式，使得螺旋桨设计与制造进一步的发展。

图 14-1　螺旋桨

14.1　螺旋桨原理

14.1.1　名词术语

为了理解螺旋桨如何产生拉力或推力，必须熟悉一些基本术语和部件名称。所有现代螺旋桨至少有 2 片桨叶连接到中心桨毂上。如图 14-2 所示，最接近桨毂的桨叶部分称为叶柄，而离桨毂最远的部分称为叶尖，一般定义为最后 6 in[①]的那段桨叶。桨毂组件的毂孔将螺旋桨安装在发动机曲轴（活塞式发动机）或减速器组件上。

每个桨叶作为转动的翼形产生前向的拉力或推力。所有螺旋桨桨叶有前缘、后缘和弦线。桨叶凸起的一面称为叶背，平坦的一面称为叶面（见图 14-3）。桨叶角是螺旋桨旋转平面和桨叶弦线构成的夹角。

[①]　1 in=25.4 mm。

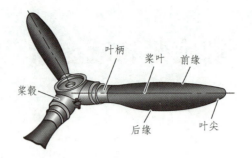

图 14-2 螺旋桨基本术语和部件名称

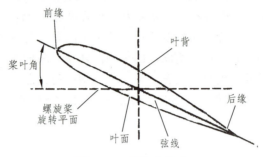

图 14-3 螺旋桨桨叶

　　允许改变桨叶角的螺旋桨由一组夹环固定到桨毂组件，每个叶柄安装有粗端或凸肩，同桨毂组件的槽配合。在某些情况下，叶柄可能延长超过桨毂组件进入气流。在这种情况下，可安装根套以改善叶柄周围空气的流动，如图 14-4 所示。

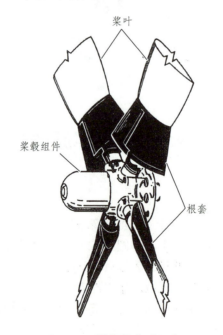

图 14-4 螺旋桨桨叶固定

　　为帮助沿螺旋桨桨叶长度方向识别特定的点，大多数螺旋桨有几个规定的桨叶站位，作为离桨毂中心的指定距离的参考位置，如图 14-5 所示。

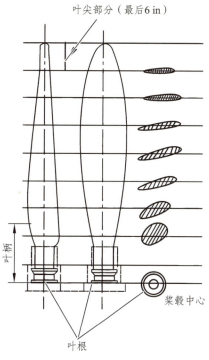

叶尖部分（最后6 in）

叶柄

桨毂中心

叶根

图 14-5　螺旋桨站位

螺旋桨名词术语和
基本理论

14.1.2　螺旋桨理论

当螺旋桨旋转搅动空气时，类似于飞机机翼产生升力原理，在桨叶的叶背部即螺旋桨前面将会产生低压区。这个低压区同桨叶后面恒压区或高压区间的压力差使螺旋桨产生了前向的拉力（见图 14-10）。

流过螺旋桨的介质对螺旋桨的反作用力在发动机轴线方向的分力称为螺旋桨的拉力。产生拉力的大小取决于几个因素：桨叶攻角、螺旋桨转速和翼型的形状。

桨叶迎角（又称攻角）是桨叶弦线和相对风的夹角。相对风的方向由飞机通过空气运动的速度和螺旋桨的旋转运动决定（见图 14-6）。例如，当螺旋桨在静止的飞机上旋转，相对风的方向精确地对着螺旋桨的旋转运动的反方向，桨叶迎角和桨叶角是一样的（见图 14-7）。当飞机开始向前运动时，相对风方向改变。这是因为除旋转运动外，螺旋桨也向前运动。旋转和向前运动的组合产生相对风不直接对着螺旋桨桨叶运动。在这种情况下，桨叶迎角总是低于桨叶角（见图 14-8）。

对于一定的螺旋桨转速，飞机运动得越快，螺旋桨桨叶上的攻角就越小。然而，如果螺旋桨转速增加，桨叶攻角增加。

螺旋桨与以同一速率通过空气的飞机机翼不一样，接近桨叶叶尖部分比靠近桨毂部分旋转的线速度大（见图 14-9）。例如，在离桨毂中心 18 in 的点以 1 800 r/min 旋转的叶片线速度为

$$v = 2\pi r \times w$$
$$= 2 \times \pi \times 18 \times 180$$
$$= 203\ 575$$

即，叶片线速度为 203 575 in/min，相当于 192.7 mile/h，即 310 km/h。

后缘
旋转面
叶背
飞行方向
旋转轴
叶面
前缘
b
a
相对气流速度
旋转速度
弦线
飞行速度

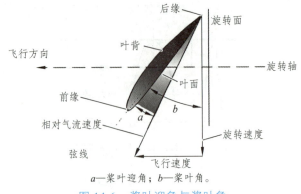

a—桨叶迎角；*b*—桨叶角。

图 14-6　桨叶迎角与桨叶角

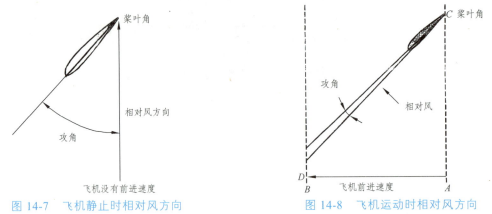

桨叶角
相对风方向
攻角
飞机没有前进速度

图 14-7　飞机静止时相对风方向

C 桨叶角
攻角
相对风
D
B
飞机前进速度
A

图 14-8　飞机运动时相对风方向

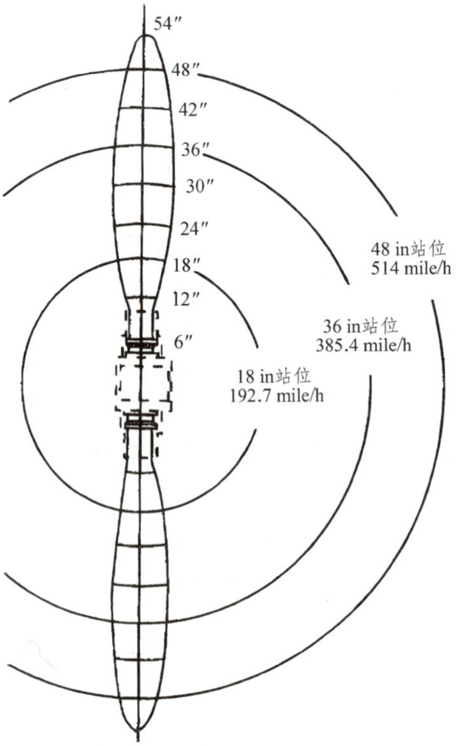

54″
48″
42″
36″
30″
24″
18″
12″
6″
48 in站位
514 mile/h
36 in站位
385.4 mile/h
18 in站位
192.7 mile/h

图 14-9　螺旋桨转速一定时桨叶不同站位的速度

为补偿沿螺旋桨桨叶的速度差，桨叶每小段给定不同的角度。桨叶角从桨毂到叶尖逐渐减小称为桨距分配，因此螺旋桨桨叶形成扭转的三维形状（见图14-1和图14-5）。桨叶的扭转沿桨叶长度的大部分提供基本不变的攻角。除叶片扭转外，大多数螺旋桨接近桨毂用较厚的低速翼型，接近翼尖用较薄的高速翼型。这样，同叶片扭转组合，允许螺旋桨沿着桨叶整个长度产生相对不变的拉力。

14.1.3　作用在螺旋桨上的力

空气流过旋转的螺旋桨时，会受到离心力，拉力、扭力、气动扭转力、离心力扭转力以及振动力等各种同时存在、相互影响、复杂多变的力。气流流过桨叶截面时的流场、速度及受力综合情况如图14-10所示。

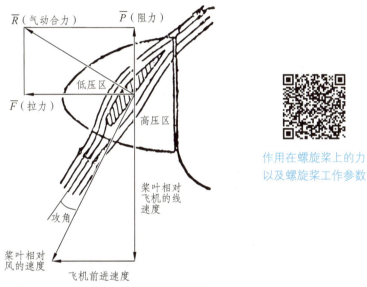

图 14-10　空气流过螺旋桨综合示意

1. 离心力

作用在螺旋桨的力中，离心力引起最大的应力。离心力可以描述为拉桨叶离开桨毂的力（见图14-11）。离心力的大小与转速的平方、半径、质量成正比，因此桨叶尖部分受到的离心力最大，为了减少离心力，叶尖部分一般都采用薄翼型。而桨叶根部需要承受的内应力是整个桨叶的离心力的合力，正常工作下离心力产生的内应力将会大于桨叶自身重力的7 500倍。

图 14-11　螺旋桨转动时的离心力

2. 拉力弯曲力

拉力弯曲力试图将桨叶叶尖向前弯（见图 14-10 和图 14-12）。由于桨叶越接近叶尖越薄，使得叶尖产生的拉力向前弯叶片。

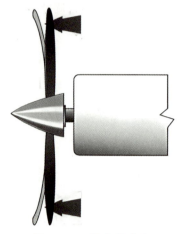

图 14-12　拉力弯曲力

3. 扭矩弯曲力

扭矩弯曲力作为相对于螺旋桨旋转运动的空气阻力（见图 14-10 和图 14-13），该力试图在和桨叶转动相反的方向弯曲叶片。

图 14-13　扭矩弯曲力

4. 气动扭转力

当螺旋桨桨叶产生拉力时，当气动合力位于螺旋桨前部时气动力将产生变大距的力矩，桨叶角有增大的趋势（见图 14-14）。当气动合力位于螺旋桨的后部时则相反（见图 14-15）。因此，气动扭转力可被设计用于增加或减小螺旋桨的桨叶角。

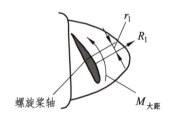

图 14-14　气动扭转力（变大距）

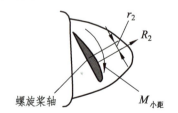

图 14-15　气动扭转力（变小距）

5. 离心扭转力

桨叶旋转时，各部分都要产生离心力。如图 14-16 所示，以前缘微元体为例，因其位于桨叶弦线的左侧，螺旋桨前缘微元体产生的离心力 N 在水平方向会有一个指向左侧的分力，该力有使桨叶向旋转平面转动的趋势，而垂直方向分力因与螺旋桨旋转轴线垂直，无法转动。后缘微元体可做类似分析，该处微元体也有使桨叶向旋转平面转动的趋势。因此，离心扭转力试图减小螺旋桨的桨叶角。

有的变距螺旋桨在桨叶根部固定有配重，当螺旋桨旋转时，类比于桨叶离心力的分析方法，配重产生的离心力将使螺旋桨变大距（见图 14-16）。

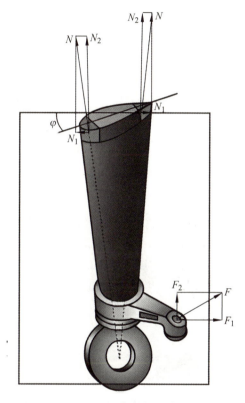

图 14-16　离心扭转力

6. 振动力

当螺旋桨产生拉力时，由于存在气动和机械力，叶片发生振动。某些发动机螺旋桨组合有能够发生严重的螺旋桨振动的临界范围。在这种情况下，临界范围在转速表上用红色的弧指示。螺旋桨设计典型地允许某种程度的振动应力。

14.1.4　螺旋桨的振动

无论是对涡桨发动机还是活塞螺旋桨发动机，发动机抖动或振动都将会使发动机的主要承力部件产生疲劳裂纹的可能性增大。虽然发动机设计时允许一定程度的振动，但是基于安全性考虑，振动一直是发动机使用和维护过程中的重点关注的项目之一。

发动机可能由于不平衡、桨叶角不合适或者螺旋桨的轨迹检查不合格等产生振动，不管是哪种原因，螺旋桨都会在整个转速范围内振动，只是振动的强度可能会随着转速的变化而有所变化。

如果发动机的振动集中于某一个特定的较小的转速范围内（如 2 200 ~ 2 350 r/min），那么这类振动一般不是螺旋桨的问题，而是由于发动机与螺旋桨的匹配不良所致。

如果怀疑螺旋桨的振动值过大，但是又不能明确断定故障的原因，如果条件允许，理想的排故方法是更换另一副已知适航的螺旋桨，然后进行地面振动测试和试飞验证。

一般来说桨叶的抖动不是振动的主要来源。一旦发动机正常工作，强大的离心力会将桨叶牢牢地拉紧固定于桨毂上，形成一个刚性的整体，使得桨叶振动的强度与幅度都很小。

座舱振动有时可以通过对螺旋桨与曲轴的安装角度的调整进行改善。可以拆下螺旋桨，然后转动 180° 或者重新安装进行调整。

振动超限最主要的原因有可能是螺旋桨的整流锥安装不当。当发动机转动时，可以明显看得出来整流锥的晃动。这种情况通常是由于整流锥前部支撑点垫片厚度不足，整流锥有裂纹或者变形等情况造成的。

与振动相关的螺旋桨的维修工作通常有静平衡和动平衡等，相关知识参见后续章节。

14.1.5 轴功率、推进功率以及效率

螺旋桨的功率包括轴功率和推进功率。

1. 轴功率

轴功率（SHP）是指输送到螺旋桨的功率。而当量轴功率（ESHP）仅适用于涡桨飞机，是在计算总的功率输出时，轴功率加上喷气推力的影响。由于涡轴和涡桨发动机通过旋转轴输出功率，在试车台上依据轴的转速和扭矩测量发动机产生的功率（马力）。在静态条件下，输送到螺旋桨上 1 轴马力假定产生 2.5 磅推力，则此时

$$ESHP = SHP + R_{n(jet)} / 2.5 \tag{14-1}$$

式中　$R_{n(jet)}$ —— 喷气产生的推力。

2. 推进功率

螺旋桨的推进功率是拉力和速度的乘积。它由发动机的有效功率转变而来，但是由于涡流、摩擦、滑流等因素的存在，必然要损失部分功率，进而影响推进效率。

3. 效　率

螺旋桨的效率是螺旋桨的推进功率和提供给螺旋桨的轴功率之比，即

$$\eta_p = \frac{Fv}{N_e} \tag{14-2}$$

式中　η_p —— 螺旋桨效率；

　　　F —— 螺旋桨拉力；

　　　v —— 飞机飞行速度；

　　　N_e —— 轴功率。

当螺旋桨在原地工作时，飞行速度为零，螺旋桨的效率等于零。如其他条件不变，使螺旋桨效率最佳的攻角为 2°～4°（见图 14-17）。如攻角超过 15°，桨叶将发生失速，使其推进效率急剧下降。

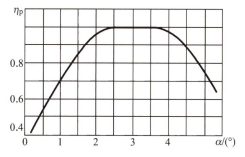

图 14-17　螺旋桨效率与攻角的关系

14.1.6　螺旋桨桨距

在严格的意义上，螺旋桨桨距是指螺旋桨转动一圈纵向前进的理论距离。桨距和桨叶角描述了两个不同的概念，然而它们是密切相关的。如说一个螺旋桨有固定的桨距，实际上意味着螺旋桨桨叶给定在固定的桨叶角上。桨距和桨叶角存在下述关系，即

$$H = 2\pi R \tan\varphi \tag{14-3}$$

式中　H——几何桨距；

　　　R——螺旋桨特征截面半径；

　　　φ——特征截面的桨叶角。

几何桨距定义为螺旋桨通过不可压缩介质转一圈前进的距离，没有任何效率损失。所以，桨叶角大，则几何桨距大。几何桨距是从距离桨毂中心至叶尖长度的 75%点测量的。

有效桨距 H_{eq} 是指螺旋桨转一圈实际前进的距离。有效桨距从飞机在地面静止时的零到最有效的飞行状态几何桨距的 90%左右变化。几何桨距和有效桨距之间的差值称为滑流（滑距），如图 14-18 所示。螺旋桨滑流代表由于低效引起的总损失。滑流的大小影响拉力的大小。飞行速度的大小则取决于螺旋桨的有效桨距和转速，即

$$v = \frac{H_{eq}n}{60} \tag{14-4}$$

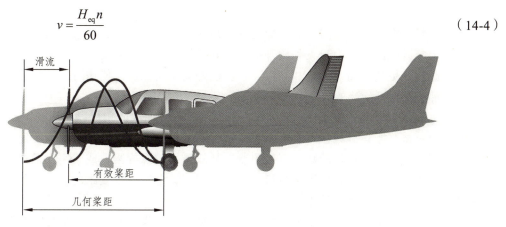

图 14-18　几何桨距和有效桨距

14.2　螺旋桨分类与结构

14.2.1　分类方法

按照螺旋桨在飞机上的安装位置分类，可分为牵引式和推进式。牵引式螺旋桨装在发动机的前面，拉着飞机前进。这种安装方式多见于陆上型螺旋桨飞机。推进式螺旋桨装在发动机后端，推动飞机前进。该安装方式多见于水上型或者水陆两用型螺旋桨飞机上。这是因为，这类飞机如果使用牵引式螺旋桨，在水上起飞或着陆时扬起的水花对前面的螺旋桨叶片将会造成严重的影响。因此，推进式螺旋桨一般安装在机翼的后上方。

按照桨距确定的方法分类包括固定桨距螺旋桨与飞行中可调桨距的螺旋桨两大类型。其中前者可以细分为全固定桨距螺旋桨和地面可调桨距型，后者又可以细分为双位可控螺旋桨与多位置可调桨距型，多位置可调桨距型又可以再被细分为手动变距、半自动变距和全自动变距三种类型，如图 14-19 所示。

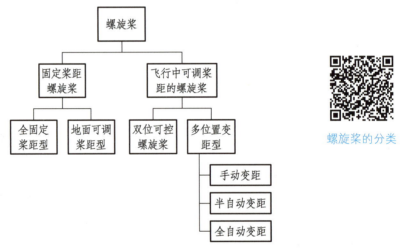

螺旋桨的分类

图 14-19　螺旋桨分类

全固定桨距螺旋桨。全固定桨距螺旋桨是最简单的螺旋桨。有低桨叶角的固定桨距螺旋桨常常称为爬升螺旋桨，为起飞和爬升提供最好的性能；高桨叶角的固定桨距螺旋桨常常称为巡航螺旋桨，更适合高速巡航和高空飞行。这种类型的螺旋桨使用时，最佳转速或空速的任何改变都会降低螺旋桨的效率。

地面可调桨距螺旋桨在飞行中桨叶角不能改变，在地面桨叶角可以改变。

飞行中可调桨距螺旋桨在螺旋桨旋转时桨叶角可被改变。这使桨叶角为特定的飞行状态提供最好的性能。桨距位置的数目可被限制，如双位可控螺旋桨，或桨距在最小和最大给定值之间几何角度调节。桨距位置的数目也可以无限多，但是依据变距的自动化程度又可以分为手动、半自动和全自动变距螺旋桨等。

另外，依据螺旋桨变距时功能的特点也可以分为恒速螺旋桨、可反桨螺旋桨和可顺桨螺旋桨等。

恒速螺旋桨有时称为自动螺旋桨，一旦驾驶员选择工作转速后，螺旋桨自动调节桨叶角以保持选择的转速。用这种螺旋桨，桨距改变是由螺旋桨调速器控制的。典型的调速器利用滑油压力控制桨距。恒速螺旋桨能提供最大的效率。

可反桨螺旋桨。在装有可反桨螺旋桨的飞机上，螺旋桨的桨叶角能够转到负值，产生负拉力（见图14-20）。这可缩短着陆滑跑距离和改善地面机动能力。

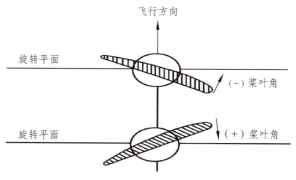

图 14-20　正/负桨叶角

可顺桨的螺旋桨仅在多发飞机上使用，用于单发故障时最大程度上减小飞行人员对飞机操纵的难度。如果发动机发生故障，驾驶员选择顺桨位置，或者发动机在自动顺桨系统的控制下顺桨。这时每个桨叶前缘正着对向风，桨叶角接近90°，这样可消除风转螺旋桨时伴随产生的大部分阻力（见图14-21和图14-22）。

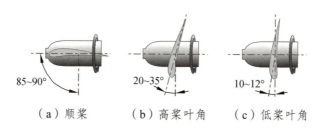

（a）顺桨　　（b）高桨叶角　　（c）低桨叶角

图 14-21　顺桨与正常飞行时桨叶角位置对比

图 14-22　螺旋桨顺桨（正面视图）

14.2.2　螺旋桨结构

几乎所有螺旋桨都是用木料、钢材、铝材或某些复合材料制造的。很多年来，木料是制造螺旋桨的最可靠的材料。木质结构能吸收发动机共振。除非木制材料有保护层，否则地面工作期间它们对沙石和碎屑是非常敏感的。

现在大多数螺旋桨使用铝合金结构。它可以做成更薄、更有效的叶型而不牺牲结构强度。铝合金螺旋桨上翼型截面延长至接近桨毂能提供较好的空气流动，有利于发动机冷却。铝合金螺旋桨比木制螺旋桨更易于维护，而且使成本较低。

螺旋桨的结构

钢制螺旋桨只在老一代运输飞机上使用过。由于钢材密度大，所以常将钢制桨叶做成空心的。复合材料螺旋桨近来较为流行，其特点是质量轻、耐用，还能吸收振动，防腐蚀，可以明显提高发动机的燃油经济性以及延长维修间隔降低维修成本。

14.3　涡轮螺旋桨发动机螺旋桨

14.3.1　工作原理

1. 涡轮螺旋桨（简称涡桨）发动机

当今，无论相对小的单发飞机，还是大型多发运输机，都在广泛应用涡桨发动机。虽然活塞发动机和涡桨发动机的螺旋桨系统有很多相似之处，但两者之间存在明显差别。这些差别大多数是由于活塞和涡桨发动机工作差别导致的。例如，涡桨发动机在高的转速下工作，所有涡桨发动机设计必须包括减速器组件。减速器将发动机的高转速低扭矩转换成可用的低转速高扭矩。尽管在某些活塞发动机中也有减速器，但涡桨发动机的减速系统必须在高减速比工作条件下运行。

2. 功率输出部分

涡桨发动机减速器组件和螺旋桨组合常常称为功率输出部分。近代驱动涡桨发动机功率部分有两种方法：功率部分直接由整体涡轮通过固定轴驱动，或功率部分由分开的自由或动力涡轮驱动。动力涡轮和燃气发生器部分没有机械连接。在这种情况下，功率部分一般指动力涡轮、减速器和螺旋桨。

3. 螺旋桨调节

现代涡桨发动机大多采用恒速、可顺桨的螺旋桨，以提高发动机的性能和效率。该类型螺旋桨由一个或多个调节器控制。作为一般规则，涡桨发动机都使用同样的调节原理控制螺旋桨的桨距和保持恒速。桨距的改变更广泛地被涡桨发动机用于改变拉力。不同于活塞式发动机，涡桨发动机转速响应较慢，调节燃油流量后需要较长时间改变发动机的功率从而改变螺旋桨的转速。因此，涡桨发动机的飞机不能在地面通过改变发动机转速来有效地控制飞机。而螺旋桨变距响应速度相对灵敏得多。因此，为易于地面操作，一般让燃气发生器转速保持相对不变，而改变螺旋桨桨距从而改变拉力。

4. 反桨螺旋桨

大多数涡桨发动机螺旋桨除提供恒速和顺桨外，还可以反桨。反桨基本是指可变桨距恒速螺旋桨能够转到超出正常低距限制。通过允许螺旋桨桨叶转到负桨叶角，螺旋桨的拉力向后。这大大缩短了飞机着陆滑跑距离，类似于涡喷和涡扇发动机反推装置的作用。利用反桨可改善飞机着陆性能以及地面机动能力而不用额外增加专门的反推装置。

5. 桨叶角的控制

在大多数情况下，涡桨发动机燃油控制器同螺旋桨调速器一起工作，控制螺旋桨的桨叶角。有的将螺旋桨的工作方式分为 α 方式和 β 方式，前者是螺旋桨调速器控制保持螺旋桨恒速，后者是螺旋桨调速器不再起恒速作用，在地面操作、滑行、反桨中使用。

14.4　螺旋桨桨距调节

1. 双位螺旋桨

双位螺旋桨利用控制活门引导发动机滑油进入螺旋桨以减小桨叶角；泄放滑油返回发动机，使桨叶进入高桨叶角。两种力用于引起桨叶角改变：在螺旋桨油缸里的滑油压力和作用在配重上的离心力，其他的力对系统工作影响很小。当螺旋桨控制杆向前移时减小桨叶角，选择活门转动引导发动机滑油进入螺旋桨油缸，滑油压力克服配重的离心力，桨叶角转到低桨叶角（见图14-23），具体该类型螺旋桨变距的原理在本节稍后介绍。

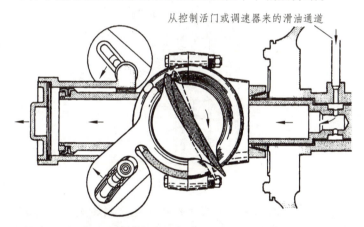

从控制活门或调速器来的滑油通道

图 14-23　桨叶角减小

为增大桨叶角，驾驶舱控制杆后移，选择活门转动从螺旋桨释放滑油，配重的离心力大于螺旋桨油缸中滑油产生的力。滑油流出油缸返回发动机集油槽，螺旋桨由配重的离心力保持在高桨叶角（见图14-24）。

2. 螺旋桨调速器

恒速螺旋桨系统中螺旋桨桨叶角由调速器作用改变而保持螺旋桨转速不变。几乎所有现代中、高性能飞机都使用恒速螺旋桨。

螺旋桨调速器是一个转速敏感部件，它根据转速的变化情况，通过对滑油进出螺旋桨桨缸控制进而改变桨叶角，再通过螺旋桨的功率与阻力自动匹配原理，最终使螺旋桨的转速回到初始值。

转速调节器的工作原理

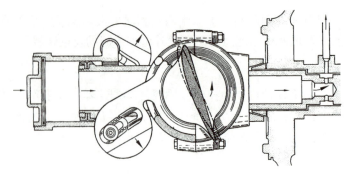

图 14-24　桨叶角增大

调速器分成 3 部分：头部、本体和基座。调速器头部包含飞重、转速计弹簧、控制滑轮和转速计架等。调速器本体包含螺旋桨滑油流动控制机构：分油活门、滑油油路、释压活门。基座包含增压泵，泵发动机上的安装面，引导发动机滑油到泵和滑油从螺旋桨返回发动机集油槽的油路（见图 14-25）。

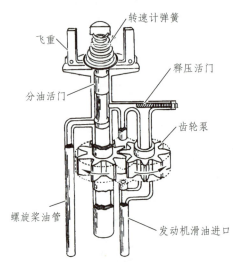

图 14-25　典型调速器的基本结构

分油活门的位置由连到传动轴端部的飞重作用决定。当转速增加时，飞重向外张开，分油活门抬高；当转速减小时，飞重向内收，分油活门降低（见图 14-26 和图 14-27）。分油活门的移动响应转速的改变，引导滑油流动调节桨叶角保持选定的转速。

飞重的作用力由位于飞重上面的转速计弹簧力克服。弹簧力由驾驶员通过变距杆调节。当希望高转速时，前推驾驶舱变距杆，向下压缩转速计弹簧。增加的弹簧力使飞重向内，分油活门降低，引起桨叶角减小，螺旋桨负载减轻，即变轻桨，发动机轴功率大于螺旋桨阻力功率，因此转速增加，直到飞重离心力克服转速计弹簧力分油活门回到中立位置，变距过程结束。

无论何时飞重向外张开，分油活门抬高，调速器总是处于超速状态（见图 14-26）。当飞重向内收，调速器处于低速状态（见图 14-27）。当转速向调速器给定值一样时，调速器处于转速状态（见图 14-28）。

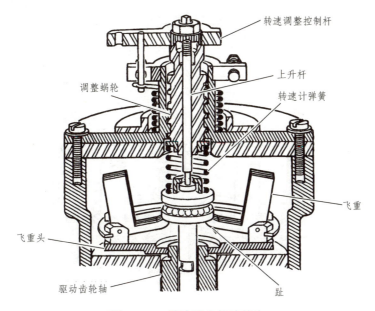

图 14-26　调速器在超速状态

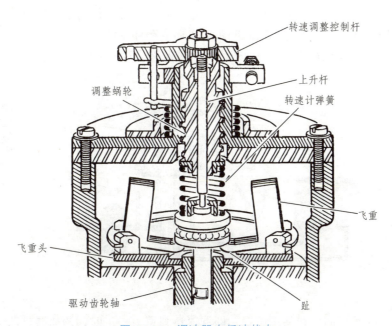

图 14-27　调速器在低速状态

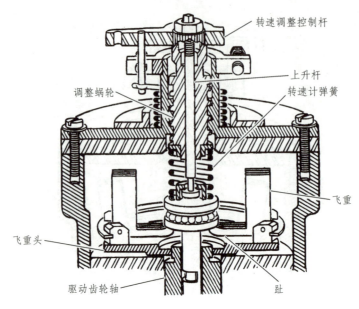

图 14-28　调速器在转速状态

3. 变　距

桨叶角增大叫作变大距，桨叶角减小叫作变小距。螺旋桨从高桨叶角返回低桨叶角叫作回桨。螺旋桨调速器变距又可分为双向变距、正向变距和反向变距三种形式。螺旋桨变大距和变小距都是靠液体压力进行的，这种螺旋桨调速器称为双向液压式调速器（见图14-29）。

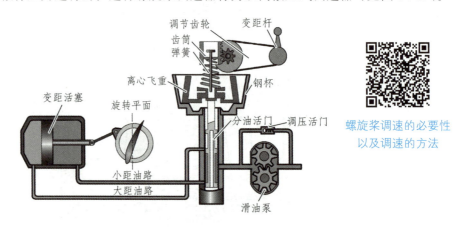

螺旋桨调速的必要性以及调速的方法

图 14-29　双向液压变距螺旋桨

驾驶舱内的变距杆固定在某一位置，即调速器弹簧力一定时，调速器自动保持某一相应的发动机转速。这时离心力与弹簧力平衡，分油活门处于中立位置，螺旋桨桨叶角不发生变化。

如果由于某种原因引起发动机转速增大，如飞行高度上升，造成阻力矩变小，或者飞机在下降高度过程阻力矩变小等，则离心飞重抬起分油活门的力量增大，分油活门上移。从滑油泵来的滑油进入大距油路，流入变距活塞左边的 A 室，变距活塞右移，螺旋桨变大距。同时，变距活塞右边 B 室的滑油顺着小距油路回油。随着螺旋桨桨叶角的增大，螺旋桨的阻力力矩增加，发动机转速减小。随着转速的减小，离心飞重抬起分油活门的力量也随之减小，分油活门又向下移，直到转速减小到原来的数值，分油活门回到中立位置，堵住变距油路，螺旋桨桨叶角不再变大，转速不再减小，调速器保持原来的转速不变（见图 14-30）。转速减小时调速器的工作与转速增大时的相反（见图 14-31）。

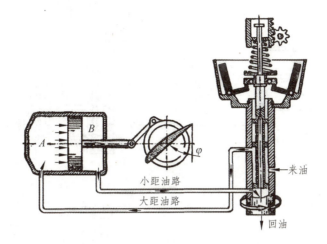

图 14-30　转速增大时变大距工作情形

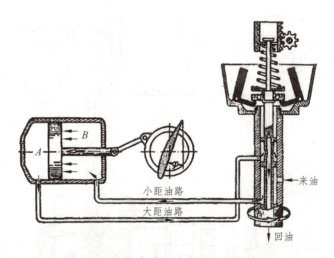

图 14-31　转速减小时变小距工作情形

有的螺旋桨不是完全依靠液体压力来变大距和变小距的。用液体压力变大距，用螺旋桨桨叶旋转时所产生的离心力变小距叫作反向变距（见图 14-32）。这种形式的变距，当油压损失时会自动变小距，因此，反向变距螺旋桨有定距机构。螺旋桨由液体压力变小距，用螺旋桨上装置的配重所产生的离心力变大距叫作正向变距（见图 14-33）。

如果需要改变装有以上两种调速器的发动机转速，同双向变距的情况一样，应通过操纵变距杆来实现。前推变距杆，调速器弹簧力增大，发动机转速增大；后拉变距杆，发动机转速减小。

有的机型上用的是电动式调速器，主要由离心飞重、弹簧、双向电动机、接触装置和继电器组成，如图 14-34 所示。

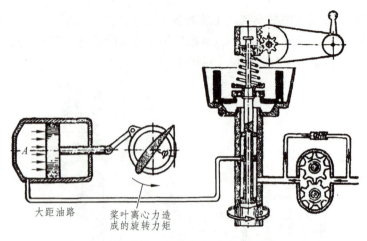

大距油路　　　　桨叶离心力造
　　　　　　　成的旋转力矩

图 14-32　反向变距工作原理

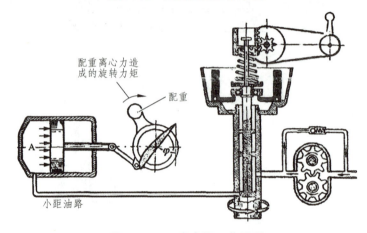

配重离心力造
成的旋转力矩　　　　配重

A

小距油路

图 14-33　正向变距工作原理

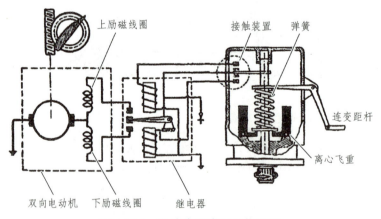

上励磁线圈　　　　接触装置　弹簧

连变距杆

离心飞重

双向电动机　下励磁线圈　继电器

图 14-34　电动式调速器工作原理

　　驾驶舱变距杆固定在某一位置时，调速器弹簧力不变，自动保证发动机在某一转速工作。接触装置的中间接触点恰好停留在中间位置，与上下接触点均不接触。电动机不转动，螺旋桨桨叶角不发生变化。如果由于某种原因引起发动机转速增大，则离心飞重向上抬起中间触点的力量也增大，中间触点上移，与上面的接触点接触，电动机随即转动，使螺旋桨变大距，发动机转速减小，直到转速回到原来的数值为止。中间接触点又回到中间位置，电路断开，电动机停止转动，桨叶角不再增大，发动机又回到原来的转速。发动机转速减小，调速器的工作情形与上面所述完全相反。如果需要改变发动机转速，应通过操纵变距杆来实现。

飞行速度、高度改变会引起发动机转速的变化，适当地改变桨叶角，使阻力力矩始终等于旋转力矩，转速就可以保持不变。例如，飞行速度增大时，桨叶迎角 α 减小，螺旋桨变"轻"发动机转速会因阻力力矩减小而增大。这种情况下，如果增大桨叶角 φ，发动机转速就不会随飞行速度增大而增大（见图 14-35）。发动机起动时螺旋桨应在低桨叶角位置，因为此时螺旋桨的阻力矩最小。

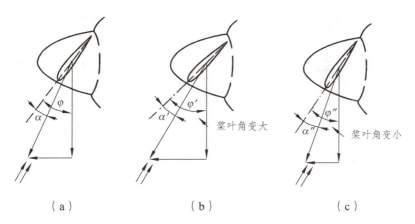

图 14-35　飞行速度变化时桨叶角的调节

14.5　螺旋桨辅助系统

螺旋桨辅助系统能改进螺旋桨性能和增强飞机全天候飞行能力，如飞机降低螺旋桨噪声和振动的辅助系统。其他的辅助系统可用于螺旋桨桨叶除冰，用于保障安全性以及提高螺旋桨性能。

14.5.1　同步系统

任何时间在安装多个发动机和螺旋桨的飞机上都可能存在过大的振动和噪声。造成这个问题的原因是各个螺旋桨之间转速不一致，噪声相互干扰与叠加。基于这点，减少产生噪声和振动值的方法是匹配或同步发动机给定转速。现在通常的有三种同步系统用在多发飞机上：主马达同步系统；一发主控制系统；相位同步系统。同步系统通过将所有螺旋桨精确控制在同一转速工作，减少振动。

主马达同步系统，用在早期型号飞机上。主同步器装置包括马达，它机械地驱动 4 个接触器装置，接触器装置电连接到发电机上。发电机由发动机的附件传动。因此，发电机产生电压的频率直接同发动机转速成正比。当系统工作时，要求的发动机转速由手动调节转速控制杆进行，直到仪表板上主转速表指示要求的转速。要求的转速给定后，发动机和主马达之间的任何转速差将引起相应的接触器装置操作螺旋桨变距机构，直到发动机转速匹配。

一发主控制系统。目前，很多双发飞机装有更现代的螺旋桨同步系统。典型的同步系统包括有比较电路的控制盒、左发上专门的主调节器、右发上从动调节器和在右发动机舱的作动器。两个调节器包括频率发生器，产生与发动机转速成比例的频率，如图 14-36 所示。

使用这种系统，控制盒的比较电路比较从动发动机和主动发动机的转速信号，如果存在转速差，控制盒送出相应的信号到作动器以调节从动调节器，直到发动机转速匹配（见图 14-37）。在大多数安装中，比较电路有有限的工作范围，因此，为进行同步，从动发动机转速必须与主发动机转速差大约在 100 r/min 之内。

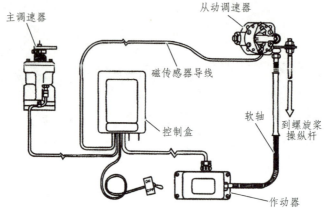

图 14-36　双螺旋桨同步系统

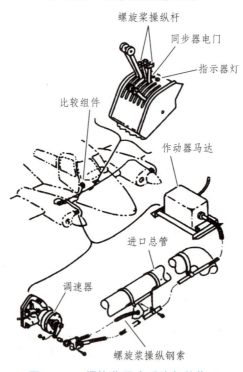

图 14-37　螺旋桨同步系统部件位置

相位同步。螺旋桨相位同步系统允许驾驶员控制螺旋桨桨叶之间旋转面的角度差（见图 14-38）。该角度差称为相角，由驾驶员调节相角达到最低的噪声和振动值。例如，MA60/MA600

飞机的螺旋桨相位同步系统可使发动机的噪声降低 3~6 dB。

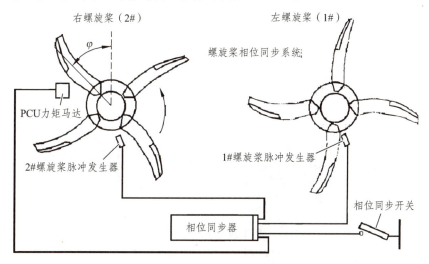

图 14-38　相位同步

典型的相位同步系统在每个发动机安装有脉冲发生器。用于比较目的，每个发动机的脉冲发生器键入各自螺旋桨的指定桨叶。随着每个螺旋桨指定的桨叶通过脉冲发生器，电信号送到相位控制电路。例如，双发飞机脉冲发生器键入 1 号桨叶，基于从每个脉冲发生器的电脉冲，相位控制装置决定每个螺旋桨 1 号桨叶的相对位置。驾驶舱中螺旋桨手动相位控制允许驾驶员手动选择产生最低振动和噪声的相角。向每个发动机产生的脉冲做比较，如果存在差值，相位控制组件将驱动从动调节器在螺旋桨之间建立选择的相位角（见图 14-39）。

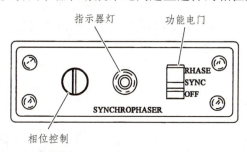

图 14-39　相位同步控制板

14.5.2　螺旋桨防冰系统

1. 防冰与除冰

与飞机结构一样，螺旋桨对结冰是敏感的，必须安装有除冰系统。如果允许结冰存在，会改变螺旋桨桨叶翼型形状引起螺旋桨效率和拉力的损失。而且，在螺旋桨桨叶上形成的冰由于分布不均匀，会造成螺旋桨不平衡和破坏性的振动。螺旋桨容易结冰的部位有桨叶前缘和桨毂（桨帽）。

现代飞机螺旋桨可使用防冰或除冰系统。两者之间差别在于防冰系统的作用是阻止冰的形成，除冰系统是在冰形成后除掉冰。

（1）液体防冰。典型的液体防冰系统包括控制组件、防冰液箱和输送流体到螺旋桨和喷嘴的泵。控制组件可以调节泵的输出。防冰液从防冰液箱经泵送到装泵发动机前机匣上的螺旋桨后面的喷嘴。随着流体通过喷嘴，进入称为甩液环的 U 形通道，离心力将防冰液通过输送管送到每个叶柄（见图 14-40）。最通常使用的防冰液是异丙基酒精，其成本较低。其他一些防冰流体是用磷酸盐化合物制成的，在防冰性能上同异丙基酒精相当。用磷酸盐化合物制成的防冰液还具有可燃性低的优点，但价格相对比较贵。

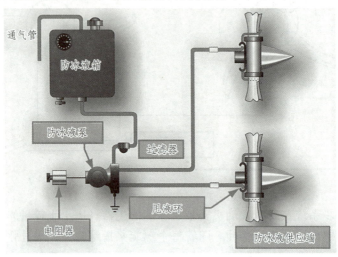

图 14-40　螺旋桨防冰系统

（2）电除冰。螺旋桨电除冰系统包括电源、电源继电器、电阻加热元件、系统控制和定时器，如图 14-41 所示。电阻加热元件可装在每个螺旋桨桨叶内部或外部。外部安装的加热元件是除冰靴，并用批准的黏结剂连到每个桨叶。系统控制包括通/断电门、功率表和保护元件，如电流限制器或电路断电器。功率表是电流表，允许监视个别电路电流和目视证实定时器是否正常工作。

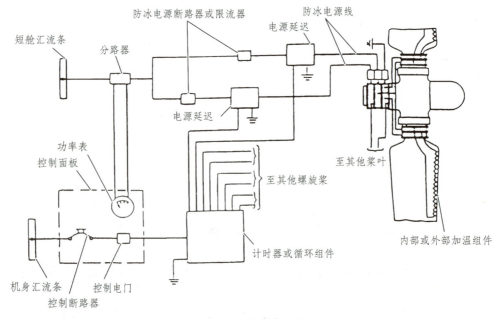

图 14-41　电除冰系统

飞机电源通过电刷和滑环供给桨毂。电刷安装在发动机机匣螺旋桨的后面，而滑环装在螺旋桨桨毂组件的背面。桨毂上柔性接头通过滑环将电输送到每个加热元件。通过触摸螺旋桨电热防冰套的方法可以检验其是否被加热。电除冰系统通常设计成断续供电到加热元件，除掉积冰。如果冰积得过多，除冰有效性则降低。正确地控制加热间隔是关键，这需要使用定时电路，按预定程序循环供电加热元件。循环定时器供电加热元件周期是 15～30 s，整个循环时间 2 min。

14.6 减速器

减速器的结构与其传动方式有关，而传动方式又取决于减速比和相应的载荷的大小。减速比及载荷均较大时，通常采用简单的平行固定轴的传动方式，与一般常用的齿轮减速器相同，如安装于较大轴功率的涡桨发动机 PW127J 型涡桨发动机的减速器，以及大功率航线运输机上的齿轮风扇发动机（GTF）的减速器一般采用这种形式。

减速比非常大而载荷相对较轻时，如在直升机上使用的涡轮轴发动机，由于发动机与旋翼之间减速比巨大，单减速器无法实现，常分为发动机机外减速器和机内减速器，后者的减速比较大时一般也使用简单的平行固定轴传动，有时减速齿轮有两级。

当减速比较小时，为使减速器结构紧凑，尺寸、质量小，通常采用各种行星式减速传动方案。根据减速比大小，可有一级或二级。此外还有差动式的传动方案。以下就已经成熟商用的常见减速器进行分别阐述。

14.6.1 双级行星齿轮减速器

涡轮螺旋桨发动机的减速器由于减速比较小，通常要采用行星式减速的传动方案。比较常用的是双级行星齿轮减速器。

图 14-42 所示为 PT6A-135A 涡轮螺旋桨发动机的减速器。PT6A-135A 发动机是一种用于小型民用飞机的发动机，其起飞功率为 500 kW，螺旋桨由发动机的自由涡轮经减速器驱动，在各种工作状态下均保持其转速为 1 900 r/min。自由涡轮工作转速为 100%时其实际转速为 33 000 r/min，减速器的第一级减速比为 5.000∶1，第二级为 3.473∶1，总减速比为 17.3∶1。

该型发动机采用两级行星减速系统。第一级由一个恒星齿轮与安装于一个保持架中的三个行星齿轮组成。3 个行星齿轮既与恒星齿轮啮合，其外侧又与键连接在减速齿轮箱壳体中的环齿轮啮合。第一级的行星齿轮保持架通过一个柔性耦合装置驱动第二级的恒星齿轮。扭矩测量也由第一级减速系统提供。第二级减速系统与第一级相似，但具有 5 个行星齿轮。第二级的保持架键合在螺旋桨轴上。由安装在螺旋桨轴上的 1 个伞齿轮驱动的 3 个齿轮，分别用于螺旋桨调速器（CSU）、螺旋桨超速调节器（OSG）和 Np 转速表发电机。

14.6.2 二级偏置式减速齿轮箱

图 14-43 和图 14-44 所示为新舟 60/600 飞机所配的 PW127J 型发动机减速齿轮箱，该减速器属于二级偏置式减速齿轮箱，其将动力涡轮的 20 000 r/min 的转速减至适合螺旋桨工作的 1 200 r/min 的转速。其第一级减速比为 4.696∶1，第二级为 3.55∶1，总减速比为 16.67∶1。

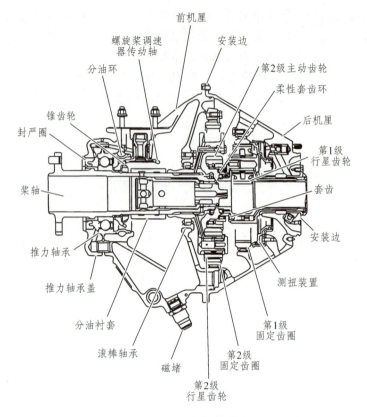

图 14-42　PT6A-135A 涡轮螺旋桨发动机减速器

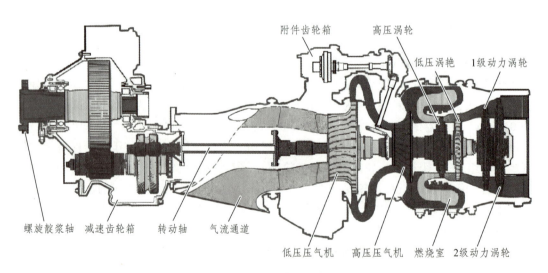

图 14-43　PW127J 发动机剖面示意

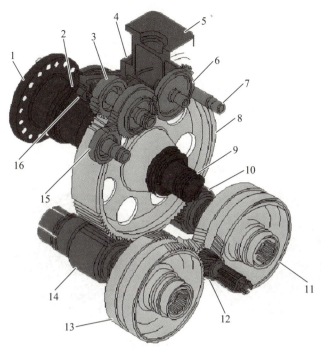

1—螺旋桨安装法兰盘；2—螺旋桨轴封严；3—齿轮；4—RGB前壳体；5—RGB后壳体；6—液压泵传动齿轮；
7—超速调节器传动轴；8—二级正齿轮（135齿）；9—螺旋桨轴；10—二级正齿轮（38齿）；
11—一级斜齿轮（108齿）；12—输入轴斜齿轮（23齿）；13—一级斜齿轮（108齿）；
14—二级正齿轮（38齿）；15—交流发电机传动齿轮；16—螺旋桨前滚棒轴承。

图 14-44　PW127J 减速齿轮箱

14.6.3　双级差动式行星齿轮减速器

在某些中等功率或大功率的涡轮螺旋桨发动机上，为了改善轮齿负荷的分配情况，采用差动式行星齿轮减速器，如涡桨 5 发动机，图 14-45 给出了它的传动方案。其传动关系如图 14-46 所示。

工作时，主动齿轮带动行星齿轮转动。行星齿轮一方面通过行星齿轮架逆时针方向带动螺旋桨轴转动，另一方面又使内啮合大齿轮和与其连接的跨轮级主动齿轮转动。跨轮级主动齿轮通过中介齿轮带动与螺旋桨轴连接的内啮合齿轮逆时针方向转动。涡轮的扭矩是同时经过两条路线传给螺旋桨轴的，一条经过行星齿轮架，一条经过跨轮级。前者占所传功率的 32%，后者传递余下的功率。减速器的减速比为 12.114∶1。

14.6.4　齿轮传动风扇发动机的减速装置

传统的双转子高涵道比涡扇发动机的风扇直径很大，受叶尖切线速度的限制，风扇转子只能工作于较低转速下。由于风扇由低压涡轮直接驱动，则同轴的低压压气机（或者叫作增压压气机）和低压涡轮的转速大大低于它们的最佳工作转速。为达到发动机总体设计要求，只得增加低压压气机及低压涡轮的级数。而且，目前主流的双转子高涵道比涡扇发动机的低压转子转速通常选为风扇和低压涡轮最佳工作转速之间的一个折中转速，使得风扇和低压涡轮都不能在最佳工作转速下工作。

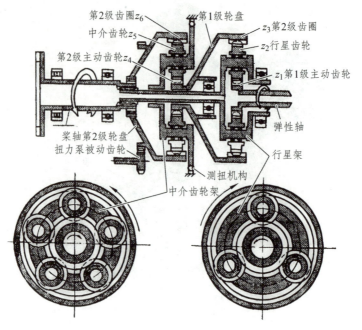

图 14-45　涡桨 5 发动机双级差动式行星齿轮减速器的传动方案

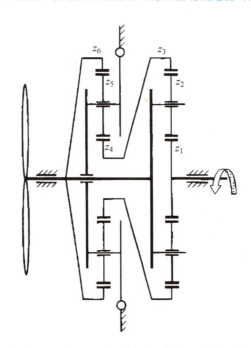

图 14-46　涡桨 5 发动机减速器的传动关系

　　以普惠公司的齿轮传动风扇（GTF）发动机 PW1100G 为例，该双转子涡扇发动机的低压涡轮和风扇之间加入一个齿轮减速器，如图 14-47 所示，以使风扇、低压涡轮和增压压气机都可在各自最有效的转速下工作，从而优化发动机性能。低压涡轮和风扇轴之间的齿轮传动系统必须采用柔性连接。

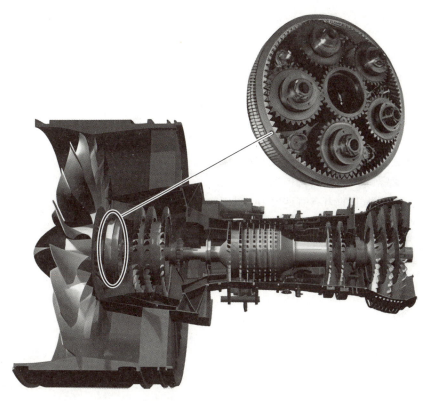

图 14-47 PW1100G 发动机及齿轮减速器

驱动风扇的减速器由下列主要构件组成：1 个由发动机低压涡轮驱动的中心齿轮，5 个星形齿轮，1 个与风扇连接的外环齿轮，如图 14-48 所示。

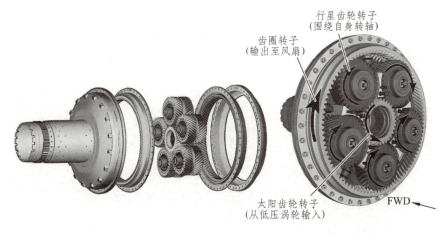

图 14-48 PW1100G 发动机减速器

该风扇减速齿轮系统为行星齿轮减速器。该结构可以使高速的发动机涡轮轴转速降低为较低转速的风扇转速，以提供更大的扭矩以驱动更大的风扇转子，从而获得更大的涵道比，最终达到降低燃油消耗率的目的。该型发动机的低压轴转速到风扇转速的减速比大约为 3：1。

1. 简述螺旋桨的桨叶角和桨叶迎角的区别。
2. 桨叶迎角的影响因素有哪些？
3. 简述螺旋桨几何桨距和有效桨距的关系。
4. 螺旋桨效率如何计算？
5. 简述螺旋桨调速器的基本组成和相应作用。
6. 简述恒速螺旋桨如何保持恒速。
7. 作用在螺旋桨上的力有哪些？并说明哪些力对螺旋桨的桨距有影响。
8. 简述涡轮螺旋桨发动机的双级行星齿轮减速器的基本结构。
9. 简述 GTF 发动机的特点。

附　录

英文缩写	英文全称	中文全称
ACMS	Aircraft Condition Monitoring System	飞机状态监控系统
ADC	Air Data Computer	大气数据计算机
AGCU	APU Generator Control Unit	APU 发电机控制组件
APS	Air Plasma Spray	大气等离子喷涂
APU	Auxiliary Power Unit	辅助动力装置
ASG	Auxiliary Starter Generator	辅助起动-发电机
AVM	Airborne Vibration Monitoring	机载振动监视器
BITE	Built In Test Equipment	自检装置
BVCU	Bleed Valve Control Unit	放气活门控制装置
CDU	Control Display Unit	控制显示组件
CSD	Constant Speed Drive	恒速传动装置
EB-PVD	Electron Beam Physical Vapor Deposition	电子束物理气相沉积技术
ECAM	Electronic Centralized Aircraft Monitoring	飞机电子中央监控系统
ECB	Electronic Control Box	电子控制盒
ECS	Environmental Control System	环境控制系统
ECU	Electronic Control Unit	电子控制组件
EEC	Electronic Engine Control	发动机电子控制器
EGT	Exhaust Gas Temperature	排气温度
EICAS	Engine Indication and Crew Alerting System	发动机指示及机组告警系统
EIU	Engine Interface Unit	发动机接口组件
EPR	Engine Pressure Ratio	发动机压力比
EVMU	Engine Vibration Monitoring Unit	发动机振动监视组件
FADEC	Full Authority Digital Engine Control	全权限数字式发动机控制

英文缩写	英文全称	中文全称
FDAU	Flight Data Acquisition Unit	飞行数据采集组件
FMU	Fuel Metering Unit	燃油计量组件
FMV	Fuel Metering Valve	燃油计量活门
HMU	Hydro-Mechanical Unit	液压机械装置
HPTACC	High Pressure Turbine Active Clearance Control	高压涡轮主动间隙控制
IDG	Integrated Drive Generator	整体驱动发动机
IGV	Inlet Guide Vane	进口导向叶片
LDM	Lean Direct Mixing combustion	贫油直接混合燃烧
LPP	Lean-Premixed-Prevaporized	贫油预混预蒸发燃烧
LPPS	Low Pressure Plasma Spraying	低压等离子喷涂
LPTACC	Low Pressure Turbine Active Clearance Control	低压涡轮主动间隙控制
LRU	Line Replaceable Unit	航线可更换件
MEC	Main Engine Control	发动机主控制器
PMC	Power Management Control	功率管理控制器
PMG	Permanent Magnetic Generator	永磁交流发电机
RQL	Rich burn-Quench-Lean burn	燃烧-猝熄-贫油燃烧
TAPS	Twin Annular Premixing Swirler	双环预混旋流器
TBC	Thermal Barrier Coatings	热障涂层
TBV	Transient Bleed Valve	瞬时放气活门
TGO	Thermally Grown Oxide	热生长氧化物
VBV	Variable Bleed Valve	可调放气活门
VFSG	Variable Frequency Starter Generator	变频起动-发电机
VSV	Variable Stator Vane	可调静子叶片

参考文献

[1] 陈光. 航空发动机结构设计分析[M]. 2 版. 北京：北京航空航天大学出版社，2014.

[2] 陈光. 航空发动机结构设计分析[M]. 3 版. 北京：北京航空航天大学出版社，2023.

[3] 陈光，洪杰，马艳红. 航空燃气涡轮发动机结构[M]. 北京：北京航空航天大学出版社，2010.

[4] 洪杰，马艳红. 航空燃气涡轮发动机结构与设计[M]. 北京：科学出版社，2021.

[5] 郑龙席，赵明，高文君. 航空燃气涡轮发动机结构[M]. 北京：科学出版社，2023.

[6] 朱继宏，蔡晋，曲敬龙等. 航空发动机结构与工艺[M]. 北京：科学出版社，2023.

[7] 黄维娜，李中祥. 国外航空发动机简明手册[M]. 西安：西北工业大学出版社，2014.

[8] 王光秋，杨晓宇. 现代涡轮喷气航空发动机简明手册[M]. 上海：上海交通大学出版社，2020.

[9] 李书明，赵洪利. 民航发动机构造与系统[M]. 北京：中国民航出版社，2015.

[10] 宋静波，刘熊，田巍. 波音 737NG 飞机动力装置（CFM56-7B & APU）[M]. 西安：西北工业大学出版社，2018.

[11] 臧军. 现代航空发动机控制技术[M]. 北京：航空工业出版社，2016.

[12] 赵明，邓明，刘长福. 航空发动机结构分析[M]. 西安：西北工业大学出版社，2016.

[13] 金如山，索建秦. 先进燃气轮机燃烧室[M]. 北京航空工业出版社 2016.

[14] 李平，魏武国. 航空燃气涡轮发动机原理与结构[M]. 北京：中国轻工业出版社，2023.

[15] 陆文华，陈振坤. 航空发动机附件系统[M]. 北京国防工业出版社，2017.

[16] 林克-迪辛格，中航工业商发. 民用涡扇发动机系统：Systems of Commercial Turbofan Engines [M]. 北京航空工业出版社，2015.

[17] 刘长福，邓明. 航空发动机结构分析[M]. 西安：西北工业大学，2006.

[18] 邓明. 航空燃气涡轮发动机原理与构造[M]. 北京：国防工业出版社，2008.

[19] 蒋陵平等. 燃气涡轮发动机[M]. 2 版. 北京：清华大学出版社，2016.

[20] 许春生，马乾绰. 航空发动机电子控制[M]. 北京：中国民航出版社，1999.

[21] 许春生. 民用航空发动机控制[M]. 北京：中国民航出版社，1995.

[22] Aviation Maintenance Technician Handbook—Powerplant[Z]. Federal Aviation dministration，2012.

[23] 周颖，屈彬，熊清勇，等. 1+1/2 对转涡轮跨声速动叶平面叶栅试验研究[C]//中国航空学会. 第六届中国航空科学技术大会论文集. 中国航发湖南动力机械研究所；中小型航空发动机叶轮机械湖南省重点实验室;北京航空航天大学，2023：8.

[24] 季路成，黄海波，陈江，等. 1+1/2 对转涡轮用出口超音叶栅设计与试验[J]. 工程热物理学报，2004，（1）：45-48.

[25] 闫国华，冯叔阳. 基于混合数值算法的锯齿形喷管气动噪声仿真[J]. 计算机仿真，2022，39（4）：29-36.

[26] 陈敏，张纪元，唐海龙，等. 自适应循环发动机总体设计技术探讨[J]. 航空动力学报，2022，37（10）：2046-2058.

[27] 赵鸿琛. 无导叶对转涡轮高低压转子盘腔封严引气与流动换热研究[D]. 北京：中国科学院大学（中国科学院工程热物理研究所），2018.